海洋经济统计方法与应用

HAIYANG JINGJI
TONGJI FANGFA YU YINGYONG

王舒鸿　殷克东　关洪军　主编

中国财经出版传媒集团

经济科学出版社
Economic Science Press

图书在版编目（CIP）数据

海洋经济统计方法与应用／王舒鸿，殷克东，关洪军主编．--北京：经济科学出版社，2023.4
ISBN 978-7-5218-4740-6

Ⅰ.①海… Ⅱ.①王… ②殷… ③关… Ⅲ.①海洋经济学-经济统计-高等学校-教材 Ⅳ.①P74

中国国家版本馆CIP数据核字（2023）第076540号

责任编辑：杜 鹏 武献杰 常家凤
责任校对：杨 海
责任印制：邱 天

海洋经济统计方法与应用
王舒鸿 殷克东 关洪军 主 编
经济科学出版社出版、发行 新华书店经销
社址：北京市海淀区阜成路甲28号 邮编：100142
编辑部电话：010-88191441 发行部电话：010-88191522
网址：www.esp.com.cn
电子邮箱：esp_bj@163.com
天猫网店：经济科学出版社旗舰店
网址：http://jjkxcbs.tmall.com
固安华明印业有限公司印装
710×1000 16开 17.75印张 300000字
2023年6月第1版 2023年6月第1次印刷
ISBN 978-7-5218-4740-6 定价：88.00元
（图书出现印装问题，本社负责调换。电话：010-88191545）

前　　言

21世纪是海洋的世纪，海洋开发已成为国际关注的热点，“向海而兴，背海而衰”也已成为社会各界的共识。海洋是生命的摇篮、风雨的故乡、资源的宝库和交通的要道。我们国家海洋面积广阔，除此之外，还有大洋、深海、极地可以开发利用。关心海洋、认识海洋、走向海洋、开发海洋已经成为我们在新时期、新时代开拓发展新空间、孕育经济新产业、打造增长新引擎、构建可持续发展新屏障的必由之路。党的十八大以来，我国海洋经济发展的战略地位不断提升，海洋强国战略、“一带一路”倡议、海洋命运共同体倡议，以及沿海地区自由贸易区的设立、海洋经济试验示范区的推进，都为我国海洋事业发展提供了重要契机。

我国经济社会各项事业尤其是海洋事业的迅猛发展对国家海洋经济和海洋管理领域提出了越来越高的要求，而高质量、高水平发展海洋经济的现实，也使得专门研究海洋部门社会经济活动的客观规律、宏观管理政策和微观管理决策显得尤为重要。但是目前，仍未有专门针对海洋经济管理设置的方法论课程。方法的缺失增加了分析海洋的难度，也是我国成为海洋强国所面临的最大挑战。

本教材可供涉海类高校海洋经济管理学类、统计学类专业高年级本科生和研究生学习，是作者在多年来开设课程的基础上，结合讲义和教学实践基础，参考国内外相关资料反复修改而成，解决了海洋经济管理领域方法论缺失的痛点。从相关专业领域的发展前沿中，不断吸取新知识充实到教材内容中。本教材在重视专业基础知识培养的基础上，在教学内容上实现理论和实践相结合，注重统计学和经济学、管理学的交叉融合。所采用的方法讲解、编程实操与案例应用相结合的模式，也能让学生在学习的过程中了解不同方法的应用背景与操作过程。本教材同时设计了相关的应用案例和编程范例，让同学们进一步掌握各类统计建模方法的实际应用和解决问题的能力，能够实现从理论到实践的平稳过渡。

本教材包含十二章，由王舒鸿担任主编，负责整个教材的设计、修改、撰稿和定稿工作。各章节的主要编写者如下：卢彬彬（第一、第二章）、王舒鸿（第一、第三、第四、第十二章）、唐韵（第五章）、邢璐（第六章）、刘馨恬（第七、第八章）、殷克东和陈汉雪（第九章）、陈穗穗（第十章）、张莹（第十一章）。在此，对所有为本教材出版作出努力的单位和人士表示真诚的感谢。

受编写者学识所限，教材中不当之处在所难免，敬请读者不吝批评指正。

王舒鸿

2023 年 2 月

目　　录

第一章 降维方法

在现实生活中，我们经常会遇到各种各样的问题需要判断：哪个地区的经济发展水平最好？哪个企业的财务状况最优？哪个方案最佳？无论什么问题，在判断中都要根据实际情况，对被评价对象涉及的各个方面进行综合比较。解决上述问题的过程关键在于建立一套评价指标体系，并采用一定的数学方法，对被评价对象进行客观、公正、合理的全面评价。但由于这些问题往往涉及很多变量，如果全部纳入经济框架分析，势必会增加很多干扰因素，影响研究结论的稳定性，无法作出合理的决策，所以需要对繁多的数据指标进行降维，清洗出主要影响因素，排除次要影响因素。目前，常用的降维方法包括主成分分析法、因子分析法、熵值法等，本章主要对这三种方法进行介绍，并给出相应的应用案例。

第一节　主成分分析的基本原理和步骤

一、主成分分析法的理论思想

大家都学习过线性代数，里面都是关于矩阵的特征值、特征向量等概念和运算法则，但是大家有没有思考过，矩阵究竟是什么？矩阵的特征值、特征向量、秩又是什么？这里可以明确地告诉大家，数学是一门关于“图”的学问，所有的数学问题都可以转化成图的形式，矩阵也不例外。

数字“1”表示1个单位。其实也可以转换成（1,0）的形式，这样就变成了在二维空间中的长度为1的单位向量；也可以转换成（1,0,0）的形式，此时就成为在三维空间中长度为1的单位向量。这个向量也代表1行3列的矩阵，秩为1，表明只在其中一个维度有数值，其他两个维度没有数值。

那么怎样能在其他两个维度也有数值并形成秩大于1的图呢？数学家们就把不同方向的向量叠加，形成矩阵。如果这个矩阵既包括（1,0）方向的向量，也包括（0,1）方向的向量，那么就形成了单位矩阵A，表示如下：

$$A=\begin{pmatrix}1 & 0\\0 & 1\end{pmatrix} \tag{1-1}$$

单位矩阵即为距离原点单位为1的两个向量的组合轨迹。A矩阵的图像见图1－1。

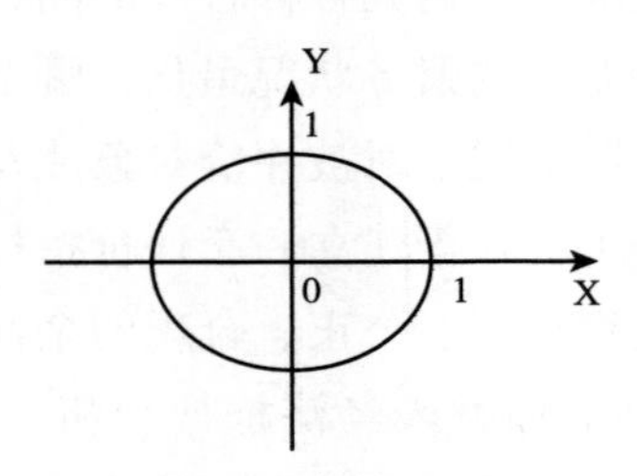

图1－1　单位矩阵图示

如果是（1,0）和（0,2）向量的结合，形成的图像见图1－2。

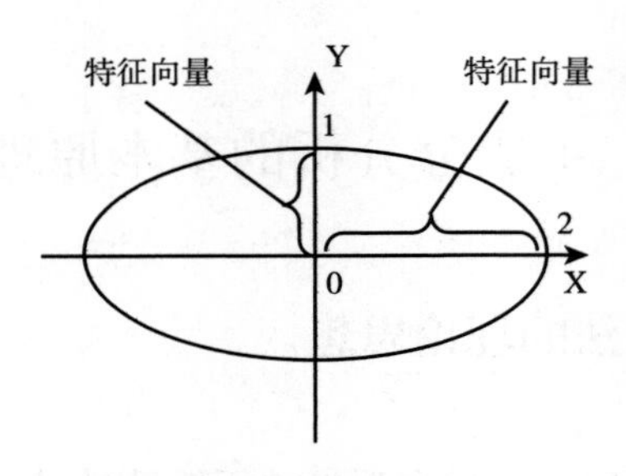

图1－2　矩阵图示

从图1－2中可以看出，二阶矩阵形成的图像为椭圆，长轴和短轴长度分别与矩阵的特征值有关，特征向量即为长半径的方向和短半径的方向，而且特征向量必然是正交的。

证明：这里以二维空间来说明，二维空间中，椭圆公式可以表示为：

$$\frac{x^2}{a^2}+\frac{y^2}{b^2}=1$$

其中，椭圆的轴长分别为 2a 和 2b。我们将椭圆方程写成矩阵形式，可以表示为：

$$\frac{x^2}{a^2}+\frac{y^2}{b^2}=\begin{bmatrix}x\\y\end{bmatrix}^T\begin{bmatrix}1/a^2 & 0\\0 & 1/b^2\end{bmatrix}\begin{bmatrix}x\\y\end{bmatrix}=x^TAx=1$$

矩阵 A 的特征值为：

$$\lambda_1=1/a^2,\lambda_2=1/b^2$$

A 的归一化特征向量为：

$$\mu_1=\begin{bmatrix}1\\0\end{bmatrix},\mu_2=\begin{bmatrix}0\\1\end{bmatrix}$$

由此可见，矩阵的特征值分别是椭圆长半轴和短半轴长度的平方的倒数。

同理，三阶矩阵可以形成椭球体、四阶矩阵可以形成四维球体等。对于多阶矩阵来说，有了特征值和特征向量，就可以在多维空间中画出相应的图像。

但是，对于任意矩阵来说，椭球体的特征向量可能并不会恰好与坐标轴重合，而出现斜着的情况，如图 1－3 所示。

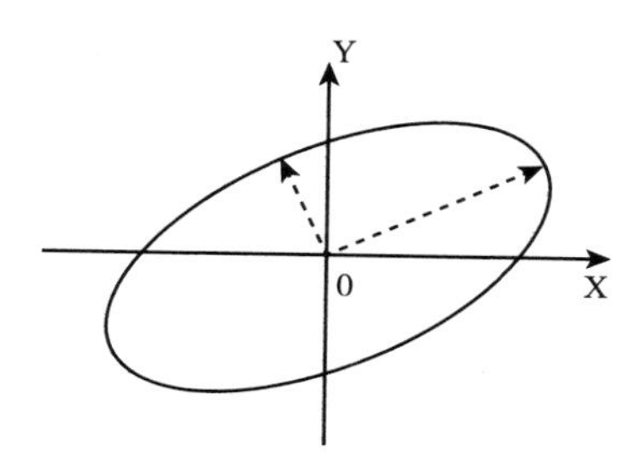

图 1－3　任意矩阵图示

为了分析简便，需要进行相应的变换，使椭球体的特征向量落于坐标轴上。数学家们想出了将坐标变换的计算方法，也就是二次型变换。

$$\nu^{T}A\nu=\Lambda \tag{1-2}$$

其中，A 表示任意矩阵，Λ 表示斜对角矩阵。

证明：这里举一个更一般的例子，如果有椭圆表示为：

$$ax^{2}+2bxy+cy^{2}=1$$

化成矩阵形式可以表示为：

$$\begin{bmatrix}x\\y\end{bmatrix}^{T}\begin{bmatrix}a & b\\b & c\end{bmatrix}\begin{bmatrix}x\\y\end{bmatrix}=x^{T}Ax=1$$

其中，A 为正定矩阵。必然存在矩阵 Q 可以将 A 转化成斜对角矩阵，使得 $A=Q\Lambda Q^{T}$。因此：

$$P(f)=x^{T}Ax=x^{T}Q\Lambda Q^{T}x=(Q^{T}x)^{T}\Lambda(Q^{T}x)$$

矩阵的特征向量为椭圆轴的方向，矩阵的特征值分别是椭圆长半轴和短半轴长度的平方的倒数。

特征值包含了椭球的很多信息，而面对现在动辄几十上百个维度的经济系统来说，全面分析每个变量始终是较难实现的，所以数学家们思考采用几个有代表性的特征值来表示全部椭球信息。假设椭球中其中几个特征值占全部特征值之和的 80% 以上，就可以采用这几个特征值来表征整个椭球，其他特征值可以作为次要信息放弃。这就是主成分分析法的理论思想。

主成分分析（principal component analysis，PCA）是一种多元统计方法，其理论模型最早可以追溯至 1846 年，通过正交变换，将一组或多组可能存在一定关联度的指标变为一些不相关的变量的过程，转换后的变量被称为主成分或主因子。

主成分分析法将原本数量较多的指标转化成能够涵盖更多信息的几个主成分，这些主成分不仅可以解释原始指标包含的大量信息，而且主成分之间的相关性比较弱。构建指标矩阵 X，并对矩阵 X 进行线性转换，得到相对较少的几个新的指标，所得到新的指标就是主成分，其中每个主成分都可以由原来的指标通过线性函数关系式表达，最为关键的是每个主成分之间都相互独立，尽可能保留了原来指标所包含的信息。

主成分分析的优势在于，一方面，可以将多个杂乱无联系的变量进行分类以加强联系，将具有一定相关性和联系的变量归为一类，从而达到将含有大量原始变量的数据体降维的目的；另一方面，分析不同成分和原始变量之间的关系，通过成分矩阵可以获得不同主因子与原始变量之间的定量关系，从而获得原始变量在新的主成分因子中的贡献量，进而获得权重系数，为一些无法直接获取权重的问题提供科学思路。

主成分分析作为基础的数学分析方法，适用范围较广，目前已被广泛地应用于各个行业中。

二、主成分分析法的建模步骤

1. 构造原始数据矩阵。假设存在 n 个样本，p 个特征指标，构建矩阵 X，行代表特征指标，列代表样本，矩阵为：

$$X=\begin{pmatrix} x_{11}, x_{12}, \cdots, x_{1p} \\ x_{21}, x_{22}, \cdots, x_{2p} \\ \vdots, \vdots, \vdots, \vdots \\ x_{n1}, x_{n2}, \cdots, x_{np} \end{pmatrix} \tag{1-3}$$

2. 标准化处理。在进行经济问题分析时，指标之间的单位并不完全一致，有的指标是以百分比的形式出现的，有的是以数值的形式出现。所以在进行主成分分析时，需要把不同的指标进行标准化处理，消除单位不同给评价带来的影响。一般采用式（1－4）处理：

$$x_{ij}=\frac{x_{ij}-\bar{x}_j}{\sqrt{\mathrm{var}(x_j)}} \tag{1-4}$$

其中，$\bar{x}_j$是变量的平均值，$\sqrt{\mathrm{var}(x_j)}$是变量的标准差，由此得到标准化阵。

3. 正交分解。正交分解是主成分分析的核心运算，主要采用协方差矩阵和特征向量进行标准化阵的替换计算，将经过标准化处理后的原始变量进行相关系数矩阵的计算，得到对应的特征值和特征向量，进而得到协方差矩阵，根据协方差矩阵得到分解后的特征向量。其中，计算标准化阵的样本相关系数阵公式和求解特征值公式分别为式（1－5）和式（1－6）：

$$R = [r_{ij}]_{p\times p} = \frac{X^T X}{n-1} \tag{1-5}$$

$$|R - \lambda I_p| = 0 \tag{1-6}$$

其中，R 为样本相关系数阵，X 为标准化阵，λ 为特征值，解得 p 个特征值 $\lambda_1 \geqslant \lambda_2 \geqslant \cdots \geqslant \lambda_p \geqslant 0$。因此，在进行主成分分析之前，需要对原始指标进行主成分分析适宜性检验，判断原始指标是否能够采用主成分分析。判断依据是 KMO（kaiser-meyer-olkin-measure of sampling adequacy）值，从比较原始变量之间的简单相关系数和偏相关系数的相对大小出发来进行检验。当 KMO 值超过 0.7，则表示原始指标适合进行主成分分析。当所有变量之间的偏相关系数的平方和远远小于所有变量之间的简单相关系数的平方和时，变量之间的偏相关系数很小，KMO 值接近 1，变量适合进行主成分分析。KMO 值的计算公式为：

$$KMO = \frac{\sum \sum_{i\neq j} r_{ij}^2}{\sum \sum_{i\neq j} r_{ij}^2 + \sum \sum_{i\neq j} \alpha_{ij}^2} \tag{1-7}$$

其中，r_{ij}表示简单相关系数，$\alpha_{ij.1,2,3,\cdots,k}^2$表示偏相关系数。显然，当 $\alpha_{ij.1,2,3,\cdots,k}^2 \approx 0$ 时，KMO≈1；当 $\alpha_{ij.1,2,3,\cdots,k}^2 \approx 1$ 时，KMO≈0，KMO 的取值介于 0 和 1 之间。凯泽（Kaiser）给出了一个 KMO 的度量标准。计算得到的 KMO 值越大，表示越适合进行主成分分析，其度量标准表如表 1－1 所示。

表 1－1　　KMO 检验判断表

KMO 值	分析的适用性
0.90～1.00	非常好
0.80～0.89	好
0.70～0.79	一般
0.60～0.69	差
0.50～0.59	很差
0.00～0.49	不能进行分析

4. 提取主成分。根据选取的主成分，按照其方差值计算成分矩阵。由此，可以得到每个正交分离后的主成分中原始变量的贡献占比情况。主成分的成分矩阵系数则为每个主成分中各个变量的权重。由原始变量和新形成的主成分可以构建二者之间的定量计算关系。判断主成分的个数时要考虑第 j 个特征值的贡献率以及前 m 个特征值的贡献率。对大于 1 的特征值进行累加，超过 80% 后，所累加的特征值个数即为主成分数量。

$$e_j = \lambda_j / \sum_{i=1}^{p} \lambda_j \tag{1-8}$$

$$E_m = \sum_{j=1}^{m} e_j \tag{1-9}$$

其中，e_j为某一个特征值的贡献率，E_m为前 m 个特征值的贡献率之和。

5. 计算主成分载荷。由于主成分不属于 p 个评价指标中的任何一个，所以究竟得到的主成分是什么含义，还需要更进一步地挖掘。主成分载荷就可以表明主成分的内涵，经过主成分载荷运算，可以用 p 个特征指标对主成分线性表示。如果某个主成分被某些特征指标线性表示，则可以根据特征指标的特点，归纳出主成分的具体内涵。主成分载荷的计算公式为：

$$I_{ij} = \sqrt{\lambda} u_{ij} (i = 1, 2, \cdots, m; j = 1, 2, \cdots, p) \tag{1-10}$$

其中，u 表示特征向量，λ 表示特征值。根据此规则，可以对主成分进行命名，观察主成分载荷值最大的指标构成，根据指标组成确定主成分名称。然后确定每个主成分的线性公式，公式的确定参照成分矩阵表，矩阵表中的每一列的数值就是所研究经济系统相关指标的系数，其中每列代表一个主成分。表达公式如下：

$$F_j = b_{j1} X_1 + b_{j2} X_2 + \cdots + b_{jp} X_p, j = 1, 2, \cdots, m \tag{1-11}$$

其中，F_j表示第 j 个主成分，共确定有 m 个主成分；X_i表示第 i 个所选取的指标，具体的指标共有 p 个。因为研究重点在于构成各主成分的重要指标，所以每个主成分都由对其影响最大的指标因素组成，且每个主成分包含的指标因素都不相同。

三、主成分分析法的应用案例

案例 1－1　风暴潮灾害损失评估的主成分模型研究

对风暴潮的等级划分主要可分为风暴潮灾害强度的等级划分和风暴潮经济损失的等级划分。从经济损失角度划分是复杂的，按照社会、经济与环境复合系统的因果关系链，这不仅会涉及宏观层面损失，如人口、生态环境，还包括中观和微观层面的衡量，因此从经济损失角度对风暴潮灾害损失进行评估时需要较多的指标。主成分分析法对复杂指标体系的降维起到了关键作用。构建如表 1－2 所示的风暴潮灾害经济损失的指标体系。

表 1－2　风暴潮灾害经济损失构成的指标体系

<table>
<tr><th></th><th>经济损失</th><th>直接经济损失</th></tr>
<tr><td rowspan="2">宏观层面</td><td>人口</td><td>受灾人口、死伤及失踪人口</td></tr>
<tr><td>生态环境损失</td><td>农田盐渍化损失、旅游资源破坏、溢油污染损失价值、湿地破坏面积、海岸侵蚀面积、生物圈破坏损失价值</td></tr>
<tr><td rowspan="3">中观层面</td><td colspan="2">海水养殖受灾面积、农作物受灾面积、经济林区受灾面积</td></tr>
<tr><td colspan="2">损毁房屋及建筑物面积、损毁盐田面积、损毁决口海塘堤防及其他海洋工程损失、毁坏的水利设施价值</td></tr>
<tr><td colspan="2">沉没、损毁的海洋交通工具数量，通信中断次数，滨海旅游服务中断带来的价值损失，交通运输业、邮电通信业停产停业损失</td></tr>
<tr><td rowspan="2">微观层面</td><td>救灾投入</td><td>医疗卫生设施投入、救灾物资价值、公安消防出动救援车辆数、救灾耗费人力</td></tr>
<tr><td>灾后重建</td><td>重建沿海防护工程投入、重建滨海旅游设施投入、重建房屋投入、重建渔业养殖设施投入</td></tr>
</table>

首先对 12 次风暴潮的 6 个指标共 72 个数据进行标准化处理，根据标准化处理的结果计算得到相关系数矩阵 C_{cor}。通过相关系数矩阵 C_{cor} 得到特征值，并根据特征值计算贡献率和累计贡献率，如表 1－3 所示。

表 1－3 反映出的前 5 个特征值所对应的累计贡献率为 97.894%，说明前 5 个主成分包含了原来 6 个变量所反映的绝大部分信息。事实上，为了简

化数据结构，可以根据通常选取 m 的标准（累计贡献率 >85%）选取前 4 个主成分，此时的累计贡献率为 93.533%，损失的数据信息仅为 6.467%，完全不影响结论。根据上述结果计算主成分 Z_m，如表 1－4 所示。

表 1－3　　特征值、贡献率和累计贡献率

项目	特征值	贡献率（%）	累计贡献率（%）
1	2.766	46.104	46.104
2	1.582	26.360	72.463
3	0.770	12.835	85.298
4	0.494	8.235	93.533
5	0.262	4.361	97.894
6	0.126	2.106	100.000

表 1－4　　各次风暴潮的主成分

项目	Z_1	Z_2	Z_3	Z_4
1	0.1650	－0.2327	－0.5730	－1.0491
2	0.7693	－1.4286	0.1259	1.7326
3	－0.0418	1.1927	1.0630	－0.4251
4	－0.2380	0.6202	0.3172	0.1833
5	－0.1529	0.4711	－0.2588	－0.6319
6	－0.1179	－0.9585	－0.6746	－0.1400
7	0.7068	－0.6275	－0.1828	－0.6095
8	4.7209	0.0507	0.4665	－0.0123
9	－1.7355	－1.1286	0.3293	0.3627
10	－1.0932	－0.7208	－1.8161	0.0224
11	－0.7707	3.3725	－0.5735	0.7978
12	－2.2120	－0.6104	1.7770	－0.2309

通过进一步分析，根据四个主成分以及对应的特征值权数积，计算得到综合主成分 Z_{1-4}，并对 12 次风暴潮的综合主成分进行排序，从而反映出各次风暴潮经济损失的严重程度排名，如表 1－5 所示。

表1－5　　各次风暴潮的综合主成分及排名

引起风暴潮的台风	综合主成分	排名
海南“达维”	13. 4923	1
广东“珍珠”	3. 1546	2
浙江“森拉”	2. 3793	3
福建“森拉”	0. 8216	4
广东“伊布都”	0. 6574	5
福建“龙王”	0. 5208	6
广东“杜鹃”	－0. 1894	7
福建“飞燕”	－0. 8712	8
福建“泰利”	－2. 4308	9
浙江“海棠”	－5. 5515	10
浙江“桑美”	－5. 8299	11
广东“韦森特”	－6. 1529	12

从表1－5中可以看到，海南“达维”台风引起的风暴潮所造成的损失最为严重，而广东“韦森特”台风引起的风暴潮所造成的损失最轻。

资料来源：殷克东，王辉．风暴潮灾害损失评估的主成分模型研究［J］．统计与决策，2010（19）：63－64.

第二节　因子分析的基本原理和步骤

一、因子分析的概念及优点

因子分析法是用来描述观察到的相关变量之间的差异，这些变量可能包含较少数量的未观察的变量，这些变量被称为因子。其反映了变量之间的相互联系，因子分析根据未观察的潜在变量搜索这种联合变化。

因子分析法与传统降维方法相比优点在于：第一，因子分析法不是通过人为界定因子的比重，而是通过借助教学模型和SPSS软件的计算和处理，其结果更有客观性；第二，因子分析法通过降维的方式将大量的原始数据用很少的几个指标描述出来，这些指标能反映出几乎全部的原始信息，从而避免了大量数据在处理过程中带来的不便；第三，旋转后的各个主因子之间不具有联系，能避免原始数据中重复的方面，从而体现出各个主因子所代表的方面，并且每个主因子内都代表了信息的某一个方面，可以方便研究者对其解释、命名以及比较。

二、因子分析基本思路

一般认为，因子分析法通过研究变量的相关矩阵或者协方差矩阵所反映出的变量之间的关系，将原变量进行分组，使得同一组变量之间的相关性相对较高，而不同组变量之间的相关性相对较低。每组变量代表一个基本结构，使用一个不可观测的综合变量来表示，这个基本结构被称为公共因子。在计算公共因子时，主要根据因子的影响力大小来提取相应的指标，影响力较高的因子被赋予较高的权重。利用这种方式将多个变量进行降维处理，综合成为少数几个因子，通过寻找出控制所有变量的几个公共因子来体现原始变量与因子之间的内在关系。

运用因子分析的基本思路为：

1. 检测现有变量是否符合因子分析的条件。从已有的所有变量中提取很少几个不相关的评估指标进行因子分析，尽可能保证所选取指标可以反映原有变量之间的相互关系，因此要求已有变量之间具有很强的关联性，如果变量之间相关性低，就很难生成一个公因子，因此也就会失去因子分析法的意义。

2. 提取公因子。提取公因子是因子分析法中最为重要的一步，实际研究中主要采用主成分法提取公因子，本教材也是采用主成分法来确定提取哪些公因子。该方法是在已有的变量标准化后，将变量假设为公共因子的线性组合，尽可能使已有变量的方差可以为公因子所解释，并使已有变量方差变异的比例依次递减。当提取主因子之后，假如剩余方差很小，那么就可以放弃剩余的因子，进而简化数据。本书提取公因子的方式是碎石图和特征值两种方法相互结合。其提取公因子的方法是：先依据碎石图来提取初始因子，并结合特征值大小进行判断。

3. 对公共因子进行命名。因子命名一般需要根据因子载荷矩阵，采用方差最大法对其实施正交旋转。旋转之后的公共因子会在某些变量上具有较大的载荷，表明这些变量之间的相关性较强，同时表明该公共因子解释了这些变量的信息，因此能够把这些变量归为同一类型，并对公共因子进行命名。

4. 计算各个因子得分。根据计算出来的得分进行评价。

三、因子分析建模步骤

从模型构建来看，假设可观测的随机向量 $X=(X_1,\cdots,X_q)^T$，其中 $E(X)=\mu$，$D(X)=\sum$；同时有不可观测的随机向量 $F=(F_1,\cdots,F_n)^T$，$(n<q)$，其中 $E(F)=0$，$D(F)=I_n$（即 F 各个分量方差为 1，且彼此不相关），又有 $\varepsilon=(\varepsilon_1,\cdots,\varepsilon_q)^T$ 与 F 互不相关，且 $E(\varepsilon)=0$，$D(\varepsilon)=\mathrm{diag}(\sigma_1^2,\cdots,\sigma_q^2)\overset{def}{=}D$（对角矩阵）。

如果随机向量 X 满足下面的模型：

$$\begin{cases} X_1-\mu_1=a_{11}F_1+a_{12}F_2+\cdots+a_{1n}F_n+\varepsilon_1 \\ X_2-\mu_2=a_{21}F_2+a_{22}F_2+\cdots+a_{2n}F_n+\varepsilon_2 \\ \cdots \\ X_q-\mu_q=a_{q1}F_1+a_{q2}F_2+\cdots+a_{qn}F_n+\varepsilon_q \end{cases} \tag{1-12}$$

则称该模型为正交因子模型，用矩阵可以写为

$$X=\mu+AF+\varepsilon \tag{1-13}$$

其中，$F=(F_1,\cdots,F_n)^T$，$F_1,\cdots,F_n$ 被称作 X 的公共因子；$\varepsilon=(\varepsilon_1,\cdots,\varepsilon_q)^T$，$\varepsilon_1,\cdots,\varepsilon_q$ 被称作 X 的特殊因子。公共因子 $F_1,\cdots,F_n$ 通常对于 X 的每一个分量 X_i 都有作用，而特殊因子 ε_i 仅仅对 X_i 起作用，并且每个特殊因子之间以及特殊因子与各个公共因子之间都是互不相关的。此模型中的矩阵 $A=(a_{ij})_{q\times n}$ 是等待估计的系数矩阵，被称为因子载荷矩阵，$a_{ij}(i=1,\cdots,q;\ j=1,\cdots,n)$ 表示第 i 个变量在第 j 个因子上的载荷。

在正交因子模型当中，需要使用 n + q 个不可观测的随机变量 $F_1,\cdots,F_n$，$\varepsilon_1,\cdots,\varepsilon_q$ 来表示 q 个原始变量 $X_1,\cdots,X_q$，这正是此模型与一般回归模型的区别所在。基于这种差别，不能使用回归方法来确定因子载荷矩阵 A。那么，由于该模型对于 F 以及 ε 做出了相应的假设，这些假设让模型拥有了特定的

并且可以验证的协方差结构，其中两个关键的假设是：

首先，特殊因子之间不相关，同时 $D(\varepsilon)=\text{diag}(\sigma_1^2,\cdots,\sigma_q^2)\overset{\text{def}}{=}D$。

其次，特殊因子与各个公共因子之间都不相关，即 $COV(\varepsilon,F)=O_{q\times n}$，也就是说，在因子分析当中，特殊因子起到了类似于残差的作用，同时，它们彼此之间不相关，并且与公共因子也不相关。另外，每个公共因子都应当至少对两个变量产生贡献作用，否则将被认为是特殊因子。而由于假设各个公共因子之间不相关且具有单位方差，也就是 $D(\varepsilon)=In$，基于此可得出：

$$\begin{aligned}\sum &=D(X)=E[(X-\mu)(X-\mu)^T]=E[(AF+\varepsilon)(AF+\varepsilon)^T]\\&=AD(F)A^T+D(\varepsilon)=AA^T+D\end{aligned}\tag{1-14}$$

因此 $\sum=D=AA^T$，由此可知该模型中第 j 个变量和第 k 个变量的协方差 σ'_{jk} 由式（1－15）得出：

$$\begin{aligned}\sigma'_{jk}&=a_{j1}a_{k1}+a_{j2}a_{k2}+\cdots+a_{jn}a_{kn}(j\neq k)\\\sigma'_{jj}&=a_{j1}^2+a_{j2}^2+\cdots+a_{jn}^2+a_j^2(j=k)\end{aligned}\tag{1-15}$$

如果原始变量已经被标准化为单位方差，那么在 $\sum=D=AA^T$ 中就可以用相关矩阵来代替协方差矩阵。由上述分析可以得出，公共因子解释观测变量之间的相关关系，而因子分析的目的是由样本的协方差矩阵来估计 $\sum$，进而通过 $\sum=D=AA^T$ 求出 A 和 D。即从可观测的变量 $X_1,\cdots,X_q$ 所给出的样本求出载荷矩阵 A，然后再预测公共因子 $F_1,\cdots,F_n$。同时还有：

$$\begin{aligned}COV(X,F)&=E(X-E(X))(F-E(F))^T=E[(X-\mu)F^T]\\&=E[(AF+\varepsilon)F^T]=AE(FF^T)+E(\varepsilon F^T)=A\end{aligned}\tag{1-16}$$

在式（1－16）中，A 为 $q\times n$ 矩阵，由此可知矩阵 A 中的元素 a_{ij} 描述了变量 X_i 与 F_i 之间的相关关系，被称为 X_i 在 F_i 上的因子载荷。

求出因子模型的载荷矩阵以后，为了使 X_i 与 F_i（$i=1,2,\cdots,m$）的相关关系更加醒目和突出，以便对因子进行实际背景的解释，由因子载荷阵的不唯一性，可对因子载荷阵实行旋转（常用方差最大正交旋转法），使得 X_i 与 F_i 中某些因子相关关系更强，而与其他因子相关性较弱，然后根据与各因子相关关系更强的某几个指标，给该因子赋予综合性的实际意义。

由于公共因子能反映原始变量的相关关系，用公共因子代表原始变量时，有时更有利于描述研究对象的特征，因而往往需要反过来将公共因子表示为原始变量的线性组合，即：

$$f_j = \beta_{j1}X_1 + \beta_{j2}X_2 + \cdots + \beta_{jp}X_p (j = 1, 2, \cdots, m) \qquad (1-17)$$

式（1-17）为因子得分函数。用它来计算每个研究对象的公共因子得分。

在实际 SPSS 操作中，因子分析法的分析步骤具体包括：

（1）原始数据标准化。由于研究中所选取的指标单位可能不同，为了消除不同变量之间由于量纲和数值大小差异造成的误差，使指标数据之间具有可比较性，减小研究结果的误差，需要首先对原始数据进行标准化处理。

（2）计算特征值、方差贡献率和累积方差贡献率。方差贡献率是衡量公共因子相对重要程度的指标，方差贡献率越大，表明该公共因子相对越重要，或者说，方差越大，表明公共因子对变量的贡献越大。

（3）确定因子。设 $F_1, \cdots, F_n$ 为 n 个因子，其中前 m 个因子包含的数据信息总量（累积贡献率）不低于 70% 时，可取前 m 个因子来反映原评价指标。

（4）转轴因子矩阵。若所得的 m 个因子无法确定或其实际意义不是很明显，这时需将因子进行旋转以获得较为明显的实际含义。

（5）求解因子得分。用原指标的线性组合，采用回归估计法、巴特利特估计法或汤姆逊估计法计算因子得分。

（6）综合得分。以各因子的方差贡献率为权数，由各因子的线性组合得到综合评价指标函数。

$$F = (w_1F_1 + w_2F_2 + \cdots + w_mF_m)/(w_1 + w_2 + \cdots + w_m) \qquad (1-18)$$

此处 w_i 为旋转前或旋转后因子的方差贡献率。

（7）得分排序。利用综合得分可以得到得分名次。

四、因子分析法的应用案例

案例 1-2　我国区域循环经济发展的综合评价

以资源的高效利用和循环利用为目标，从社会经济系统和资源环境系统两方面建立指标体系来反映我国各省份循环经济发展状况。由于反映循环经济的指标间往往具有较强的相关性，因此需要基于因子分析的评价结果，将原先众多的具有一定相关性的指标重新组合成一组新的相互无关的综合指标来代替原来指标，实现了降维的目的。

从循环经济的本质出发，即更加强调资源的节约和高效利用，在经济上得到利益的同时减少对环境的破坏和损伤。因此，运用解释结构模型法，从经济社会以及资源环境两方面选取代表循环经济发展的指标，仅从这两个相互制约的方面对循环经济的发展水平进行评价。社会和经济指标系统的建立旨在评价区域的经济社会效益。在经济社会系统中，选择人均生产总值（X_1）、第三产业占生产总值的比重（X_2）和居民消费水平（X_3）来反映循环经济发展的经济基础及潜力；资源环境系统从污染减量排放、资源的减量投入、低消耗等来反映循环经济的发展状况，主要选择单位生产总值工业SO_2排放量（X_4）、单位生产总值固体废物排放量（X_5）和单位生产总值能耗（X_6）来反映。

利用因子分析先将原来众多的具有一定相关性的指标重新组合成一组新的相互无关的综合指标来代替原来指标，实现了降维的目的，并依次对各省份的循环经济发展状况进行综合排名。基于6个变量进行因子分析，按照特征值大于1的标准选择两个因子来反映我国30个省份循环经济的发展状况（见表1－6）。SPSS统计分析软件的操作步骤为：Analyze→Data Reduction→Factor。

表1－6　因子解释原有变量总方差的情况

因子	特征值		方差贡献率（%）		累计方差贡献率（%）	
	旋转前	旋转后	旋转前	旋转后	旋转前	旋转后
1	3.746	2.621	62.434	43.687	62.434	43.687
2	1.361	2.486	22.679	41.426	85.113	85.113
3	0.412		6.859		91.972	
4	0.332		5.538		97.510	
5	0.124		2.074		99.584	
6	0.025		0.416		100.00	

表1－6显示了因子解释原有变量总方差的情况，第一个因子特征值为3.746，第二个因子特征值为1.361，两个因子解释了原有6个变量的85.113%的信息，可以用这两个因子反映我国30个省市循环经济的发展状况。同时，旋转后的两个因子累计方差贡献率不变，只在两个因子间的分配有变化，特征值分别为2.621和2.486，方差贡献率相应分别为43.687%和41.426%，说明两个因子都十分重要。

同时，SPSS可以得到初始因子载荷阵和旋转后的因子载荷矩阵（见表1－7）。未进行方差最大化旋转前，各原始指标在第一个因子上的载荷普遍较大，在第二个因子上则较小，无法对因子进行定义。方差最大化旋转后，X_1、X_2、X_3在F_2上载荷较高，而X_4、X_5、X_6在F_1上载荷较高，得到的因子载荷矩阵可以对公共因子进行合理解释。结合循环经济的内涵，将第一个因子定义为资源环境因子，第二个因子定义为经济社会因子。

表1－7　因子载荷矩阵

	原始指标	X_1	X_2	X_3	X_4	X_5	X_6
未旋转	F_1	0.859	0.621	0.863	0.789	0.792	0.792
	F_2	0.386	0.606	0.440	-0.521	-0.343	-0.511
旋转后	F_1	0.360	0.036	0.325	0.932	0.812	0.926
	F_2	0.870	0.867	0.913	0.163	0.294	0.172

根据输出的因子得分系数矩阵，可以通过以下关系得到我国30个省份两个因子的得分：

$$F_1 = -0.028X_1 - 0.185X_2 - 0.055X_3 + 0.416X_4 + 0.327X_5 + 0.412X_6$$

$$F_2 = 0.364X_1 + 0.438X_2 + 0.393X_3 - 0.134X_4 - 0.038X_5 - 0.128X_6$$

同时，输出的因子相关系数矩阵显示，这两个因子，即资源环境因子和经济社会因子是不相关的，所以可以根据这两个因子对我国30个省份的循环经济状况进行分类。选取这两个因子为变量，以其相应的方差贡献率为权重，建立因子分析综合评价模型为：

$$F = 0.437F_1 + 0.414F_2$$

根据两因子得分，计算综合得分如图1－4所示。

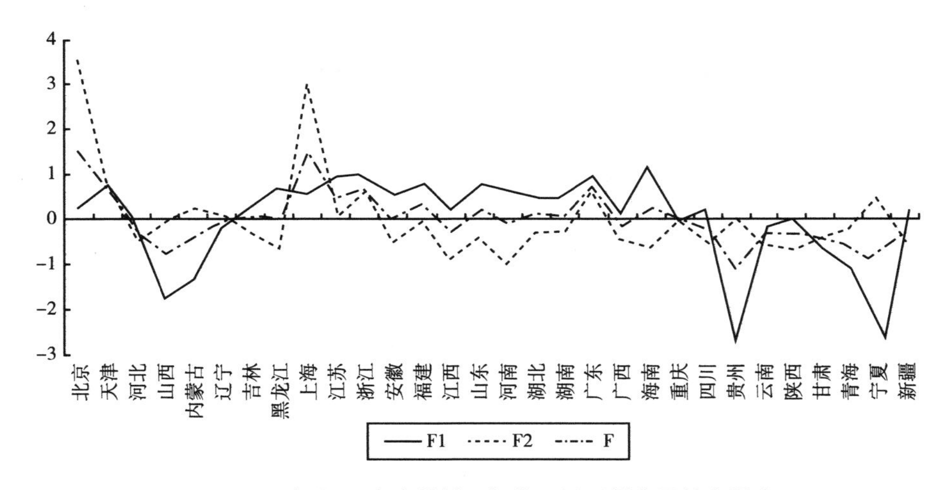

图 1－4　我国 30 个省份循环经济两因子得分及综合得分

资料来源：王晓玲，殷克东，方景清．我国区域循环经济发展的综合评价［J］．海洋开发与管理，2010，27（3）：76－79.

第三节　熵值法的基本原理和步骤

一、熵值法的概念及优点

熵值法是在熵理论的基础上形成的一种用于评价研究对象重要性程度的办法。它是一种以熵理论核心观点为指导的赋权方法。按照信息论的观点，事件发生概率越大则越有序，有序程度越高则信息熵越大，信息熵越大则权重越小；反之，则权重越大。因此，对于需要运用多个指标进行综合评价的工具都可以利用这种方法对各项指标进行赋权。

在熵值法中，确定各指标的具体权重是完全依据其具体的数据和实际情况来定的，这种确定权重的方法可以有效地避免在实证分析中掺杂个人的主观判断，能够通过权重客观地反映出各数据的本质差异。

熵值法应用的范围首先是对指标数据的要求，应用熵值法的核心在于各评价指标的具体数据，通过计算数据间的差异以计算出各指标所占的权重。这也就意味着计算出来指标权重的有效性完全依赖于所搜集的数据是否完整和准确。其次是熵值法使用的评价范围，熵值法计算出的具体得分是相对数值，可用于对多指标的相对评价进行分析。

二、熵值法的原理

在有关信息数量的相关理论中，熵是用来衡量指标的不确定性，信息数量获得的丰富与贫乏与之呈反向关系，获得的信息数量越多，越小的不确定性，熵也越小；反之，则不然。熵值法可以用来衡量样本间差异的大小，样本间差异的大小影响熵值的大小，差异越大，熵值计算结果越小，在全部指标中占的权重比例越大，反映出对评价指标越重要；否则，样本间的差异缩小，会使熵值结果变大，权重降低，削减了对评价指标的重要程度。我们可以通过运用熵值法，客观地计算出各个指标的权重，对指标体系进行降维，进而可以得出对某一目标的综合评价。

三、熵值法的操作步骤

由上述的简要介绍可知，熵值反映了指标在系统中提供信息量大小的程度，它的原理正好满足了赋权需要尽可能客观的要求。因此，熵值法的操作原理可通过如下步骤来说明：

首先，假设有 n 个被评价对象，表示不同年份：每个被评价对象的评价指标有 m 个，则可建立原始数据矩阵：

$$X=(X_{ij})_{n\times m}(i=1,2,3,\cdots,n;j=1,2,3,\cdots,m) \tag{1-19}$$

由于不同的评价指标之间可能存在度量即数量级的差异，无法直接进行比较，为了消除评价指标间的差别带来的影响，需运用一些简单的数学变换来对评价指标做处理，即无量纲化处理，处理方法如下。

第一步，若评价指标为正向指标，即越大越好的指标则有：

$$b_{ij}=\frac{x_{ij}-m_j}{M_j-m_j} \tag{1-20}$$

若评价指标为逆向指标，即越小越好的指标则有：

$$b_{ij}=\frac{M_j-x_{ij}}{M_j-m_j} \tag{1-21}$$

第二步，若评价指标为适中性指标，即取值在一定区间的指标最好则有：

$$b_{ij}=\begin{cases}\dfrac{x_{ij}-m_j}{x_0-m_j} & x_{ij}<x_0\\ \dfrac{M_j-x_{ij}}{M_j-x_0} & x_{ij}\geqslant x_0\end{cases} \tag{1-22}$$

其中，$M_j=\max_i\{x_{ij}\}$，$m_j=\min_i\{x_{ij}\}$。由此，可以得到标准化矩阵 $X=(X_{ij})_{n\times m}$。

第三步，归一化处理 P_{ij}。

$$P_{ij}=\frac{b_{ij}}{\sum_{i=1}^{n}b_{ij}} \tag{1-23}$$

因为 $b_{ij}>0$ 时，$\ln(P_{ij})$ 才有意义，所以需排除上述标准化后 b_{ij} 为 0 的情况，在此可以对 b_{ij} 进行坐标平移处理，令

$b'_{ij}=b_{ij}+1$，其中 b_{ij} 为原指标，b'_{ij} 为坐标平移处理后的结果。

则 P_{ij} 修正为：

$$p_{ij}=\frac{b'_{ij}}{\sum_{i=1}^{n}b'_{ij}}=\frac{1+b_{ij}}{\sum_{i=1}^{n}(1+b_{ij})} \tag{1-24}$$

第四步，计算指标的熵值。

$$I_j=-k\sum_{i=1}^{m}P_{ij}\ln(P_{ij}),(j=1,2,3,\cdots,m) \tag{1-25}$$

其中，$k>0$ 为常数，通常可以取

$$k=\frac{1}{\ln(m)},I_j>0 \tag{1-26}$$

第五步，计算指标的差异化系数。

$$g=1-I_j \tag{1-27}$$

第六步，确定指标的熵权 w_j。

$$w_j = \frac{g_j}{\sum_{j=i}^{m} g_j} \tag{1-28}$$

最后，因为熵具有可加性，对于有多层结构的评价系统，可以对不同子系统的各指标效用值 g_j 进行求和，计算出各个子系统的效用值，记作 D_k，最终可按比例得到各子系统的权重 A_j。

$$D = \sum_{k=1}^{l} D_k, (k = 1, 2, 3, \cdots, l) \tag{1-29}$$

则相应子系统的权重为：

$$A_k = \frac{D_k}{D} \tag{1-30}$$

如需对各指标层作出综合的评价可运用线性加权模型：

$$Y_i = \sum_{j=1}^{m} w_j \times P_{ij} \tag{1-31}$$

已有许多文献通过研究表明，熵值法是一种较为客观的指标综合降维方法，它不仅可以用于同期变量之间指标综合评价及排序，也可以用于对同一变量不同时期的选取分析与权重设定，以此为研究提供信息支持。

四、熵值法的应用案例

案例 1-3　我国沿海地区金融发展的综合评价

现代金融体系的内涵包含许多方面，若只考虑存贷款总量显然无法真实表现地区金融发展水平，因而从单一角度对其进行评价是存在局限性的。在本案例中，对区域金融体系的评估包括对金融发展经济环境、金融发展效率、金融发展广度和金融发展深度四个维度的评估，需采用若干个指标组成评价体系。基于此，根据全面性、科学性、准确性和系统性原则，建立对全国 11 个沿海省份金融发展水平评估的指标体系，共包含 4 个一级指标和 18 个二级指标，具体见表 1-8，并采用熵值法对其进行评估，在充分对数据实现降维的同时减少信息的损失。

表1-8　　金融发展水平评价指标体系

一级指标	二级指标	单位
金融发展广度（Finbre）	保险密度	%
	国内上市公司数	个
	股票筹资总额	亿元
	国内债券筹资额	亿元
	金融从业人数	人
	金融机构数	个
	金融业增加值	亿元
金融发展深度（Findeap）	保险深度	%
	本外币各项存款余额/GDP	%
	本外币各项贷款余额/GDP	%
	证券总交易金额/GDP	%
金融发展效率（Fineffic）	金融业增加值/第三产业增加值	%
	金融从业人数/第三产业人数	%
金融发展环境（Finenvir）	GDP	亿元
	城镇居民人均可支配收入	元
	社会消费品零售总额	亿元
	地方公共财政收入	万元
	进出口总额	万美元

为更加直观地比较2006～2019年各沿海地区金融发展差异，由于原始数据的量纲各不相同，因此，为消除不同单位的影响，方便计算，对原始数据进行标准化处理。对处理后的数据采用熵值法合成。各指标权重如表1-9所示。

表1-9　　金融发展水平评价指标权重

类别	权重系数	项	权重系数（%）
Finbre	52.34%	保险密度	3.93
		国内上市公司数	7.84
		金融业增加值	5.90
		金融机构数（个）	11.67
		金融从业人数（人）	5.77
		股票筹资额（亿元）	8.20
		国内债券筹资	9.03

续表

类别	权重系数	项	权重系数（%）
Findeap	21.14%	保险深度（%）	3.76
		本外币各项存款余额/GDP	3.91
		本外币各项贷款余额/GDP	2.29
		证券交易总金额/GDP	11.18
Fineffici	4.06%	金融业增加值/第三产业增加值	0.73
		金融从业人数/第三产业从业人数	3.33
Finenvir	22.47%	MMS_GDP（亿元）	4.63
		社会消费品零售总额（亿元）	5.06
		地方公共财政收入（万元）	5.02
		进出口总额（万美元）	7.76

根据熵值法计算后，对 Finbrea、Findeap、Fineffic 和 Finenvirt 赋予的权重分别为52.34%、21.14%、4.06%和22.47%，利用计算出来的熵权系数，对正向化处理过的数据进行加权求和，即可得出2006~2016年沿海地区的金融发展综合指数。

资料来源：Wang S., Lu B., Yin K. Financial development, productivity, and high-quality development of the marine economy [J]. Marine Policy, 2021, 130.

第四节　三种方法的综合评价与比较

上述三种方法均可以对所构建的指标体系进行科学评价，但不同的方法原理思想不同，导致理论建模过程、对数据处理过程以及评价结果存在较大的差异。为了尽可能地反映实际情况，使得模型建立更加准确，避免不合理现象的发生，对主成分分析法、因子分析法及熵值法三种降维方法的优点、缺点以及适用范围进行如下分析，以为读者选择适当方法提供合理建议。

通过分析可以发现，尽管三种方法均是指标体系的科学降维方法，但是由于考虑问题的侧重点存在差异，使得评价结果存在较大差异。因此，在处理实际问题时，要根据所研究经济系统的主要特征以及指标数据情况，基于不同方法的优缺点和适用范围来选择不同的降维方法，以实现对经济发展系统科学、准确的评价（见表1－10）。

表1－10　三种方法的综合评价与比较

	主成分分析法	因子分析法	熵值法
优点	一是以数量较少的独立性指标来取代较多的相关性指标，大大减少了信息重叠问题； 二是克服了主观因素的干扰； 三是打破了数据限制，降低了指标和样本的数量限制	因子分析法能很好地涵盖原始数据的各个项，在明确地解释原指标的具体内容的同时，将分析过程简化为因子项的分析，对指标内容的解释程度加强	一是计算过程相对简单，结果直观易理解，方法实用性强； 二是具有较强的客观性，减少了人为因素干扰； 三是方法对指标数量没有限制，适用范围较广
缺点	一是不同指标间的权重过程确定较为复杂； 二是筛选过程在一定程度上会损失重要数据信息，易导致评价结果的偏差； 三是模型建立基于指标间的线性相关关系，其使用存在较强的限制； 四是仅依赖于数据计算而忽略主观经验知识，可能会出现与实际情况不一致问题	一是计算过程更为复杂。因子分析只能面对综合性的评价； 二是由于因子的个数小于原指标个数，因而因子分析法的缺失信息一般比主成分分析法要多； 三是因子分析法严格要求评价体系的指标间要存在相关关系，因此对数据的数据量和成分也有要求	一是无法考虑到指标与指标之间的横向影响，对样本依赖性大，随建模样本变化，权重也会发生变化，甚至可能导致权重失真，最终结果无效； 二是不能反映指标间的相关关系，信息重叠问题仍然存在； 三是由于忽略了指标本身重要程度，有时确定的指标权数可能会产生与事实相悖的情况
适用范围	主成分分析法适用于样本数据量较多、相对完整并具有代表性，指标间存在一定相关关系且指标间基本为线性关系的复杂评价体系中的指标权重的确定	因子分析法比较适用于需要对社会经济现象等相关评价对象进行综合性的评价，且指标间存在很大关联性、有大量具有代表性的完整数据样本的复杂评价问题	该方法比较适用于样本量较大、样本数据信息完备且具有普遍性的指标间相对独立的综合评价体系

本章小结

本章重点分析了常见的主成分分析法、因子分析法以及熵值法中具体降维计算方法的基本思想和原理，对各种方法的优缺点进行了比较分析，并分别理出了各方法的适用范围。由于每种降维方法考虑问题的侧重点都有所不同，在权重计算上都具有一定的优势与缺陷，相应的适用范围也存在较大的差异。因此，在进行多要素评价指标降维方法的选择时，要理性认识和把握各方法的优缺点，并且要具体问题具体分析，根据评价对象和问题的实际特点，如是否具有数据样本、样本是否具有代表性、指标间是否存在相关关系等选择合适的赋权方法，这样才能保证评价结果的相对科学和合理。

| 第二章 |

层次分析法

人们在各项日常活动中，常常会面对一些决策问题。例如，大学毕业生对职业的选择，他们会从专业对口、发展潜力、单位的名气、工作地点和收入水平等方面加以考虑、比较和判断，然后进行决策。随着人们面对的决策问题日趋复杂，如科研成果的评价、综合国力（地区综合实力）比较、各工业部门对国民经济贡献的比较、企业评估、人才选拔等。项目决策者与决策的模型及方法之间的交互作用变得越来越强烈和越来越重要。许多问题由于结构复杂且缺乏必要的数据，很难用一般的数学模型来解决。

美国运筹学家萨蒂（Saaty）于20世纪70年代初提出了著名的层次分析法（analytic hierarchy process，AHP），是将与决策有关的元素分解成目标、准则、方案等层次。它将定性和定量指标统一在一个模型中，既能进行定量分析，又能进行定性的功能评价。这种方法是根据问题的性质和达到的总目标，将复杂问题分解成按支配关系分组而形成有序递阶层次结构中的不同因素，由人们通过两两比较的方式确定层次结构中各因素的相对重要性，然后综合比较判断的结果以确定各个因素相对重要性的总顺序，其中最关键的问题是如何得到影响因素的权值和各候选方案在每个影响因素下的权值。总而言之，该方法是将心理定性的判断进行量化，再进行决策的方法，具有系统、灵活、简洁的优点。

第一节 层次分析法的原理

AHP 方法的基本原理是：首先将复杂问题分成若干层次，以同一层次的各要素按照上一层要素为准则进行两两判断，比较其重要性，以此计算各层要素的权重，最后根据组合权重并按最大权重原则确定最优方案。具体来说，层次分析法将相关决策因素分解为最高层（目标层）、中间层（准则层）、最底层（方案层）等层次，按照一定的标准进行定性定量分析，层层分析，最终得到一个科学的评判结果。层次分析法针对多类别多因素的复杂综合问题，将多层次问题转化为简单的多层次目标问题，将多层次问题层层求解，然后，根据子级别对级别的单个顺序和总顺序进行一致性检验，对各因素按照对问题影响的权重进行排序，最后根据排序顺序得到最优解决方案。

第二节 层次分析法的应用步骤

层次分析法的基本思路与人们对复杂的决策问题的思维判断过程大体一致。当一个决策者在对问题进行分析时，首先要对分析对象的因素建立起彼此相关因素的层次递阶系统结构，这种层次递阶结构可以清晰地反映出诸相关因素（目标、准则、对象）的彼此关系，使得决策者能够把复杂的问题理顺，然后进行逐一比较、判断，从中选出最优的方案。

运用层次分析法建模，大体上分成五个步骤：（1）建立递阶层次结构；（2）构造比较判别矩阵；（3）计算准则指标权重；（4）结果的一致性检验；（5）计算出层次总排序。

一、建立递阶层次结构

层次分析法首先把决策问题层次化。所谓层次化就是根据问题的性质以及要达到的目标，把问题分解为不同的组成因素，并按各因素之间的隶属关系和关联程度分组，形成一个不相交的层次。

例如，高考或者考研时对学校的选择。假设有四个学校可供同学们选择，同学们会从喜欢的专业、雄厚的师资、宽广的就业、优越的环境、充足的经费等多方面进行反复的考虑、比较，从中选出自己最满意的职业（见图2－1）。

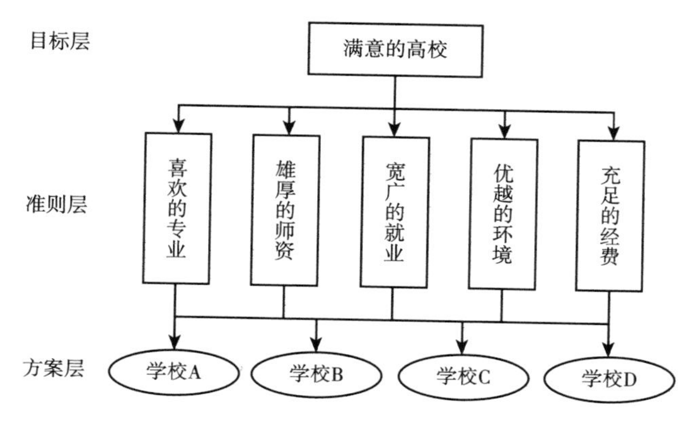

图2－1　最佳学校选择的递阶层次结构

在图2－1中，上一层次的元素对相邻的下一层次的全部或部分元素起支配作用，从而形成一个自上而下的逐层支配关系，具有这种性质的结构称为递阶层次结构。如图2－1就是一个典型的递阶层次结构。

图中的连线标明了上下层元素之间存在的联系，最高层为目标层，一般只有一个元素，目标层下面为准则层，即影响目标的因素组成的集合，通常准则层有多层，也就是说准则层层次之间可以建立子层次，子层次从属于主层次中的某一个元素，方案层一般放在层次结构的最下面，方案层中的元素就是我们评判、排序、选择的对象。

这里有几点需要注意：第一，任一元素属于且仅属于一个层次；任一元素仅受相邻的上层元素的支配，并不是任一元素与下层元素都有联系；第二，虽然对准则层中每层元素数目没有明确限制，但通常情况下每层元素数最好不要超过九个。这是因为，心理学研究表明，只有一组事物在九个以内，普通人对其属性进行判别时才较为清楚。当同一层次元素数多于九个时，决策者对两两重要性判断可能会出现逻辑错误的概率加大，此时可以通过增加层数来减少同一层的元素数。

二、构造比较判别矩阵

建立递阶层次结构以后，元素的并列、从属关系就被确定了，下面决策者就可以为元素的两两比较关系作出判断了。以任一上层元素为准则，对其所支配的下层元素进行两两比较，构成判断矩阵，然后按一定的方法（我们选择的为幂法）求出它们对于上一层元素的相对重要程度，即为元素的权重。

AHP 所采用的计算权重的方法就是两两比较方法：当以上一层次某个因素 C 作为比较准则时，可用一个比较标度 a_{ij}（$i,j=1,2,\cdots,n$）来表达下一层次中第 i 个因素与第 j 个因素的相对重要性（或偏好优劣）的认识。a_{ij} 的取值一般取正整数 1 ~ 9（称为标度）及其倒数。由 a_{ij} 构成的矩阵 $A=(a_{ij})_{n\times n}$称为比较判别矩阵。元素 a_{ij} 的取值规则如表 2 – 1 所示。

表 2 – 1　　元素 a_{ij} 的取值规则

元素	标度	规则
a_{ij}	1	i 比 j 同样重要
	3	i 比 j 稍微重要
	5	i 比 j 明显重要
	7	i 比 j 强烈重要
	9	i 比 j 极端重要

a_{ij} 取值也可以取上述各数的中值 2，4，6，8，同样，如果 j 比 i 重要，则可以取这些值的倒数。观察比较判断矩阵

$$A=\begin{pmatrix} 1 & a_{12} & \cdots & a_{1n} \\ 1/a_{12} & 1 & \cdots & a_{2n} \\ \vdots & \vdots & \vdots & \vdots \\ 1/a_{1n} & 1/a_{2n} & \cdots & 1 \end{pmatrix}$$

可发现其具有以下特点：$a_{ij}>0$；$a_{ij}=1/a_{ji}$；$a_{ii}=1$，（$i,j=1,2,\cdots,n$）。具有上述三个特点的 n 阶矩阵称为正互反矩阵。

关于比较判断矩阵，有三个方面的问题需要作进一步说明：

第一，涉及社会、经济、人文等因素的决策问题的主要困难在于，这些因素通常不易定量地测量。人们往往凭自己的经验和知识进行判断。当因素较多时给出的结果是不全面和不准确的。如果只是定性结果，又常常不被人们接受。如果把所有的因素放在一起两两比较，得到一种相对的标度，这样既能适应各种属性测度，又能充分利用专家经验和判断，可提高准确度。

第二，在比较判断矩阵建立上，萨蒂教授采用了1～9比例标度，这是因为人们在估计成对事物的差别时，用五种判断级别就能很好地表示，即相等、较强、强、很强、极强表示差别程度。如果再细分，可在相邻两级中再插入一级，正好九级，用九个数字来表达就够用了。

第三，一般地在一个准则下被比较的对象不超过九个，是因为心理学家认为，进行成对比较因素太多将超出人的判断能力。最多大致在7±2范围，如果以九个为限，用1～9比例标度表示它们之间的差别正合适。

三、计算准则指标权重

AHP中比较成熟并得到广泛应用的计算权重的方法是特征根法，理论依据为正矩阵的佩龙定理，它保证了所得到的排序向量的正值性和唯一性。计算权重的具体步骤总结为一个口诀是：列归一、行求和、再归一。此处仅以和法为例，对求取权重的步骤进行介绍。

（1）将判断矩阵的列向量归一化得 $\tilde{A}_{ij} = \left(a_{ij}/\sum_{i=1}^{n} a_{ij}\right)$；

（2）将 $\tilde{A}_{ij}$ 按行求和得 $\tilde{W} = \left(\sum_{j=1}^{n} \tilde{A}_{1j}, \sum_{j=1}^{n} \tilde{A}_{2j}, \cdots, \sum_{j=1}^{n} \tilde{A}_{nj}\right)^T$；

（3）将 $\tilde{W}$ 归一化后，得排序向量 $W = (w_1, w_2, \cdots, w_n)^T$；

（4）最大的特征值为 $\lambda = \frac{1}{n}\sum_{i=1}^{n} \frac{(AW)_i}{w_i}$。

四、结果的一致性检验

由于对事物进行判断的时候，很有可能由于主观特性，使得判断结果不符合理性人假定，如喜欢 A 大于 B、喜欢 B 大于 C、喜欢 C 大于 A 的情况，判别矩阵所得到的结论就不具有可靠性和稳定性。但是，层次分析法不要求两两比较时得到的判别矩阵完全符合理性人假定，如果这样，那么层次分析法的应用效率就会大大降低。只需要在一定范围内符合理性人假定即可，这样就可以说判别矩阵能够通过一致性检验。具体步骤如下：

设 A 为 n 阶正互反矩阵，$AW=\lambda_{max}W$，且 $\lambda_{max}\geqslant n$，若 λ_{max} 比 n 大得越多，则 A 的不一致程度越严重。令

$$CI=\frac{\lambda_{max}-n}{n-1}$$

其中，CI 可作为衡量不一致程度的数量标准，称 CI 为一致性指标。同时，定义 RI 为平均随机一致性指标，萨蒂（Saaty）教授给出 RI 值如表 2-2 所示。

表 2-2　平均随机一致性指标

n	1	2	3	4	5	6	7	8	9
RI	0	0	0.58	0.90	1.12	1.24	1.32	1.41	1.45

当 $n\geqslant3$ 时，令 $CR=CI/RI$，则 CR 为一致性比例。当 $CR<0.1$，则认为比较判断矩阵的一致性可以接受，否则应对判断矩阵作适当的修正。

五、计算出层次总排序

1. 层次总排序的步骤为：

（1）计算同一层次所有因素对最高层相对重要性的排序权向量，这一过程是自上而下逐层进行；

（2）计算出第 k-1 层上有 n_{k-1} 个元素相对总目标的排序权向量为：

$$W^{(k-1)}=(w_1^{(k-1)},w_2^{(k-1)},\cdots,w_{n_{k-1}}^{(k-1)})^T$$

（3）第 k 层有 n_k 个元素，它们对于上一层次的某个因素 u_i 的单准则排序权向量为：

$$p_i^{(k)}=(w_{1i}^{(k)},w_{2i}^{(k)},\cdots,w_{n_ki}^{(k)})^T$$

（4）第 k 层 n_k 个元素相对总目标的排序权向量为：

$$(w_1^{(k)},w_2^{(k)},\cdots,w_{n_k}^{(k)})^T=(p_1^{(k)},p_2^{(k)},\cdots,p_{k-1}^{(k)})W^{(k-1)}$$

2. 层次总排序的一致性检验。人们在对各层元素作比较时，尽管每一层中所用的比较尺度基本一致，但各层之间仍可能有所差异，而这种差异将随着层次总排序的逐渐计算而累加起来，因此需要从模型的总体上来检验这种差异尺度的累积是否显著，检验的过程称为层次总排序的一致性检验。

假设第 k－1 层第 j 个因素为比较准则，第 k 层各因素两两比较的层次单排序一致性指标为 $CI_j^{(k-1)}$，平均随机一致性指标为 $RI_j^{(k-1)}$，则第 k 层的一致性检验指标为：

$$CI^{(k)}=CI^{(k-1)}\cdot W^{(k-1)}$$

其中，$W^{(k-1)}$ 表示第 k－1 层对总目标的总排序向量。另有：

$$RI^{(k)}=RI^{(k-1)}\cdot W^{(k-1)}\quad CR^{(k)}=CR^{(k-1)}+\frac{CI^{(k)}}{RI^{(k)}}(3\leqslant k\leqslant n)$$

当 $CR^{(k)}<0.1$，可认为评价模型在第 k 层水平上整个达到局部满意一致性。

六、层次分析法的 Matlab 实现

在本部分直接给出层次分析法的 Matlab 程序，如图 2－2 所示。

```
A=[ ];                  % 输入比较判断矩阵A
n=size(A,1);            % 返回矩阵A的行数
a=eig(A);               % 求出A的所有的特征值
[X,D]=eig(A);           % 求出A的所有的特征向量及对角矩阵
a1=a(1,:);              % 在A的所有特征值中取出最大的特征值
a2=X(:,1);              % 在A的所有特征向量中取出最大的特征值所对
                          的特征向量
a3=ones(1,n);           % 构造一个其中元素全为1的1×3矩阵
a4=a3×a2;               % 求a2中所有元素的和
w1=1/a4×a2              % 求出矩阵A的排序向量
ci1=(a1-3)/2;           % 求出一致性指标
cr=[0 0 0.58 0.9 1.12 1.24 1.32 1.41 1.45];
                        % 输入平均随机一致性指标值
cr1=ci1/cr(n)           % 求出一致性比例，注意，此处的0.58为3阶矩
                          的CR值，具体情况还需要代入不同数值
```

图 2－2　层次分析法的 Matlab 实现

七、层次分析法的应用案例

案例 2-1　工厂方案优选问题

工厂在扩大企业自主权后，有一笔留成利润，要由厂领导和职代会来决定如何使用，可供选择的方案有：发奖金 P_1；扩建集体福利事业 P_2；办职工业余技校 P_3；建图书馆和俱乐部 P_4；引进新设备 P_5。这些方案都各具有其合理的因素，如何对这些方案进行排序及优选？

该模型最高一层为总目标 A：合理使用企业利润。

第二层设计为方案评价的准则层，它包含有三个准则：进一步调动职工劳动积极性 B_1；提高企业技术水平 B_2；改善职工物质与文化生活 B_3。最低层为方案层，包含从 $P_1 \sim P_5$ 五种方案。

设以 A 为比较准则，B 层次各因素的两两比较判断矩阵为 A，类似地以每一个 B_i 为比较准则，P 层次各因素的两两比较判断矩阵。因此得到四个比较判断矩阵如下：

$$AB=\begin{pmatrix}1 & 1/5 & 1/3\\ 5 & 1 & 3\\ 3 & 1/3 & 1\end{pmatrix}$$

综合各个专家的意见后得到的第三层相对第二层的各个比较判断矩阵：

$$B_1P=\begin{pmatrix}1 & 3 & 5 & 4 & 7\\ 1/3 & 1 & 3 & 2 & 5\\ 1/5 & 1/3 & 1 & 1/2 & 2\\ 1/4 & 1/2 & 2 & 1 & 2\\ 1/7 & 1/5 & 1/2 & 1/3 & 1\end{pmatrix}\quad B_2P=\begin{pmatrix}1 & 1/7 & 1/3 & 1/5\\ 7 & 7 & 5 & 3\\ 3 & 1/5 & 1 & 1/3\\ 5 & 1/3 & 3 & 1\end{pmatrix}$$

$$B_3P=\begin{pmatrix}1 & 1 & 3 & 3\\ 1 & 1 & 3 & 3\\ 1/3 & 1/3 & 1 & 1\\ 1/3 & 1/3 & 1 & 1\end{pmatrix}$$

对于上述各比较判断矩阵，求出其最大的特征值及其对应的特征向量，将特征向量归一化后，即可得到相应的层次单排序的相对重要性权重向量以及一致性指标 CI 和一致性比例 CR，见表 2－3。

表 2－3　　　　合理使用企业利润的计算结果

矩阵	层次单排序的权重向量	λmax	CI	RI	CR
AB	$(0.1047, 0.6370, 0.2583)^T$	3.0385	0.0193	0.58	0.0332
B_1P	$(0.4956, 0.2319, 0.0848, 0.1374, 0.0503)^T$	5.0792	0.0198	1.12	0.0177
B_2P	$(0.0553, 0.5650, 0.1175, 0.2622)^T$	4.1170	0.0389	0.9	0.0433
B_3P	$(0.375, 0.375, 0.125, 0.125)^T$	4	0	0.9	0

由此可见，所有四个层次单排序的 CR 的值均小于 0.1，符合满意一致性要求。

现在计算第三层（P 层）相对于总目标的排序向量为：

$$W=(p_1^3,p_2^3,p_3^3)\cdot w^{(2)}=\begin{pmatrix}0.4956 & 0 & 0.375\\ 0.2319 & 0.0553 & 0.375\\ 0.0848 & 0.5650 & 0.125\\ 0.1375 & 0.1175 & 0.125\\ 0.0503 & 0.2622 & 0\end{pmatrix}\begin{pmatrix}0.1047\\ 0.6370\\ 0.2582\end{pmatrix}$$

$$=(0.1488,\ 0.1564,\ 0.4011,\ 0.1215,\ 0.1723)^T$$

所以，工厂合理使用企业留成利润这一总目标，所考虑的五种方案排序的相对优先排序为：P_3（开办职工业务技校），权重为 0.4011；P_5（引进新技术设备），权重为 0.1723；P_2（扩建集体福利事业），权重为 0.1564；P_1（发奖金），权重为 0.1488；P_4（建图书馆和俱乐部），权重为 0.1215。厂领导和职代会可根据上述分析结果，决定各种方案的先后次序或决定分配使用企业留成利润的比例。

本章小结

本章主要介绍了层次分析法的原理和应用步骤，可以将实际生活中无法抉择的事情进行量化判断，当进行升学、就业、择偶等选择问题，而这些问题又无法清晰判断的时候，就可以采用层次分析法。当然，本章介绍的方法也存在弊端：当方案层之间无法两两比较的时候，就无法进行判断了。此处给出一个合理的解决方案：对准则层进行层次总排序后，再对方案层针对每一个准则指标进行打分。比如在图 2 - 1 中，每个学校分别在“喜欢的就业”“雄厚的师资”“宽广的就业”“优越的环境”“充足的经费”这五个准则指标打分，将所得到的分数与总排序权重相乘，即可得到每个学校的最终得分。根据这一得分选择最优决策，就可以成功解决“只能依靠权重进行判断”的弊端了。

| 第三章 |

模糊聚类分析

我们在认知这个世界的过程中，会常常将事情进行归类。比如我们的学科划分，从不同学科的角度理解这个世界会更加容易。再比如，男生和女生也非常容易区分。但在实际工作和生活中，往往会遇到并非都是“非此即彼”的关系，而是介于“是”与“不是”之间，表现出“亦此亦彼”的性质，比如定义集合“红色”“热水”“高个子”等。

美国控制论专家扎德（Zadeh）于1965年在 *Information and Control* 刊物上发表了开创性的论文《模糊集》，提出将经典集合的绝对属于的概念变为相对属于的概念，将经典集合中的特征函数只取0和1两个值的情形推广到可取闭区间［0，1］上的值，承认不同元素对同一集合有不同的隶属程度，我们引入隶属度概念，借以描述元素与集合的关系并进行度量。

第一节　模糊聚类的思想

一、引例

两种蠓虫 Af 和 Apf 已由生物学家格罗根和沃斯（1981）根据它们的触角长度和翅长加以区分。将这两种蠓虫表现在坐标轴上，如图 3－1 所示。

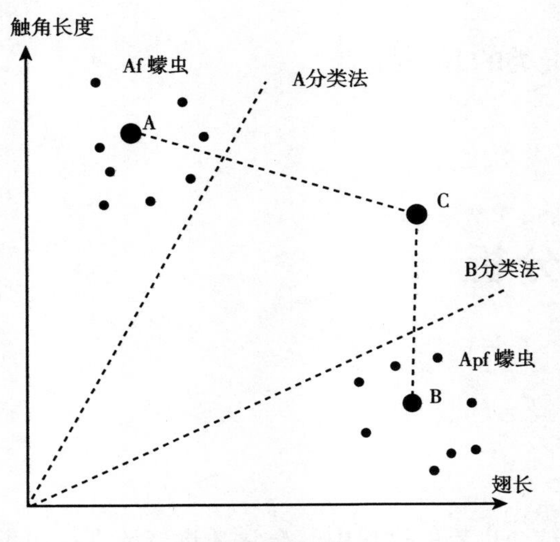

图 3－1　蠓虫分布

黑点表示不同蠓虫的分布情况。从图 3－1 中可以看出，Af 蠓虫的触角比较长，Apf 蠓虫的翅膀比较长。在坐标图中，可以很明显地分成两个集合。无论采用 A 分类法或是 B 分类法，都可以成功将两种蠓虫进行划分。

现在新发现一种新的蠓虫 C，如果按照 A 分类法进行划分，则蠓虫 C 属于 Apf 蠓虫；如果按照 B 分类法进行划分，则蠓虫 C 属于 Af 蠓虫，这就产生了结论上的差异，此时就需要用到模糊聚类的思想：假设 Af 蠓虫分布的几何中心为 A 点，Apf 蠓虫分布的几何中心为 B 点。可以计算蠓虫 C 到 A 点和 B 点的距离，如果到 B 点的距离更近，那么蠓虫 C 大概率属于 Apf 蠓虫（注意：这里用的是“大概率属于”，而不是“属于”）。在模糊理论中，几何中心也被称为聚类中心。

属于 Apf 蠓虫的概率，采用计算式可以表示为：

$$\mu_{\underset{\sim}{B}}(C) = \frac{|BC|}{|AC| + |BC|}$$

其中，$\mu_{\underset{\sim}{B}}$ 表示属于 Apf 蠓虫的隶属度。模糊集合采用下标“～”表示。同理，隶属于 Af 蠓虫的隶属度为：

$$\mu_{\underset{\sim}{A}}(C) = \frac{|AC|}{|AC| + |BC|}$$

二、模糊聚类的几个概念

1. 隶属度。设给定论域 U，所谓 U 上的一个模糊子集 $\underset{\sim}{A}$ 是指对于任意的 $x \in U$，都能确定实数 $\mu_{\underset{\sim}{A}}(x) \in [0, 1]$，用这个数表示 x 属于 $\underset{\sim}{A}$ 的隶属程度。映射：

$$\mu_{\underset{\sim}{A}}: U \to [0,1];\ x \to \mu_{\underset{\sim}{A}}(x) \in [0,1]$$

称为 $\underset{\sim}{A}$ 的隶属函数，常数 $\mu_{\underset{\sim}{A}}(x)$ 叫作 U 中的元素 x 对模糊子集 $\underset{\sim}{A}$ 的隶属度。

可以看出，模糊子集 $\underset{\sim}{A}$ 是由隶属函数 $\mu_{\underset{\sim}{A}}$ 唯一确定的，隶属度 $\mu_{\underset{\sim}{A}}(x)$ 表示 x 属于 $\underset{\sim}{A}$ 的隶属程度：$\mu_{\underset{\sim}{A}}(x)$ 越接近于 0，表示 x 隶属于 $\underset{\sim}{A}$ 的程度越小；$\mu_{\underset{\sim}{A}}(x)$ 越接近于 1，表示 x 隶属于 $\underset{\sim}{A}$ 的程度越大；若 $\mu_{\underset{\sim}{A}}(x)$ 越接近于 0.5，则表示 x 隶属于模糊集合 $\underset{\sim}{A}$ 的程度越模糊。从隶属度的定义可知，隶属度函数取值范围在 [0, 1]，且为连续函数。

2. 最大隶属原则。最大隶属原则（Ⅰ）：给定论域 U 上的一个模糊子集 $\underset{\sim}{A}$，其隶属函数为 $\mu_{\underset{\sim}{A}}(x)$。现给定 U 中待考察的对象 $x_1, x_2, \cdots, x_n$，若存在 x_k 使得

$$\mu_{\underset{\sim}{A}}(x_k) = \max_{1 \leq i \leq n} \mu_{\underset{\sim}{A}}(x_i)$$

则应使 x_k 属于 $\underset{\sim}{A}$。

最大隶属原则（Ⅱ）：给定论域 U 上的 n 个模糊子集 $\underset{\sim}{A}_1, \underset{\sim}{A}_2, \cdots, \underset{\sim}{A}_n$，其隶属函数分别为 $\mu_{\underset{\sim}{A}_1}(x), \mu_{\underset{\sim}{A}_2}(x), \cdots, \mu_{\underset{\sim}{A}_n}(x)$；若对于任意的 $x_0 \in U$，存在 $\underset{\sim}{A}_k$ 使得

$$\mu_{\underset{\sim}{A}_k}(x_0) = \max_{1 \leq i \leq n} \mu_{\underset{\sim}{A}_i}(x_0)$$

则应使 x_0 优先属于 $\underset{\sim}{A}_k$。

3. 隶属度函数的应用。以年龄为论域 $U = [0, 100]$，可以给出的两个模糊子集 $\underset{\sim}{O}$ =“年老”，$\underset{\sim}{Y}$ =“年轻”的隶属函数分别为：

$$\mu_{\underset{\sim}{O}}(x)=\begin{cases}0 & 0\leqslant x\leqslant 50\\ \left[1+\left(\dfrac{x-50}{5}\right)^{-2}\right]^{-1} & 50<x\leqslant 100\end{cases},$$

$$\mu_{\underset{\sim}{Y}}(x)=\begin{cases}1 & 0\leqslant x\leqslant 25\\ \left[1+\left(\dfrac{x-25}{5}\right)^{2}\right]^{-1} & 25<x\leqslant 100\end{cases}$$

为直观起见，将函数表现在坐标轴中，可以得到如图 3－2 所示。

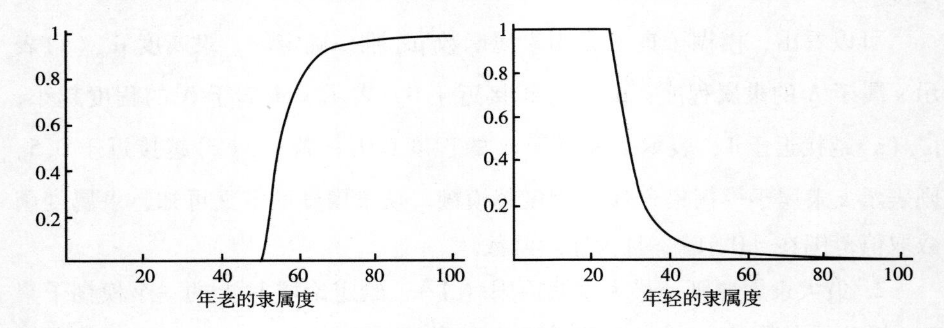

图 3－2　年龄的隶属度函数

可以看到，在 50 岁之前，隶属于年老这个集合的概率为 0，到了 50 岁以后，随着年龄的增加，隶属于年老的集合越来越高，直到 70 岁之后趋近于 1。在年轻的隶属度函数中，25 岁之前，隶属于年轻集合的隶属度为 1，25 岁之后则随着年龄的增加而趋于下降。

当然，隶属度函数的表示并不是唯一的，可以根据不同的假设建立完全不同的函数形式，只要符合“隶属度函数取值范围在［0，1］，且为连续函数”的原则，就是合理的。建立好隶属度函数，计算出不同元素的隶属度，再根据最大隶属原则，即可判断元素归于哪个集合了。

三、模糊矩阵的定义

1. 模糊矩阵。如果对于任意的 i，j，都有 $r_{ij}\in[0,1]$，则称矩阵 $\underset{\sim}{R}$ =

$(r_{ij})_{m\times n}$为模糊矩阵。

例如，$\underset{\sim}{R}=\begin{pmatrix}1 & 0 & 0.1\\ 0.9 & 0.5 & 0.2\\ 0 & 0.8 & 0.7\end{pmatrix}$就是一个3阶的模糊矩阵。

2. 模糊矩阵的运算。设 $\underset{\sim}{A}=(a_{ij})_{m\times n}$，$\underset{\sim}{B}=(b_{ij})_{m\times n}$都是模糊矩阵，则有：

（1）相等：$\underset{\sim}{A}=\underset{\sim}{B}\Leftrightarrow a_{ij}=b_{ij}$

（2）包含：$\underset{\sim}{A}\leqslant\underset{\sim}{B}\Leftrightarrow a_{ij}\leqslant b_{ij}(i=1,2,\cdots,m;j=1,2,\cdots,n)$

（3）并：$\underset{\sim}{A}\cup\underset{\sim}{B}\triangleq(a_{ij}\vee b_{ij})_{m\times n}$

（4）交：$\underset{\sim}{A}\cap\underset{\sim}{B}\triangleq(a_{ij}\wedge b_{ij})_{m\times n}$

（5）余：$\underset{\sim}{A}^c\triangleq(1-a_{ij})_{m\times n}$

（6）合成运算：设 $\underset{\sim}{A}=(a_{ij})_{m\times s}$，$\underset{\sim}{B}=(b_{ij})_{s\times n}$则称模糊矩阵 $\underset{\sim}{A}\circ\underset{\sim}{B}=(c_{ij})_{m\times n}$为 $\underset{\sim}{A}$ 与 $\underset{\sim}{B}$ 的合成，其中，$c_{ij}=\bigvee\limits_{k=1}^{s}(a_{ik}\wedge b_{kj})$。

（7）设 $\underset{\sim}{A}=(a_{ij})_{m\times m}$，则 $\underset{\sim}{A}^k\triangleq\overbrace{\underset{\sim}{A}\circ\underset{\sim}{A}\circ\cdots\circ\underset{\sim}{A}}^{k}$

其中，“$\vee$”和“$\wedge$”分别为取大和取小运算。

例如：$\underset{\sim}{A}=\begin{pmatrix}1 & 0.1\\ 0.3 & 0.5\end{pmatrix}$，$\underset{\sim}{B}=\begin{pmatrix}0.7 & 0\\ 0.4 & 0.9\end{pmatrix}$，则：

$$\underset{\sim}{A}\cup\underset{\sim}{B}=\begin{pmatrix}1\vee 0.7 & 0.1\vee 0\\ 0.3\vee 0.4 & 0.5\vee 0.9\end{pmatrix}=\begin{pmatrix}1 & 0.1\\ 0.4 & 0.9\end{pmatrix};$$

$$\underset{\sim}{A}\cap\underset{\sim}{B}=\begin{pmatrix}1\wedge 0.7 & 0.1\wedge 0\\ 0.3\wedge 0.4 & 0.5\wedge 0.9\end{pmatrix}=\begin{pmatrix}0.7 & 0\\ 0.3 & 0.5\end{pmatrix};$$

$$\underset{\sim}{A}\circ\underset{\sim}{B}=\begin{pmatrix}1 & 0.1\\ 0.3 & 0.5\end{pmatrix}\circ\begin{pmatrix}0.7 & 0\\ 0.4 & 0.9\end{pmatrix}=\begin{pmatrix}0.7\vee 0.1 & 0\vee 0.1\\ 0.3\vee 0.4 & 0\vee 0.5\end{pmatrix}=\begin{pmatrix}0.7 & 0.1\\ 0.4 & 0.5\end{pmatrix};$$

$$\underset{\sim}{A}^2=\begin{pmatrix}1 & 0.1\\ 0.3 & 0.5\end{pmatrix}\circ\begin{pmatrix}1 & 0.1\\ 0.3 & 0.5\end{pmatrix}=\begin{pmatrix}1\vee 0.1 & 0.1\vee 0.1\\ 0.3\vee 0.3 & 0.1\vee 0.5\end{pmatrix}=\begin{pmatrix}1 & 0.1\\ 0.3 & 0.5\end{pmatrix}$$

注意：合成运算不满足交换律，即 $\underset{\sim}{A}\circ\underset{\sim}{B}\neq\underset{\sim}{B}\circ\underset{\sim}{A}$；只有模糊矩阵 $\underset{\sim}{A}$ 的列数与模糊矩阵 $\underset{\sim}{B}$ 的行数相等时，合成运算 $\underset{\sim}{A}\circ\underset{\sim}{B}$ 才有意义。

3. 模糊相似矩阵。若模糊矩阵 $\underset{\sim}{R}$ 满足：$r_{ii}=1$（自反性），$r_{ij}=r_{ji}$（对称性），则称 $\underset{\sim}{R}$ 为模糊相似矩阵。

4. 模糊等价矩阵。若模糊矩阵 $\underset{\sim}{R}$ 满足：$r_{ii}=1$（自反性），$r_{ij}=r_{ji}$（对称

性），$\underset{\sim}{R}^2 \leqslant \underset{\sim}{R}$（传递性），则称 $\underset{\sim}{R}$ 为模糊等价矩阵。

显然，一个矩阵是模糊等价矩阵的必要条件为该矩阵是模糊相似矩阵。

5. 模糊布尔矩阵。设 $\underset{\sim}{R} = (r_{ij})_{m \times n}$ 为模糊矩阵，对任意的 $\lambda \in [0,1]$，称 $\underset{\sim}{R}_\lambda = (r_{ij}{}^{(\lambda)})_{m \times n}$ 为模糊矩阵 $\underset{\sim}{R}$ 的 λ - 截矩阵，其中：

$$r_{ij}{}^{(\lambda)} = \begin{cases} 1 & r_{ij} \geqslant \lambda \\ 0 & r_{ij} < \lambda \end{cases}$$

例如，$\underset{\sim}{R} = \begin{pmatrix} 0.5 & 0.2 & 0.7 \\ 0.8 & 0.3 & 0.6 \\ 0.3 & 0.9 & 0.2 \end{pmatrix}$，则 $\underset{\sim}{R}_{0.6} = \begin{pmatrix} 0 & 0 & 1 \\ 1 & 0 & 1 \\ 0 & 1 & 0 \end{pmatrix}$。

定理 1： 对于任意一个 n 阶模糊相似矩阵，则存在一个最小自然数 k（$k \leqslant n$），对于一切大于 k 的自然数 l，恒有 $\underset{\sim}{R}^k = \underset{\sim}{R}^l$，即 $\underset{\sim}{R}^k$ 是模糊等价矩阵。此时称 $\underset{\sim}{R}^k$ 为 $\underset{\sim}{R}$ 的传递闭包，记作 $t(\underset{\sim}{R}) = \underset{\sim}{R}^k$。

四、模糊聚类的应用案例

案例 3 - 1　气象观测站的缩减问题

某地区内有 12 个气象观测站，10 年来各站测得的年降水量如表 3 - 1 所示。为了节省开支，想要适当减少气象观测站，试问减少哪些观测站可以使所得到的降水量信息仍然足够大？

表 3 - 1　　**气象观测站降水数据**　　单位：mm

时间（年）	地区											
	x_1	x_2	x_3	x_4	x_5	x_6	x_7	x_8	x_9	x_{10}	x_{11}	x_{12}
1981	276.2	324.5	158.6	412.5	292.8	258.4	334.1	303.2	292.9	243.2	159.7	331.2
1982	251.6	287.3	349.5	297.4	227.8	453.6	321.5	451.0	466.2	307.5	421.1	455.1
1983	192.7	433.2	289.9	366.3	466.2	239.1	357.4	219.7	245.7	411.1	357.0	353.2
1984	246.2	232.4	243.7	372.5	460.4	158.9	298.7	314.5	256.6	327.0	296.5	423.0
1985	291.7	311.0	502.4	254.0	245.6	324.8	401.0	266.5	251.3	289.9	255.4	362.1
1986	466.5	158.9	223.5	425.1	251.4	321.0	315.4	317.4	246.2	277.5	304.2	410.7

续表

时间（年）	地区											
	x_1	x_2	x_3	x_4	x_5	x_6	x_7	x_8	x_9	x_{10}	x_{11}	x_{12}
1987	258.6	327.4	432.1	403.9	256.6	282.9	389.7	413.2	466.5	199.3	282.1	387.6
1988	453.4	365.5	357.6	258.1	278.8	467.2	355.2	228.5	453.6	315.6	456.3	407.2
1989	158.2	271.0	410.2	344.2	250.0	360.7	376.4	179.4	159.2	342.4	331.2	377.7
1990	324.8	406.5	235.7	288.8	192.6	284.9	290.5	343.7	283.4	281.2	243.7	411.1

思考1：

如果把12个气象观测站的观测值看成12个向量组，由于只给出了10年的观测数据，根据线性代数的理论可知，若向量组所含向量的个数大于向量的维数，则该向量组必然线性相关。于是只要求出该向量组的秩就可确定该向量组的最大无关组所含向量的个数，也就是需保留的气象观测站的个数。由于向量组中的其余向量都可由最大线性无关组线性表示，因此，可以使所得到的降水信息量足够大。由此可得：

$$x_{11}=0.012x_1-0.76x_2+0.16x_3+0.319x_4-1.208x_5-1.04x_6$$
$$-0.165x_7-0.840x_8+1.680x_9+2.938x_{10}$$
$$x_{12}=1.455x_1+10.63x_2+9.80x_3+6.35x_4+18.94x_5+19.81x_6$$
$$-27.02x_7+5.87x_{7\_}15.56x_9-26.94x_{10}$$

思考2：

从模糊相似矩阵 R 出发，来构造一个模糊等价矩阵 R^*。其方法就是用平方法求出 R 的传递闭包 t(R)，则 $t(R)=R^*$；然后，由大到小取一组 $\lambda\in[0,1]$，确定相应的 λ－截矩阵，则可以将其分类。

设 A_j 表示第 j 个观测站的降水量信息（$j=1,2,\cdots,12$），令

$$a_j=\frac{1}{10}\sum_{i=1}^{10}a_{ij};b_j=\sqrt{\frac{1}{9}\sum_{i=1}^{10}(a_{ij}-a_j)^2}$$

可以得到每一年降水量的均值和方差分别如表3－2所示。

建立模糊相似矩阵，其中：

$$r_{ij}=e^{-\left(\frac{a_j-a_i}{b_j+b_i}\right)^2}$$

表 3-2　　降水量均值与方差

项目	1月	2月	3月	4月	5月	6月	7月	8月	9月	10月	11月	12月
a_j	291.9	311.7	320.3	342.2	292.2	315.1	343.9	303.7	312.16	299.47	310.72	391.89
b_j	100.25	90.93	108.24	63.97	94.1	94.2	38.05	85.07	109.4	57.25	86.52	36.83

根据定理 1，求得 R4 是传递闭包，也就是所求的等价矩阵。取 $\lambda=0.998$，则得到 12 阶布尔矩阵为：

$$\lambda=\begin{bmatrix}1&0&0&0&1&0&0&0&0&0&0&0\\0&1&1&0&0&1&0&1&1&1&1&0\\0&1&1&0&0&1&0&1&1&1&1&0\\0&0&0&1&0&0&1&0&0&0&0&0\\1&0&0&0&1&0&0&0&0&0&0&0\\0&1&1&0&0&0&0&0&0&0&0&0\\0&0&0&1&0&0&0&0&0&0&0&0\\0&1&1&0&0&0&0&0&0&0&0&0\\0&1&1&0&0&0&0&0&0&0&0&0\\0&1&1&0&0&0&0&0&0&0&0&0\\0&1&1&0&0&0&0&0&0&0&0&0\\0&0&0&0&0&0&0&0&0&0&0&1\end{bmatrix}$$

可以把观测站分为观测站 1 和 5，观测站 4 和 7，观测站 12，观测站 2、3、6、8、9、10、11 四类。上述分类具有明显的意义，1，5 属于该地区 10 年中平均降水量偏低的观测站，4 和 7 属于该地区 10 年平均降水量偏高的观测站，12 是平均降水量最大的观测站，而其余观测站属于中间水平。显然，去掉的观测站越少，则保留的信息量越大。为此，考虑在去掉的观测站数目确定的条件下，使得信息量最大的准则。由于该地区的观测站分为四类，且第四类只含有一个观测站，因此，我们从前三类中各去掉一个观测站。

考虑采用去掉观测站后残差平方和最小的原则进行，公式为：

$$\min err=\sum_{i=1}^{10}(\bar{d}_{i3}-\bar{d}_i)^2$$

其中，d_i表示该地区第 i 年的平均降水量，d_{i3}表示该地区去掉 3 个观测站以后第 i 年的平均降水量。利用 Matlab 软件，计算 28 组不同的方案，求得满足上述准则应去掉的观测站为：5、6、7。此时，年平均降水量曲线如图 3－3 所示，二者很接近。

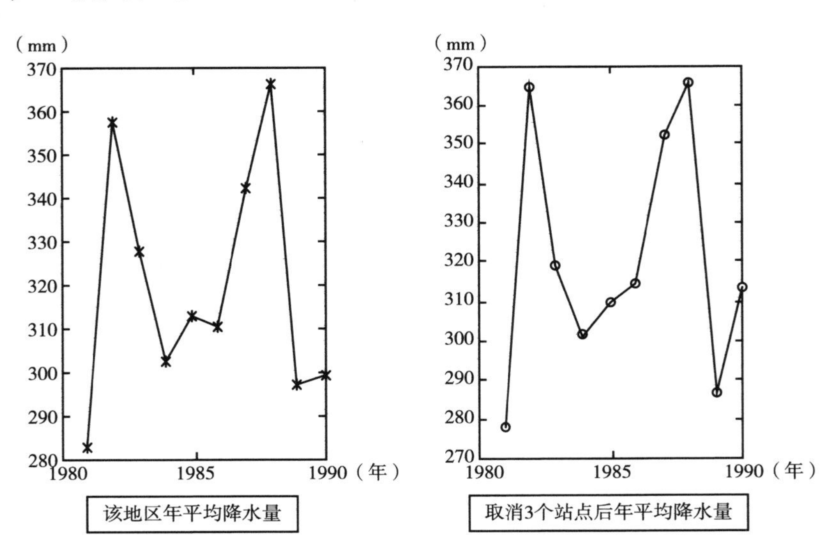

图 3－3　降水量对比

第二节　模糊 C 均值聚类

一、模糊 C 均值聚类的步骤

模糊 C 均值聚类的基本思想是把 N 个向量 $x_i(i=1,2,\cdots,N)$ 分为 c 个模糊组，并求每组的聚类中心，使得非相似性指标的目标函数达到最小，而每个给定数据点用 0 与 1 之间的隶属度来确定其属于各个组的程度。

设 $X=\{x_1,x_2,\cdots,x_N\}\subset R^p$，$R^p$ 表示 p 维实数向量空间，令 u_{ik}表示第 k 个样本属于第 i 类的隶属度，$0\leqslant u_{ik}\leqslant 1$，$\sum_{i=1}^{c} u_{ik}=1$，记 v_i 表示第 i 类的聚类中心，则 X 的一个模糊 C 均值聚类就是求在上述条件下目标函数的最小值：

$$J(X,v_1,v_2,\cdots,v_c) = \sum_{k=1}^{N}\sum_{i=1}^{c}(u_{ik})^m(d_{ik})^2$$

其中，$d_{ik}=\|x_k-v_i\|$为第 k 个序列到第 i 类中心的欧几里得距离。模糊 C 均值聚类算法是一个简单的迭代过程，具体步骤如下：

（1）取定 c，m 和初始隶属度矩阵 U^0，迭代步数 $I=0$；

（2）计算聚类中心 V 为：

$$v_i^{(l)} = \sum_{k=1}^{N}(u_{ik}^{(l)})^m x_k / \sum_{k=1}^{N}(u_{ik}^{(l)})^m \quad (i = 1,2,\cdots,c;1 < m)$$

（3）修正 U，则：

$$u_{ik}^{(l+1)} = 1/\sum_{j=1}^{c}\left(\frac{d_{ik}}{d_{jk}}\right)^{\frac{2}{m-1}} \quad \forall i, \forall k$$

（4）对给定的 $\varepsilon>0$，实际计算时应对确定的初始值进行迭代计算直至 $\max\{|u_{ik}^{l}-u_{ik}^{l-1}|\}<\varepsilon$，则算法终止，否则 $l=l+1$，转向（2）。

若 $u_{jk}=\max\{u_{ik}\}$，则 x_k 属于第 j 类。

二、模糊 C 均值聚类的 Matlab 实现

在 Matlab 中，假设将元素分为两类，则 m = 2，只要直接调用如下程序即可：

```
[center,U,obj_fcn] = fcm(data,cluster_n)
data:      要聚类的数据集合,每一行为一个样本
cluster_n:聚类数(大于 1)
Center:    最终的聚类中心矩阵,其每一行为聚类中心的坐标值
U:         最终的模糊分区矩阵
obj_fcn:在迭代过程中的目标函数值
```

注意：由于 Matlab 程序给出的仅仅是隶属度，并没有区分元素隶属于哪一类，所以要根据中心坐标 center 的特点分清楚每一类中心代表的是实际中的哪一类，然后才能将待聚类的各方案准确地分为各自所属的类别，否则就会出现错误。如图 3－4 所示。

给大家一个演示程序，感兴趣的同学可以尝试做一做。

```
data = rand(100, 2);                              %生成100行2列的随机数
[center,U,obj_fcn] = fcm(data, 2);                %模糊分成2类
plot(data(:,1), data(:,2),'o');                   %画点，第一列为x轴，第二列为y轴
maxU = max(U);
index1 = find(U(1,:) == maxU);
index2 = find(U(2, :) == maxU);
line(data(index1,1),data(index1, 2),'linestyle','none',...
    'marker','*','color','g');
line(data(index2,1),data(index2, 2),'linestyle','none',...
    'marker', '*','color','r');
```

图 3－4　模糊 C 均值聚类的 Matlab 实现

通常对于聚类结果的有效性分析是指各类之间差距较大、同一类中个体之间差异较小，为此给出非参数检验的一种方法——佛里曼（Friedman）检验。

设被划分为第 i 类的 N 个个体的秩的平均值为 $R_{i\bullet}$，即：

$$R_{i\bullet}=\frac{1}{N}(R_{i1}+R_{i2}+\cdots+R_{iN}),i=1,2,\cdots,s$$

若各类别之间有显著差异，则隶属于某些类别的 N 个个体的秩将普遍偏大，而属于其他类别的 N 个个体的秩相对较小，因而各 $R_{i\bullet}$ 间的差异比较大。若 H_0 为真，则各 $R_{i\bullet}$ 集中在秩的总平均值：

$$R_{\bullet\bullet}=\frac{1}{sN}[N(1+2+\cdots+s)]=\frac{s+1}{2}$$

的周围，而统计量为：

$$Q=\frac{12N}{s(s+1)}\sum_{i=1}^{s}\left(R_{i\bullet}-\frac{s+1}{2}\right)^2\sim\chi^2(s-1)$$

反映了 $R_{i\bullet}$ 在 $R_{\bullet\bullet}$ 附近的分散程度，若 H_0 不真，则 Q 有偏大的趋势，因此拒绝域为 $Q>c$。其中，临界值 c 由 $P_{H_0}\{Q\geqslant c\}=\alpha$ 确定，此检验称为 Friedman 检验。

若令 $R_{i+}=NR_{i\bullet}=R_{i1}+R_{i2}+\cdots+R_{iN}$，$i=1,2,\cdots,s$，则 Friedman 统计量可简化为：

$$Q=\frac{12}{Ns(s+1)}\sum_{i=1}^{s}R_{i+}^2-3N(s+1)$$

三、模糊 C 均值聚类的应用案例

案例 3 - 2　高/低技能劳动数量的测算

目前，我国对于高/低技能劳动尚未有严格意义上的划分，而对高/低技术行业却有着明确的硬性规定，根据高技术产业统计分类目录，在工业（制造业）32 个行业中，有 6 个大类、20 个中类、42 个小类属于高技术制造业，其他行业属于低技术行业。虽然明确，但是仔细想想却值得推敲：如果一个行业属于高技术行业，那么在该行业从业的工人是否都是高技术劳动呢？比如电子设备制造业属于高技术行业，那么在流水线上的加工工人一定是低技术劳动。

所以，在经济学的研究中，只是参考高技术产业统计分类目录进行的劳动力划分，未必能够真实反映客观情况。这种硬性的划分无形中就会损失很多有用的信息，造成分析结果的失真。所以可以考虑区分不同行业隶属于高技术行业的隶属度，如果隶属度较高，是否可以说明该行业中高技术劳动的占比较高呢？这样就成功地把高技术劳动转化为高技术行业的隶属度问题了。

模糊 C 均值聚类还需要选择合适的判别指标。考虑到不同技能劳动力归根到底是主动学习能力的不同，也就是对社会创造价值和创新能力的不同。所谓创造价值的能力不光包括制造产品的增加值，还包括生产创新性产品的产值以及新产品销售收入等。另外，如果某行业属于低技能劳动行业，那么这类行业中熟练工人或非熟练工人占大多数。这些工人只从事比较繁琐的加工、装配、制造等工作，很难申请专利甚至发明专利，因而这个行业产出的专利就比较少。所以专利可以体现行业的创新能力。

根据《中国统计年鉴》和《中国工业统计年鉴》，将涉及社会创造价值和创新能力的所有指标进行归纳整理，得到了六项指标，分别是各行业新产品项目数、开发新产品经费、专利申请数、有效发明专利数、新产品产值和新产品销售收入。前四个指标反映的是创新能力。新产品产值为创造价值的最好体现，新产品销售收入则可以反映出社会对新产品的认可程度，这两项指标是高技能劳动力对社会创造的价值的体现。

收集2001～2010年的数据，分别对每年的各个行业进行分类处理。因为所要分析的目的是想求得高技能行业与低技能行业的工资比，如果在分析过程中存在某个行业所属的类别发生了变动，则将其剔除。可喜的是并未发现其中存在类别属性变动的行业，这也可以进一步说明模糊C均值聚类方法的稳定性与可行性。

从表3－3的隶属度可以看出，我国第二产业中大部分行业隶属于低技能行业，所包含的高技能劳动力较少。这些行业所需要的大多是一种熟练的劳动力，而不太需要具有创新性的人才，只有通信设备、计算机及其他电子设备制造业和交通运输设备制造业在95%以上的程度上隶属于高技能行业，而电器机械及器材制造业也在63.8%的概率水平下隶属于高技能行业。从2008年、2009年和2010年的聚类分析可以看出，第二产业各个行业隶属于高技能行业的概率在这三年中几乎稳定不变，各行业的隶属度排名变化不大，通信设备、计算机及其他电子设备制造业、交通运输设备制造业和电器机械及器材制造业始终保持较高的隶属水平，这一结果符合国家高技术产业统计分类目录，也说明采用模糊C均值聚类所得到的结果是比较稳定的。

表3－3　　　　　　　　高技能行业的隶属度

第二产业各行业	2008年	2009年	2010年	平均
交通运输设备制造业	0.98	0.9457	1	0.9752
通信设备、计算机及其他电子设备制造业	0.9664	0.9912	0.9516	0.9697
电气机械及器材制造业	0.6178	0.5459	0.7503	0.6380
黑色金属冶炼及压延加工业	0.3137	0.2676	0.2763	0.2859
通用设备制造业	0.1228	0.0954	0.1016	0.1066
化学原料及化学制品制造业	0.065	0.0544	0.0665	0.0620
专用设备制造业	0.0385	0.0404	0.0526	0.0438
纺织业	0.0029	0.0093	0.0136	0.0086
印刷业和记录媒介的复制	0.0034	0.0033	0.0169	0.0079
有色金属冶炼及压延加工业	0.0136	0.0036	0.0034	0.0069
水的生产和供应业	0.0045	0.0046	0.0047	0.0046
黑色金属矿采选业	0.0044	0.0045	0.0047	0.0045
燃气生产和供应业	0.0045	0.0045	0.0046	0.0045

续表

第二产业各行业	2008 年	2009 年	2010 年	平均
电力、热力的生产和供应业	0.0042	0.0042	0.0045	0.0043
有色金属矿采选业	0.0038	0.0039	0.0036	0.0038
工艺品及其他制造业	0.0031	0.003	0.0048	0.0036
家具制造业	0.0034	0.0034	0.0037	0.0035
文教体育用品制造业	0.0034	0.0034	0.003	0.0033
石油和天然气开采业	0.0005	0.0044	0.0046	0.0032
木材加工及木、竹、藤、棕、草制品业	0.0029	0.003	0.0032	0.0030
非金属矿采选业	0.0001	0.0043	0.004	0.0028
医药制造业	0.0022	0.0029	0.0023	0.0025
非金属矿物制品业	0.0043	0.0001	0.0015	0.0020
皮革、毛皮、羽毛（绒）及其制品业	0.0019	0.002	0.001	0.0016
造纸及纸制品业	0.0001	0.0003	0.0045	0.0016
纺织服装、鞋、帽制造业	0.0015	0.0009	0.0001	0.0008
塑料制品业	0.0006	0.0007	0.001	0.0008
石油加工、炼焦及核燃料加工业	0.0014	0.0002	0.0007	0.0008
食品制造业	0.0006	0.0007	0.0006	0.0006
饮料制造业	0.0005	0.0009	0.0001	0.0005
烟草制品业	0.0009	0	0.0003	0.0004
化学纤维制造业	0	0.0002	0.0003	0.0002
橡胶制品业	0.0001	0.0002	0.0001	0.0001
仪器仪表及文化、办公用机械制造业	0	0.0001	0.0002	0.0001
煤炭开采和洗选业	0	0.0001	0.0001	0.0001
农副食品加工业	0	0.0001	0	0.0000
金属制品业	0.0001	0	0	0.0000

资料来源：根据 MATLAB7.1 编程得到。

因为各个行业均包含高技能劳动和低技能劳动，所以采用模糊 C 均值聚类所得到的隶属度其实就是各个行业中高技能劳动所占的比率。将劳动人数与隶属度相乘，即可以近似得到各行业中高技能劳动者的人数了。

资料来源：王舒鸿．FDI、劳动异质性与我国劳动收入份额［J］．财经研究，2012(4)：59 – 68.

本章小结

经过多年的研究，模糊理论已成为具有完整推理体系的人工智能技术之一，并越来越广泛地应用于复杂系统当中。人类认识事物的过程是在特征层次上的分类和识别，并不需要复杂和精确的计算，模糊聚类为此提供了有效工具。在复杂系统中存在大量不确定性，利用隶属度描述可以在这一点上模拟人类识别事物的特征，辨别和区分不同对象的特点属性，最终通过原理上的智能化实现更高的性能。

近年来，模糊理论在三体系统中的诸多应用领域取得了飞速发展，包括位置计算、轨迹模拟、模糊描述等。例如，对于速度变化和复杂位移的不确定性，就可以建立模糊隶属函数和建立复杂系统运行轨迹描述的模糊模型。

| 第四章 |

经济效率评价及应用

在对经济分析的过程中，往往要分析同类的部门或单位的经济运转效率，是否能以更少的投入带来更多的产出，比如海岸带管理的水平是否更先进、港口企业的生产效率是否更高、员工是否有较强的积极性等。

1978 年，运筹学家查恩斯（Charnes）、库帕（Cooper）和罗德（Rhodes）提出用以评价这类问题的方法——数据包络分析（data envelopment analysis，DEA），其中每个部门或单位称为决策单元（decision making unit，DMU）。这三个运筹学家所提出的模型，也以三个人名字的首字母命名，称为 C^2R 模型，表示在规模报酬不变的情况下，决策单元的效率评价模型。

随着人们面对的问题越来越复杂，人们不断需要将新的背景加入模型中，之后衍生出了考虑规模报酬可变的 BC^2 模型、考虑技术进步的 Malmquist-DEA 模型、考虑决策单元异质性的 Meta-Frontier DEA 模型、考虑企业组织网络的网络 DEA 模型、考虑非期望产出的 SBM 模型等。在本章中，将分别介绍上述几类模型，从而为求解最优效率以及排序等决策问题提供一种简便的方法。

第一节　C^2R 模型的基本原理和步骤

一、C^2R 模型的假定

根据理性经济人假定，一个经济系统或生产过程中，每个决策单元都尽可能地使自己的成本最小化或者产出最大化。从管理决策的角度来说，就是决策单元的效益最大化，即如何用最少的投入，获得最多的产出。既然涉及“最少”“最多”的概念，就一定是一个相对的评价。

数据包络分析正是在这种情况下应运而生，用以评价同类型决策单元之间的相对效率。所谓同类型的DMU，是指具有相同的目标任务、具有相同的外部环境、具有相同的投入产出指标。

根据这些特征，可以列举一系列同类型的DMU，如众多海事大学/海洋大学、港口、同类的涉海企业等。然后，根据研究目的的不同，可以有选择地决定决策单元的投入指标和产出指标，比如要评价涉海企业的效率，则投入指标可以选择劳动力人数、机器台数，产出指标可以选择企业的增加值等。如果要评价涉海企业的发展水平，则劳动力人数和机器台数则需要作为产出指标，投入指标为企业的资金、技术等。可见，投入和产出指标的选择也是需要有所考虑的。还有一点需要注意的是，投入指标的数量要大于产出指标的数量。如果有n个决策单元进行评价，则投入指标和产出指标的数量之和不能超过n/2，否则会出现评价结果不准确的情况。

二、C^2R模型的思想

假设存在7个沿海港口，每个港口的投入为装配机组的个数，产出为港口的产值，这样就形成了7个同质化的决策单元。每个港口的投入和产出如表4－1所示。

表4－1　　港口投入产出表

港口名称	装配机组个数（个）	产值（亿元）
港口1	2	2
港口2	3	5
港口3	6	7
港口4	9	8
港口5	5	5
港口6	4	1
港口7	10	7

如果将该港口的投入产出在坐标轴上表现出来，则可以得到如图 4－1所示。

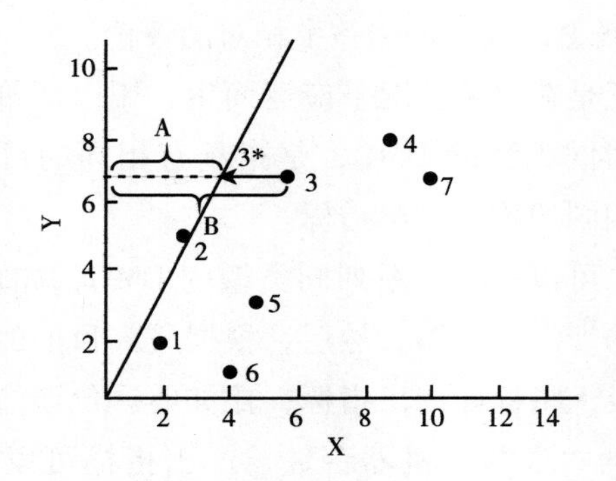

图 4－1　港口投入、产出分布

可以看出，港口 1～7 在坐标轴中的位置不同。如果从原点引出一条射线穿过每一个决策单元，则这条射线的斜率也存在差异。穿过港口 2 的射线斜率最大，也就是港口 2 可以用更少的投入获得更多的产出。定义斜率最大的射线为生产前沿面，处在生产前沿面上的决策单元为生产有效率的决策单元，其他都为生产无效率的决策单元。

沿着港口 3 向 Y 轴作垂线，交生产前沿面于 3^* 点。3^* 点到 Y 轴的距离为 A，3 点到 Y 轴的距离为 B，则有港口 3 的效率 θ 可以定义为：

$$\theta = \frac{A}{B}$$

那么，其他决策单元如何改进，使自己成为有效率的决策单元呢？以港口 3 为例，港口 3 可以缩减其投入，将装配机组数减少至 4 台，产出不变，这样就可以得到 3^* 点，就实现了港口 3 的效率改进，实现帕累托有效。

三、C^2R 模型的建立

知道了 DEA 的建模思想，再来看模型的建立方法。将投入与产出扩展至一般情况，设 DEA 模型有 n 个决策单元 DMU，每个 DMU 都有 s 种投入和 t 种产出。用投入指标向量 $X_j = (x_{1j}, x_{2j}, \cdots, x_{sj})^T > 0$ 和产出指标向量 $Y_j = (y_{1j}, y_{2j}, \cdots, y_{tj})^T > 0$ 分别表示 DMU_j 的输入、输出，其中 $j = 1, 2, \cdots, n$。则可

以列方程为：

$$
\max \mu Y_0
$$

$$
\text{s.t.}\begin{cases}\omega X_j - \mu Y_j \geqslant 0, j = 1, 2, \cdots, n \\ \omega X_0 = 1 \\ \omega, \mu \geqslant 0\end{cases} \tag{4-1}
$$

式（4－1）即为经典的 C^2R 模型。其中，ω 和 μ 分别为需要求解的参数。

该线性规划方程的具体思想是：目标函数设定产出最大化。当然，这必须符合一个前提条件，就是投入一定大于等于产出，即 $\omega X_j - \mu Y_j \geqslant 0$。但是，如果只有这一个约束条件，必然会出现规划无可行解的情况，所以有必要设置投入为定值1，产出如果越贴近1，则生产越有效率。

式（4－1）的对偶规划为：

$$
\min \theta
$$

$$
\text{s.t.}\begin{cases}\sum_{j=1}^{n} \lambda_j x_j \leqslant \theta X_0 \\ \sum_{j=1}^{n} \lambda_j y_j \leqslant Y_0 \\ \lambda_j \geqslant 0 \\ j = 1, 2, \cdots, n\end{cases} \tag{4-2}
$$

为更清楚直观地表现决策单元的投入产出关系，可以列成如表4－2所示的单纯形表。

表4－2　　决策单元的单纯形表

	ω_1	ω_2	…	ω_s	μ_1	μ_2	…	μ_t	min
λ_1	x_{11}	x_{12}	…	x_{1s}	$-y_{11}$	$-y_{12}$	…	$-y_{1t}$	≥0
λ_2	x_{21}	x_{22}	…	x_{2s}	$-y_{21}$	$-y_{22}$	…	$-y_{2t}$	≥0
…	…	…	…	…	…	…	…	…	…
λ_n	x_{n1}	x_{n2}	…	x_{ns}	$-y_{n1}$	$-y_{n2}$	…	$-y_{nt}$	≥0
θ	x_{01}	x_{02}	…	x_{0s}	0	0	…	0	=1
max	0	0	…	0	y_{01}	y_{02}	…	y_{0t}	

可以看到，式（4－1）中的约束条件 $\omega X_j - \mu Y_j \geqslant 0$，其实包含了 n 个规

划不等式，如果将这些规划不等式都一一列出，则式（4－1）可以写成：

$$\max\ \mu_1 y_{01}+\mu_2 y_{02}+\cdots+\mu_t y_{0t}$$

$$n个\begin{cases}\omega_1 x_{11}+\omega_2 x_{12}+\cdots+\omega_s x_{1s}-\mu_1 y_{11}-\mu_2 y_{12}-\cdots-\mu_t y_{1t}\geqslant 0\\ \omega_1 x_{21}+\omega_2 x_{22}+\cdots+\omega_s x_{2s}-\mu_1 y_{21}-\mu_2 y_{22}-\cdots-\mu_t y_{2t}\geqslant 0\\ \cdots\\ \omega_1 x_{n1}+\omega_2 x_{n2}+\cdots+\omega_s x_{ns}-\mu_1 y_{n1}-\mu_2 y_{n2}-\cdots-\mu_t y_{nt}\geqslant 0\end{cases}\quad(4-3)$$

$$\omega_1 x_{01}+\omega_2 x_{02}+\cdots+\omega_s x_{0s}=1$$

其实，约束条件 $\omega X_j-\mu Y_j\geqslant 0$ 中 n 个规划不等式限定了生产前沿面，当对第一个决策单元进行规划的时候，式（4－3）中的 X_0 和 Y_0 即为 X_1 和 Y_1，则方程可以表示为：

$$\max\ \mu_1 y_{11}+\mu_2 y_{12}+\cdots+\mu_t y_{1t}$$

$$n个\begin{cases}\omega_1 x_{11}+\omega_2 x_{12}+\cdots+\omega_s x_{1s}-\mu_1 y_{11}-\mu_2 y_{12}-\cdots-\mu_t y_{1t}\geqslant 0\\ \omega_1 x_{21}+\omega_2 x_{22}+\cdots+\omega_s x_{2s}-\mu_1 y_{21}-\mu_2 y_{22}-\cdots-\mu_t y_{2t}\geqslant 0\\ \cdots\\ \omega_1 x_{n1}+\omega_2 x_{n2}+\cdots+\omega_s x_{ns}-\mu_1 y_{n1}-\mu_2 y_{n2}-\cdots-\mu_t y_{nt}\geqslant 0\end{cases}\quad(4-4)$$

$$\omega_1 x_{11}+\omega_2 x_{12}+\cdots+\omega_s x_{1s}=1$$

由此可以得到第一个决策单元的效率评价值，然后针对第二个决策单元再进行一遍线性规划，得到第二个决策单元的效率评价值……以此类推，当进行 n 次线性规划后，即可得到全部决策单元的效率评价值。

四、C^2R 模型的 Matlab 实现

从上述规划步骤中可以发现，仅仅是对决策单元的简单评价，就需要运算 n 次。在现实中，可以借助强大的数据分析软件来实现。计算线性规划模型最好的软件是 Matlab 软件，Mat = Matrix，Lab = Laboratory，其实也就是矩阵实验室。

在 Matlab 中，实现线性规划的命令为 linprog。查找 Matlab 的 Help，给出的 linprog 命令的使用说明为：

> 求以下问题的最小值：
>
> $$\min_{x} f^{T}x \text{ such that} \begin{cases} A \cdot x \leqslant b, \\ Aeq \cdot x = beq, \\ lb \leqslant x \leqslant ub \end{cases}$$
>
> x = linprog(f,A,b,Aeq,beq,lb,ub) 定义设计变量 x 的一组下界和上界，使解始终在 lb≤x≤ub 范围内。如果不存在等式，请设置 Aeq = [ ] 和 beq = [ ]。

可以看出，Matlab 里面默认的矩阵输入形式：目标函数为 min，约束条件为≤，并不是一般意义上的标准型（目标函数为 max，约束条件为≤）。所以，首先需要将原始线性规划转换成适合 Matlab 分析的形式，如表 4－3 所示。

表 4－3　　　　　　　　　Matlab 规划的矩阵示意

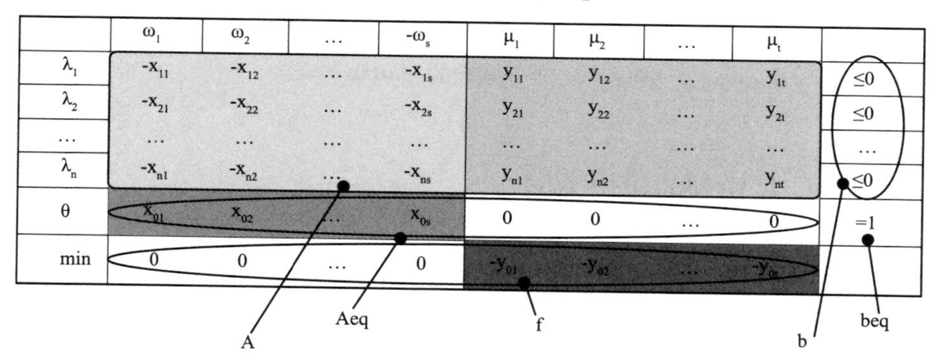

	ω_1	ω_2	…	$-\omega_s$	μ_1	μ_2	…	μ_t	
λ_1	$-x_{11}$	$-x_{12}$	…	$-x_{1s}$	y_{11}	y_{12}	…	y_{1t}	≤0
λ_2	$-x_{21}$	$-x_{22}$	…	$-x_{2s}$	y_{21}	y_{22}	…	y_{2t}	≤0
…	…	…	…	…	…	…	…	…	…
λ_n	$-x_{n1}$	$-x_{n2}$	…	$-x_{ns}$	y_{n1}	y_{n2}	…	y_{nt}	≤0
θ	x_{01}	x_{02}	…	x_{0s}	0	0	…	0	=1
min	0	0	…	0	$-y_{01}$	$-y_{02}$	…	$-y_{0t}$	

按照 Matlab 的要求，原先的投入产出指标被定义为 A 矩阵，小于号右边的零矩阵为 b 矩阵，等号左边的矩阵为 Aeq 矩阵，等号右边的 1 为 beq，f 矩阵为目标函数。

在 Matlab 线性规划中，所有的变量被默认为大于 0 的，除非有特殊的需要，否则不需要额外定义每个变量的取值范围，lb、ub 矩阵设置为空矩阵即可。

当把这些矩阵设置完毕，就可以利用程序 x = linprog(f,A,b,Aeq,beq,lb,ub) 计算得到所需要的 ω 和 μ 了。然后再根据目标函数的设定，求解得到效率值即可。这里直接给出 C^2R 模型的 Matlab 程序如图 4－2 所示。

```
clear                                          %清除原有变量存储
clc                                            %清屏
x=[];                                          %输入决策单元的投入
y=[];                                          %属于决策单元的产出
n=size(x,1);                                   %生成决策单元的个数
s=size(x',1);                                  %生成决策单元投入的个数
t=size(y',1);                                  %生成决策单元产出的个数
A=[-x y];                                      %生成A矩阵
b=zeros(n,1);                                  %生成b矩阵
LB=zeros(s+t,1);                               %设定变量下限为0
UB=[ ];                                        %不设定变量的上限
for i=1:n;
   f=[zeros(1,s) -y(i,:)];                     %生成f矩阵，zeros(1,s)表示
                                               %生成1行s列的0矩阵
   Aeq=[x(i,:) zeros(1,t)];                    %生成Aeq矩阵
   beq=1;                                      %生成beq矩阵
   w(:,i)=linprog(f,A,b,Aeq,beq,LB,UB);        %进行DEA规划
   E(i,i)=y(i,:)*w(s+1:s+t,i);                 %计算目标函数
   theta(i)=E(i,i);
end
theta'                                         %输出相对效率值
```

图 4-2　C^2R 模型的 Matlab 实现

五、C^2R 模型的应用案例

案例 4-1　煤炭企业的多阶段评价

以我国上市煤炭公司的资产负债表和利润表为参考，因为上市公司的信息均比较透明，且数据报表所列数据较为齐全，可以反映我国煤炭行业的主要情况，且数据可以从网上查到，方便收集。以某一年全国 18 家上市公司进行 DEA 综合效率评价。输入指标从资产负债表中选取货币资金、流动资产合计、长期投资净额和固定资产合计四项指标，输出指标从利润表中选取主营业务收入、主营业务利润和净利润三项指标。如表 4-4 所示。

货币资金是企业在生产经营过程中处于货币形态的那部分资金，它可立即作为支付手段并被接受，因而最具流动性。流动资产合计包括货币资金，但考虑到货币资金的流动性最强，且代表企业的资金运行速率，故将货币资金单独作为一项输入指标。长期投资净额指不准备在一年或长于一年的经营周期内转变为现金的投资净额，可以代表企业的远期投资。固定资产净额可

以反映企业的账面余额情况，而固定资产合计反映账面所有固定资产的情况，可以说固定资产合计包括固定资产净额与摊销、折旧。

表 4-4　　　　上市煤炭公司投入产出指标　　　　单位：亿元

DMU	投入指标				产出指标		
	货币资金	流动资产合计	长期投资净额	固定资产合计	主营业务收入	主营业务利润	净利润
煤炭企业 A	3.61	5.37	0.2257	4.66	2.04	1.26	0.546
煤炭企业 B	1.49	3.12	0.91	10.4	0.668	0.153	0.465
煤炭企业 C	2.63	5.08	0.06	5.44	3.35	0.429	0.246
煤炭企业 D	1.75	4.78	0.042	6.76	2.21	0.853	0.359
煤炭企业 E	2.4	5.1	0	6.21	0.875	0.398	0.226
煤炭企业 F	1.24	2.65	0.625	5.22	0.715	0.488	0.37
煤炭企业 G	0.56	1.69	0.137	2.21	0.978	0.392	0.265
煤炭企业 H	2.74	8.38	0.44	7.36	3.73	1.09	0.576
煤炭企业 I	0.622	2.43	0.315	3.55	1.1	0.269	0.179
煤炭企业 J	5.11	8.41	0.0695	8.2	2.91	0.733	0.411
煤炭企业 K	1	1.69	0.56	5.67	1.57	0.413	0.193
煤炭企业 L	1.07	3.98	0.161	10.5	1.78	0.181	0.3
煤炭企业 M	3.37	8.76	0.811	8.58	2.99	1.49	0.924
煤炭企业 N	9.69	15.1	1.05	15.1	4.17	1.88	0.935
煤炭企业 O	0.849	2.43	0.373	1.79	0.464	0.143	0.378
煤炭企业 P	72.3	90.4	4.02	166	22.5	8.3	6.81
煤炭企业 Q	40.2	52.8	2.74	31	9.96	4.04	1.86
煤炭企业 R	0.436	1.57	0.974	3.1	0.595	0.128	0.59

对于输出指标，主营业务利润是主营业务收入减去主营业务成本和税金及附加得来的。但主营业务利润能够体现企业的再生产能力，故将其单独取出作为一个指标分析。对于企业的投资者来说，净利润是获得投资回报大小的基本因素，对于企业管理者而言，净利润是进行经营管理决策的基础。同时，净利润也是评价企业的盈利能力、管理绩效以至偿债能力的

一个基本工具，是一个反映和分析企业多方面情况的综合指标，故单独取出进行分析。

运用 Matlab 软件分析可得结果，表中未列出的 11 家企业为达到帕累托最优的企业，无产出冗余和亏空，故未列出。如表 4－5 所示。

表 4－5　　　　上市煤炭公司效率值与投入冗余

DMU	Score	货币资金	流动资产合计	长期投资净额	固定资产净额
煤炭企业 B	0.6150	0.0000	0.1639	0.5371	0.0000
煤炭企业 F	0.8245	0.0000	0.3774	0.0000	0.0000
煤炭企业 J	0.9304	0.0000	0.0000	2.7074	0.0990
煤炭企业 M	0.8796	0.0525	0.0000	0.0000	0.0959
煤炭企业 N	0.5897	0.0000	0.0262	0.0000	0.0401
煤炭企业 P	0.6526	0.0000	0.0062	0.1083	0.0000
煤炭企业 Q	0.6451	0.0000	0.0000	0.0000	0.0323

从表 4－5 中可以看出，我国煤炭上市公司中，有 11 家企业投入产出效率能够达到帕累托有效，其他企业的效率值均小于 1。对于这样的企业，不仅投入可以按比例缩小，产出也可以按比例增大。其中，煤炭企业 J 在未达到帕累托最优的决策单元中得分最高，为 0.93；煤炭企业 B 得分最低，为 0.615。

1. 评价结果的稳健性检验。DEA 模型是对相对效率进行评价，也就是说，决策单元的效率评价值会受到其他决策单元的影响。如果其他决策单元出现异常值，就会严重影响评价效率的稳定性。

比如出现图 4－3 的情况。决策单元 A 与其他决策单元的效率差距过大，这可能是由于决策单元 A 受到政策激励、人文环境、技术水平等因素的影响，使得 A 的效率远远超过其他决策单元。这些因素在效率评价中并无法衡量。如果将 A 纳入评价体系，那么其他决策单元是无法按照 A 来进行帕累托改进的，所得到的结论也就失去了意义。

出现这种情况，很多时候是由于帕累托有效的决策单元改变了生产前沿面的位置，使其他决策单元的效率产生大幅度波动。为了区分异常值，可以采用逐一剔除有效决策单元的 Jackknifing 方法进行稳健性检验。

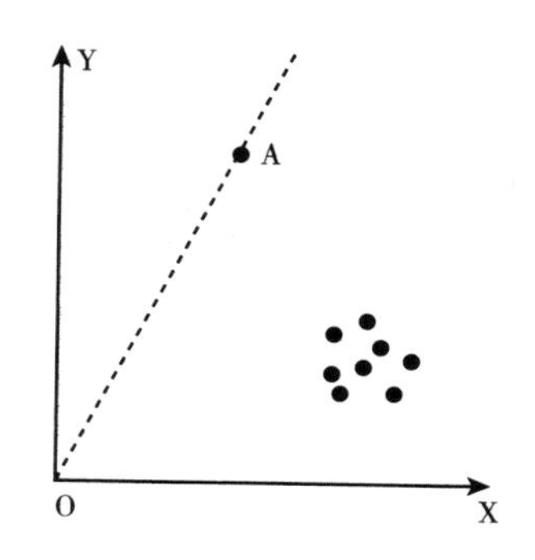

图4－3 决策单元存在异常值

Jackknifing方法也叫刀切法，每次分别剔除一个有效的决策单元，测算其他决策单元的效率。然后再将剔除的决策单元放回，再剔除另一个有效决策单元。通过多次剔除，比较未达到帕累托最优的决策单元的效率，即可得到异常决策单元。

在对煤炭企业进行评价的案例中，分别剔除11家已达到帕累托最优的决策单元，得到其他企业的效率值如表4－6所示。

表4－6 Jackknifing方法得到的效率值

剔除的决策单元	B	F	J	M	N	P	Q
A	0.615	0.825	0.937	0.979	0.702	0.653	0.735
C	0.615	0.825	1.000	0.880	0.606	0.653	0.669
D	0.615	0.825	1.000	0.879	0.590	0.711	0.645
E	0.615	0.825	0.930	0.879	0.590	0.653	0.645
G	0.615	0.968	0.930	1.000	0.618	0.732	0.645
H	0.615	0.825	0.930	0.880	0.590	0.653	0.645
I	0.615	0.825	0.930	0.880	0.590	0.653	0.645
K	0.615	0.825	0.930	0.880	0.590	0.653	0.645
L	0.615	0.825	0.930	0.880	0.590	0.653	0.645
O	0.615	0.825	0.930	0.881	0.590	0.653	0.645
R	0.950	0.890	0.930	0.880	0.590	0.653	0.645

表4－6中每一行的效率值为剔除有效企业后其他企业的效率值。为了直观地判断异常值情况，将表4－6进行相关系数分析，得到表4－7。

表4－7　　　　　　　　　　　相关系数表

	A	C	D	E	G	H	I	K	L	O
C	0.92	1.00								
D	0.87	0.99	1.00							
E	0.93	0.99	0.98	1.00						
G	0.88	0.89	0.90	0.95	1.00					
H	0.93	0.99	0.98	1.00	0.95	1.00				
I	0.93	0.99	0.98	1.00	0.95	1.00	1.00			
K	0.93	0.99	0.98	1.00	0.95	1.00	1.00	1.00		
L	0.93	0.99	0.98	1.00	0.95	1.00	1.00	1.00	1.00	
O	0.93	0.99	0.98	1.00	0.95	1.00	1.00	1.00	1.00	1.00
R	0.44	0.61	0.60	0.64	0.57	0.64	0.64	0.64	0.64	0.64

从表4－7中可以看到，去掉有效率决策单元后其余决策单元的效率评价得分变化不大，相关性系数大部分可以达到0.95以上。只有当去掉煤炭企业R时产生了波动，相关性系数均在0.6左右，说明煤炭企业R属于异常值，应该予以剔除。

2. 有效决策单元的二阶段评价。对决策单元的效率评价，势必会存在排序的问题。在本案例中，有11个决策单元处在生产前沿面上，即使去掉决策单元R，也有10个决策单元。但是这10家企业不可能完全一样，是否有一种方法，能将这10家企业也进行排序呢？

考虑重新构建一个虚拟的决策单元，这个决策单元的投入取所有决策单元中最小的，产出取所有决策单元最大的，所构建出来的这个决策单元即为最优决策单元。将最优决策单元纳入评价体系中，就可以将每个决策单元进行有效排序了。按照这样的方法，得到企业全排序的效率值，按照从大到小的顺序排列，如表4－8所示。

表 4－8　　决策单元全排序效率值

DMU	Score	DMU	Score
煤炭企业 K	0.0698	煤炭企业 M	0.0375
煤炭企业 A	0.0583	煤炭企业 B	0.0370
煤炭企业 O	0.0555	煤炭企业 D	0.0363
煤炭企业 C	0.0495	煤炭企业 J	0.0282
煤炭企业 G	0.0472	煤炭企业 Q	0.0281
煤炭企业 I	0.0440	煤炭企业 N	0.0269
煤炭企业 L	0.0414	煤炭企业 P	0.0187
煤炭企业 H	0.0403	煤炭企业 E	0.0159
煤炭企业 F	0.0375	最优决策单元	1.0000

最优决策单元代表最优的生产前沿面，在现实中几乎不可能达到，但引入这个决策单元可以和其他单元进行对比，从而可以比较其他各企业改进的地方。从表 4－8 可以看出，煤炭企业 K 的效率评价值为 0.0698，为 17 家企业中最高。

资料来源：杨力，王舒鸿．基于 DEA 的煤炭上市公司效率三阶段评价［J］．经济管理，2010，32（4）：147－152.

案例 4－2　最优就业结构测度

我国 1978 年改革开放以来，对外贸易迅速增长，利用外商投资迅速增加，对外贸易和外商直接投资已经成为中国经济增长的重要动力。随着对外开放的进行，我国的三大产业结构也在不断地发展变化，逐渐从第一产业向第二、第三产业转移：第一产业产值从 1987 年占我国国内生产总值的 28.7% 下降到 2009 年的 11.3%，第二、第三产业在这段时间却保持上升势头，从 44% 和 31% 分别上升到 46% 和 36%。为适应产业结构的变化，我国各个产业的劳动力比重也进行了相应调整。根据统计数据，我国第一产业劳动力比重从 1987 年的 60% 下降到 2009 年的 39.56%，第二、第三产业劳动力比重分别从 1987 年的 22.94% 和 16.53% 上升到 2009 年的 27% 和 33%。从以上的调整速度可以看出，我国的就业结构调整速度慢于产业结构。有学者认为，产业结构和就业结构只有在相等或相近的情况下才有利于经济发展，否则会因劳动力或资本不足导致生产停滞（Chenery & Syrquin，1960）。根据这个观点，我国就业结构与经济发展的要求存在差距：第一产业劳动力存在大量冗余，而第二、第三产业的劳动力严重不足。

值得注意的是，在我国现有的技术水平和对外开放的背景之下，劳动就业结构与产业结构完全一致未必是符合经济发展需要的最优结构。例如，农业部门相对较低的技术水平可能需要较多的劳动力来弥补技术不足缺陷，而外商直接投资也对劳动就业的最优结构产生着重要影响。研究试图解决的核心问题是，在开放条件下，怎样的劳动就业结构才能够适应产业结构和对外开放的需要？如何调整劳动力的产业分布比重才能使各产业的产出最有效率？

我国三大产业的调整在不同时期受到的影响因素很多，这些影响因素可以归为两类：一类是时序影响，表明随着时间的推移，影响发生变化，而在一个特定的时期内，这种影响是相同的，例如技术水平随着时间的推移会越来越高，但在某一个时点上，技术水平在各个产业是相等的。另外，开放水平也属于时序影响，在此假定我国对三大产业的开放力度相同，不存在贸易保护的影响。另一类为截面影响，在一个时期内，这种影响不同，而在一段时期内，这种影响不会发生明显的变化，例如，各个产业比较优势不同，这种比较优势在各个产业间表现得很明显，但在一段时期内，比较优势变化不大。

基于上述考虑，将n个年份的三个产业分别看作决策单元，构成3n个决策单元，这样就能够充分考虑各个产业中的比较因素影响了。因为三个产业同时进入决策单元就控制了各个年份的对外开放水平和技术的影响，仅仅依靠比较优势使得各产业劳动力发生转移。而对各个年份的分析则排除比较优势这样一个截面影响，考虑时序影响因素。通过这样的决策单元构建方法，就可以充分考虑时间和空间范围内就业结构的转换作用，使得分析结果更加准确。

1. 三大产业的效率测度。在本案例中，投入指标选取各个产业就业人口、历年FDI平减指标，产出指标选取各产业产值。这样，开放因素在对外贸易总额中得到体现，技术在就业人口和产业产值中得到体现，比较优势是在构建决策单元时就已经考虑到的。这样的选择方法包含了所有分析因素，并最大程度减少指标的数量。计算得到各个年份三大产业支撑对外贸易效率如表4－9所示。

表4－9　　　　三大产业效率值

年份	第一产业	第二产业	第三产业	年份	第一产业	第二产业	第三产业
1987	1.000	1.000	1.000	1999	0.276	0.785	0.650
1988	0.623	0.922	0.959	2000	0.275	0.794	0.646
1989	0.640	1.000	0.973	2001	0.276	0.821	0.647
1990	0.499	0.910	0.917	2002	0.282	0.823	0.639
1991	0.352	0.818	0.892	2003	0.289	0.809	0.645
1992	0.246	0.683	0.842	2004	0.304	0.815	0.636
1993	0.253	0.665	0.788	2005	0.312	0.830	0.635
1994	0.265	0.674	0.744	2006	0.322	0.858	0.641
1995	0.271	0.677	0.706	2007	0.339	0.889	0.675
1996	0.279	0.692	0.677	2008	0.355	0.946	0.719
1997	0.279	0.714	0.666	2009	0.371	1.000	0.816
1998	0.278	0.753	0.653	平均值	0.365	0.821	0.746

从表4－9中可以看出，第一产业对开放的支撑作用不强，平均利用外贸效率为0.365，说明第一产业就业人口存在严重冗余，与此相对应的，第二产业和第三产业的利用效率均比较高，平均效率分别达到0.821和0.746。所以在开放条件下，我国就业结构对产业结构存在严重的偏差，第一产业应该向第二、第三产业转移。

2. 我国的最优就业结构。对我国来说，是否应该让就业结构与产业结构完全一致才是最优的呢？由于大部分产业的效率值都不是帕累托有效的，所以减去三个产业的冗余就业人口，计算得到三个产业的最优就业结构，然后再按照最优就业结构比例，将冗余的就业人口分配至三大产业之中，这样就实现了就业结构的有效调整。经过优化后的三大产业的结构如图4－4、图4－5、图4－6所示。

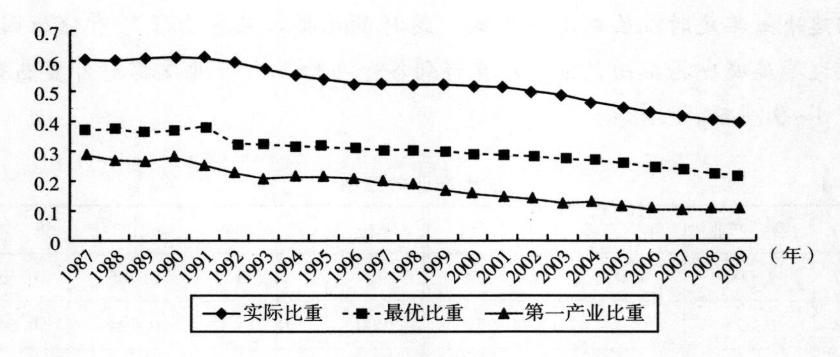

图4-4　第一产业就业比重和产业比重

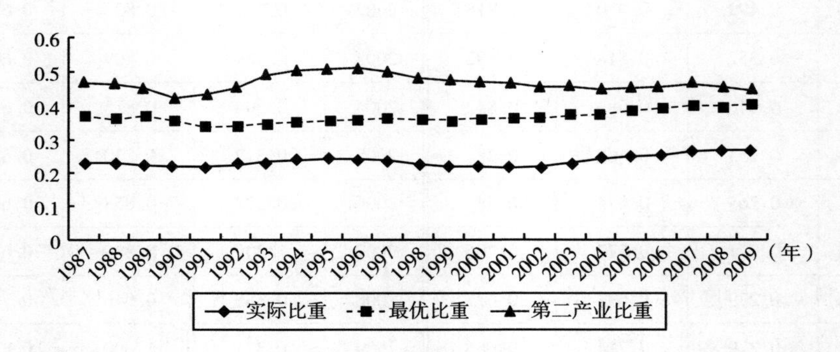

图4-5　第二产业就业比重和产业比重

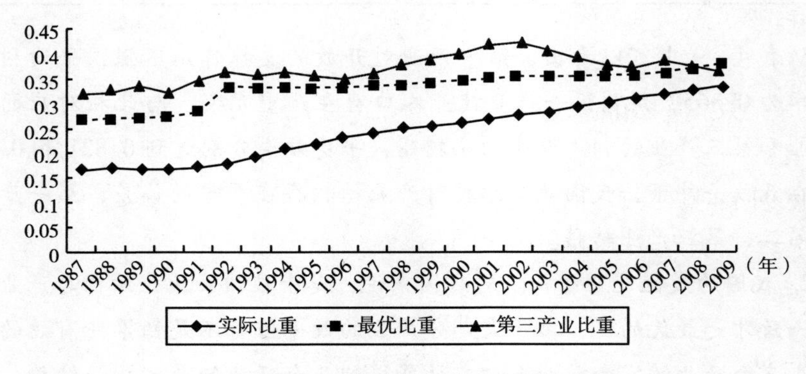

图4-6　第三产业就业比重和产业比重

从图4-4、图4-5、图4-6可以看出，第一产业的最优就业结构低于实际就业结构，第二、第三产业均高于实际就业结构，说明不是就业结构和产业结构完全吻合才是最优的，而是存在一定的差距。这种差距可能是由于技术因素所导致的。第一产业的最优就业结构高于产业结构，说明第一产业需要较多的劳动力，生产效率和技术水平较为低下，但现在实际就业结构高于最优就业结构，第一产业仍然存在超额劳动供给，需要将劳动力向第二、第三产业转移；而第二、第三产业的最优就业结构高于实际就业结构，说明我国第二、第三产业的劳动力还远远没有达到最优的标准。近几年第三产业在 2005 年以后最优就业结构和产业结构几乎吻合，说明中国的改革开放成效显著，技术水平和劳动力综合素质得到了明显的提高。

资料来源：王舒鸿．开放条件下我国最优就业结构的经验研究［J］．国际贸易问题，2012（3）：3 - 13.

第二节　考虑规模报酬可变的 BC^2 模型

如果一家企业原封不动地复制，变成两家企业，那么这种情况属于规模报酬不变。但是这种情况在现实生活中则是很难做到的。因为即使企业原封不动地复制，企业的 CEO、CFO 等管理者只能有一个。这些管理者的精力要被分散，使决策不及时、产能下降、员工积极性不高，势必会出现规模报酬可变的情况。1984 年，班科、查恩斯、库帕联合在《管理科学》杂志首次提出 BC^2 模型，将规模报酬可变的情况考虑进来，完善了 DEA 的效率评价方法。

一、BC^2 模型的思想

假设同样是存在 7 个沿海港口，每个港口的投入为劳动力（人）、装配机组（个），产出为港口的产值，每个港口的投入和产出可以表示为如表 4 - 10 所示。

表 4 - 10　　港口投入产出表

港口名称	劳动力 X_1（人）	装配机组 X_2（个）	产值 Y（亿元）
港口 A	3	2	2
港口 B	4	3	8
港口 C	6	6	7

续表

港口名称	劳动力 X_1（人）	装配机组 X_2（个）	产值 Y（亿元）
港口 D	2	9	8
港口 E	8	5	2
港口 F	7	4	5
港口 G	3	10	7

如果将该港口的投入产出在坐标轴上表现出来，则可以得到如图 4－7 所示。

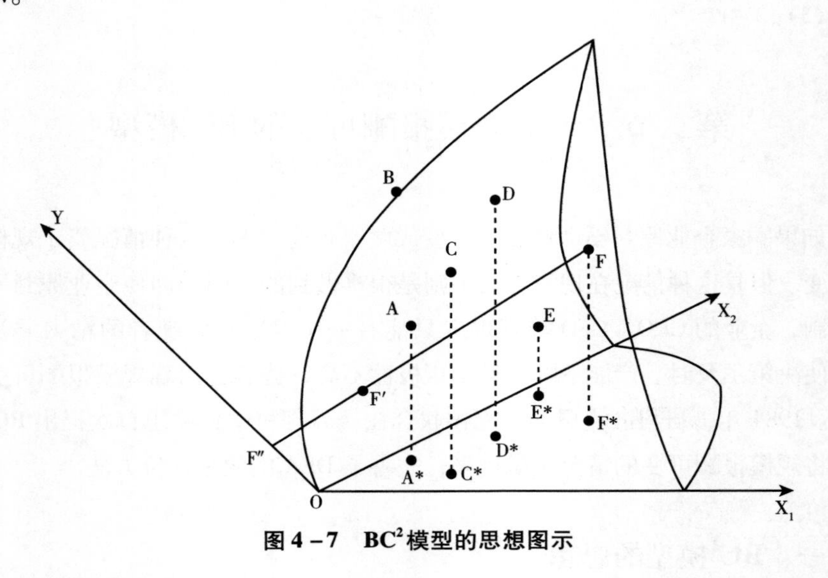

图 4－7　BC^2 模型的思想图示

当考虑规模报酬可变时，能够包络住所有决策单元的生产前沿面就变成了“下凹”，也就意味着随着生产规模的扩大，产出的比例也会随之降低。在所有的决策单元中，生产前沿面穿过了港口 B，所以港口 B 就是生产效率最高的决策单元。

以港口 F 为例，要评价港口 F 的生产效率，同样需要作一条与 Y 轴垂直的直线，交生产前沿面于 F′，交 Y 轴于 F″，则港口 F 的生产效率可以表示为：

$$\theta = \frac{F'F''}{FF''}$$

为了更清楚、更直观地看出港口 F 的规划路径，沿着港口 F 所在的位置，作一个与 X_1OX_2平行的平面。这需要同学们的想象力，此时映射到平面的图像见图 4－8。

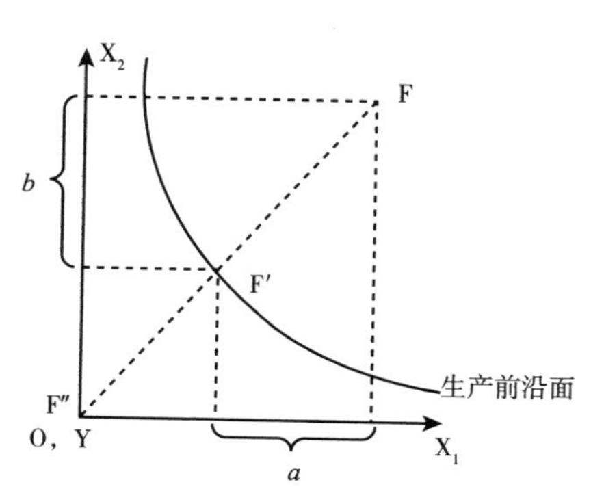

图 4－8　BC^2模型的平面俯视图

从图 4－8 中也可以很明显地看出，港口 F 的改进方向就是劳动力人数减少 a、装配机组个数减少 b，即可达到生产效率最大化，实现帕累托最优。

二、BC^2模型的建立

设 DEA 模型有 n 个决策单元 DMU，每个 DMU 都有 s 种投入和 t 种产出。用投入指标向量 $X_j = (x_{1j}, x_{2j}, \cdots, x_{sj})^T > 0$ 与产出指标向量 $Y_j = (y_{1j}, y_{2j}, \cdots y_{tj)})^T > 0$ 分别表示 DMU_j 的输入和输出，其中 $j = 1, 2, \cdots, n$。则可以列方程为：

$$\max \ \mu Y_0 - \mu_0$$
$$\text{s. t.} \begin{cases} \omega X_j - \mu Y_j + \mu_0 \geqslant 0, j = 1, 2, \cdots, n \\ \omega X_0 = 1 \\ \omega, \mu, \mu_0 \geqslant 0 \end{cases} \tag{4-5}$$

式（4－5）即为 BC^2 模型。其中，ω、μ、μ_0 分别为需要求解的参数。其对偶规划为：

$$\min \theta$$
$$\begin{cases} \sum_{j=1}^{n} X_j\lambda_j \leqslant \theta X \\ \sum_{j=1}^{n} Y_j\lambda_j \geqslant Y \\ \sum_{j=1}^{n} \lambda_j = 1 \\ \lambda_j \geqslant 0, j = 1,2,\cdots,n \end{cases} \tag{4-6}$$

同样将式（4－5）列成如表4－11所示的单纯形表。

表4－11　决策单元的单纯形表

	ω_1	ω_2	…	ω_s	μ_1	μ_2	…	μ_t	μ_0	min
λ_1	x_{11}	x_{12}	…	x_{1s}	$-y_{11}$	$-y_{12}$	…	$-y_{1t}$	1	≥0
λ_2	x_{21}	x_{22}	…	x_{2s}	$-y_{21}$	$-y_{22}$	…	$-y_{2t}$	1	≥0
…	…	…	…	…	…	…	…	…	…	…
λ_n	x_{n1}	x_{n2}	…	x_{ns}	$-y_{n1}$	$-y_{n2}$	…	$-y_{nt}$	1	≥0
θ	x_{01}	x_{02}	…	x_{0s}	0	0	…	0	0	=1
max	0	0	…	0	y_{01}	y_{02}	…	y_{0t}	－1	

有了 C^2R 模型的基础，这里直接给出 BC^2 模型的Matlab程序（见图4－9）。

```
clear                                          %清除原有变量存储
clc                                            %清屏
x=[ ];y=[ ];n=size(x,1);
s=size(x',1);t=size(y',1);
A=[-x y -ones(n,1)];                           %ones(n,1)表示生成
                                               %n行1列的“1”矩阵
b=zeros(n,1);
LB=zeros(s+t,1);UB=[ ];
for i=1:n;
   f=[zeros(1,s) -y(i,:) 1];                   %生成f矩阵，zeros(1,s)表示
                                               %生成1行s列的0矩阵
   Aeq=[x(i,:) zeros(1,t) 0];                  %生成Aeq矩阵
   beq=1;                                      %生成beq矩阵
   w(:,i)=linprog(f,A,b,Aeq,beq,LB,UB);        %进行DEA规划
   E(i,i)=y(i,:)*w(s+1:s+t,i)-w(s+t+1);        %计算目标函数
   theta(i)=E(i,i);
end
theta'                                         %输出相对效率值
```

图4－9　BC^2模型的Matlab实现

其中，斜体字部分为与 C^2R 模型不同的地方，同学们可以对比学习 DEA 的 Matlab 编程思想。

第三节　实现决策单元的全排序方法

由于 DEA 效率评价值存在上限，最大效率值为 1，任何决策单元的效率无法突破这个最大效率值。所以在做 DEA 效率评价的时候，经常会发现有多个决策单元同时处在生产前沿面上。在排序的时候，这些决策单元就不能分出先后顺序，从而无法实现决策单元的全排序。本章介绍一个将决策单元全排序的方法——超效率 DEA。

一、超效率 DEA 模型的思想

同样是以单投入单产出的评价模型为例，具体思想是：如果有 n 个决策单元，其中有 m 个决策单元处在生产前沿面上，可以将处在生产前沿面上的决策单元依次剔除，对其他 n－1 个决策单元构建新的生产前沿面，然后再将被剔除的决策单元放回评价体系中进行评价。当进行 m 次评价后，即可实现决策单元的全排序。超效率 DEA 模型示意如图 4－10 所示。

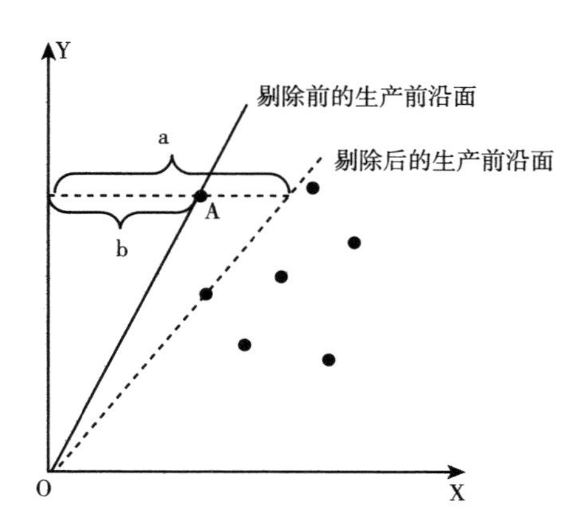

图 4－10　超效率 DEA 模型示意

以图 4－10 为例，此时决策单元 A 落在生产前沿面的外面，同样通过 A

点向 Y 轴与生产前沿面作垂线，此时决策单元 A 的效率值可以表示为：

$$\theta = \frac{a}{b} > 1$$

二、超效率 DEA 模型的建立

设 DEA 模型有 n 个决策单元 DMU，每个 DMU 都有 s 种投入和 t 种产出。用投入指标向量 $X_j = (x_{1j}, x_{2j}, \cdots, x_{sj})^T > 0$ 和产出指标向量 $Y_j = (y_{1j}, y_{2j}, \cdots, y_{tj})^T > 0$ 分别表示 DMU_j 的输入、输出，其中 j = 1，2，…，n。则可以列方程式：

$$\max \mu Y_0$$
$$\text{s. t.} \begin{cases} \omega X_j - \mu Y_j \geqslant 0, j = 1, 2, \cdots, j_0 - 1, j_0 + 1, \cdots, n \\ \omega X_0 = 1 \\ \omega, \mu \geqslant 0 \end{cases} \tag{4-7}$$

式（4 - 7）即为超效率 DEA 模型。其对偶规划为：

$$\min \theta - \varepsilon \left(\sum_{i=1}^{s} s_i^- + \sum_{r=1}^{t} s_r^+ \right)$$
$$\begin{cases} \sum_{j=1}^{n} X_{ij} \lambda_j + s_i^- = \theta X_{ij0}, i = 1, 2, \cdots, s \\ \sum_{j=1}^{n} Y_{rj} \lambda_j - s_r^+ = Y_{rj0}, i = 1, 2, \cdots, t \\ \lambda_j, s_i^-, s_r^+ \geqslant 0 \\ j = 1, 2, \cdots \quad j_0 - 1, j_0 + 1, \cdots, n \end{cases} \tag{4-8}$$

三、超效率 DEA 模型的 Matlab 实现

有了前面理论做铺垫，以式（4 - 8）为例，直接给出超效率 DEA 的编程方法（见图 4 - 11）。

```
x=[ ];y=[ ];                                              %输入决策单元的投入和产出
n=size(x',1);s=size(x,1);t=size(y,1);                     %生成决策单元、投入和产出的个数
Epsilon=10^-10;                                           %此为阿基米德无穷小
f=[zeros(1,n) -epsilon*ones(1,s+t) 1];
A=zeros(1,n+s+t+1);b=0;
LB=zeros(n+s+t+1,1);
UB=[ ];
LB(n+s+t+1)=-inf;
for i=1:n;
    Aeq=[x eye(s) zeros(s,t) -x(:,i)
          Y zeros(s,t) -eye(t) zeros(t,1)];
    Aeq(:,1)=zeros(s+t,1);
    beq=[zeros(s,1)
          y(:,i)];
    w(:,i)=linprog(f,A,b,Aeq,beq,LB,UB);
end
theta=w(n+s+t+1,:)                                        %输出超效率值
```

图 4-11　超效率 DEA 模型的 Matlab 实现

第四节　考虑技术进步的 Malmquist-DEA 模型

前三章介绍的 DEA 模型，所采用的决策单元均为同一时期的同质单元。如果将决策单元 A 在不同时期的投入和产出也纳入生产前沿面进行分析，如果效率发生变化，那是否可以说明决策单元 A 的生产效率发生了变化呢?

当然，产生效率变化的原因有很多，有可能是决策单元 A 改进了技术、更新了生产工艺，也有可能是决策单元 A 的劳动者素质提升、操作更加熟练。那这些是否也可以度量出来呢? 本章将着重分析决策单元的效率变化。

一、Malmquist-DEA 的建模思想

Malmquist 指数最初由玛奎斯特（Malmquist）于 1953 年提出，当时引起了极大的反响，但由于计算方法较为复杂，使得之后很长一段时间，基于这一指数的实证研究几乎销声匿迹。直到 1994 年，费尔罗尔夫（Färe Rolf）将这一指数与 DEA 方法相结合，才使得 Malmquist 指数得以广泛应用。现在

该指数被应用于金融、工业、医疗等部门生产效率的测算中。

经济学中，有一个表示生产关系的模型称为索洛模型：

$$Y = Af(K,L)$$

其中，Y 表示产出，A 表示技术进步，f 函数表示资本 K 和劳动力 L 的函数。经济学家们认为技术进步作为外生变量，体现了生产过程中各个要素的综合生产率，后来也被称为全要素生产率（total factor productivity, TFP）。这是个非常重要的指标，现在也有很多学者在用 Malmquist 指数作为全要素生产率的替代变量。

假设评价初期为 s 期，末期为 t 期。决策单元 A 在 s 期的投入产出为 $A(x_s, y_s)$，在 t 期的投入产出为 $A(x_t, y_t)$。在这两个时期，由于生产前沿面的改变，使决策单元 A 测算得到的效率值会有所不同。这就涉及四个指标：s 期前沿面下决策单元 $A(x_s, y_s)$ 的效率值、s 期前沿面下决策单元 $A(x_t, y_t)$ 的效率值、t 期前沿面下决策单元 $A(x_s, y_s)$ 的效率值、t 期前沿面下决策单元 $A(x_t, y_t)$ 的效率值。

基于这四个指标，可以分别进行比较在 s 期生产前沿面下，决策单元 A 从 s 期到 t 期的效率变化为：

$$M^s = \frac{\theta_s(x_t, y_t)}{\theta_s(x_s, y_s)}$$

在 t 期生产前沿面下，决策单元 A 从 s 期到 t 期的效率变化为：

$$M^t = \frac{\theta_t(x_t, y_t)}{\theta_t(x_s, y_s)}$$

然后，再将这两个指标计算几何平均，即可得到 Malmquist-DEA 的技术变化值：

$$\text{Malmquist} = \sqrt{\frac{\theta_s(x_t, y_t)}{\theta_s(x_s, y_s)} \times \frac{\theta_t(x_t, y_t)}{\theta_t(x_s, y_s)}} \tag{4-9}$$

二、Malmquist-DEA 的效率分解

再回到本章所提出的问题：效率变化的原因可能有技术进步，也可能有

技术效率的提升。那么式（4－9）中包含的这两个因素是否可以分解出来呢？

生产越来越熟练，也就是技术效率的进步，应该是通过同一个生产前沿面下效率值的变化来体现。因为固定生产前沿面，则技术水平固定不变，变化的只有决策单元 A 在 s 期和 t 期的投入产出。在规模报酬不变的情况下，如果决策单元 A 的技术效率没有发生变化，那么决策单元 A 的投入和产出应该等比例扩大。现在决策单元 A 并没有按照相同的比例扩大生产，那么 A 一定存在技术效率上的变化。

按照 t 时期的生产前沿面对决策单元 A 进行衡量，因为如果采用 s 时期，很有可能决策单元 A 会落入生产包络面之外，失去评判的准确性。采用 EFF（efficiency change）表示这种变化，可以表示为：

$$\mathrm{EFF}=\frac{\theta_t(x_t,y_t)}{\theta_t(x_s,y_s)}$$

再将 EFF 指数代入式（4－9）中，就可以分解出纯技术效率 TECH 的变化了。由此可得：

$$\mathrm{Malmquist}=\mathrm{EFF}\times\mathrm{TECH}=\frac{\theta_t(x_t,y_t)}{\theta_t(x_s,y_s)}\times\sqrt{\frac{\theta_t(x_s,y_s)}{\theta_t(x_t,y_t)}\times\frac{\theta_s(x_t,y_t)}{\theta_s(x_s,y_s)}} \tag{4-10}$$

三、Malmquist-DEA 的 Matlab 实现

有了前三章的基础，同学们可以自行设计思考 Malmquist-DEA 的 Matlab 编程方法，这里不再赘述。

四、Malmquist-DEA 的应用案例

案例 4－3　沿海省份的 Malmquist 指数测算与分解

选择我国沿海 11 个省份作为研究对象，数据统计时期为 2001～2018 年。在指标选取方面，尽管沿海省份的海洋经济的类型具有一定差异，但通

过对收集数据的统计梳理发现，在每个年度的各省份海洋产业的产值中，海洋渔业、海洋交通运输业与滨海旅游业仍是海洋一、二、三产业中的主导力量，且根据沿海省份的全社会固定资产投资对当地涉海企业与海洋产业的发展具有积极的推动作用。选择海水养殖面积、码头长度、涉海就业人数、旅行社总数、全社会固定资产投资作为投入指标，选取海洋生产总值作为产出指标。全社会固定资产投资数据来源于各省份统计年鉴，其他数据来源于《中国海洋统计年鉴》。

为简化起见，将测算结果分为 2001 ~ 2005 年、2006 ~ 2011 年和 2012 ~ 2018 年三个时段展示，如图 4 - 12 所示。

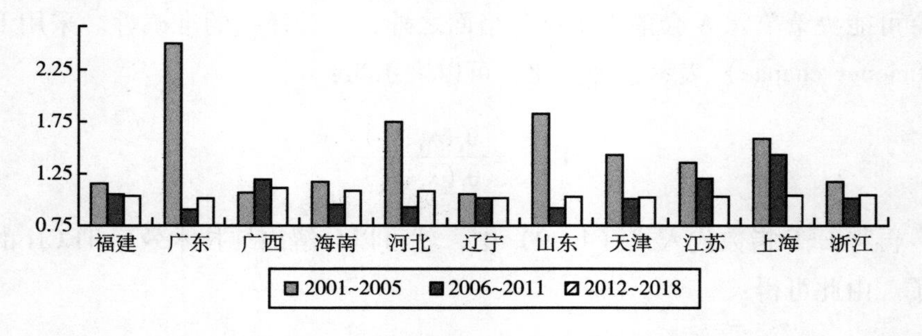

图 4 - 12　沿海省份 Malmquist-DEA 指数

从图 4 - 12 中可以看出，在海洋粗放发展阶段，广东、河北和山东等省份发展势头迅猛，源于其资源、劳动力等要素资源富饶，有效促进主要依赖资源要素的海洋第一、第二产业发展。而广西和辽宁等省份的海洋经济发展相对较慢，原因在于其海洋资源相对匮乏，因此 2001 ~ 2005 年全国沿海省份的海洋经济全要素生产率发展表现迥异。自 2005 年起，由于近海资源短缺，海洋经济的发展改变以往依附要素投入的现状，更加推崇涉海企业的可持续发展，海洋产业进入转型升级的新里程，促进海洋产业比重向第二、第三产业倾斜。而由于 2008 年金融危机的冲击，大多数沿海省份的海洋经济全要素生产率在 2006 ~ 2011 年的改善增速减小，处于低增长小差异阶段。国家于 2009 年以后在环渤海地区和长三角地区设立了海洋经济开发区，并于 2011 年将河北、浙江和海南等地的海洋经济发展提升至战略地位，各地区抓住发展机遇和利好政策，伴随技术流等科技创新要素的配置以及从事第三产业的劳动力增多，沿海大部分地区产业结构进一步得到革新，并于 2018

年初步形成经济发展更为高效的“三、二、一”的高级化海洋产业结构模式，各地区海洋经济全要素生产率变化处于正向增长态势且发展更加均衡。

参照式（4－10）对测算的Malmquist指数进行分解，可以得到结果如图4－13所示。

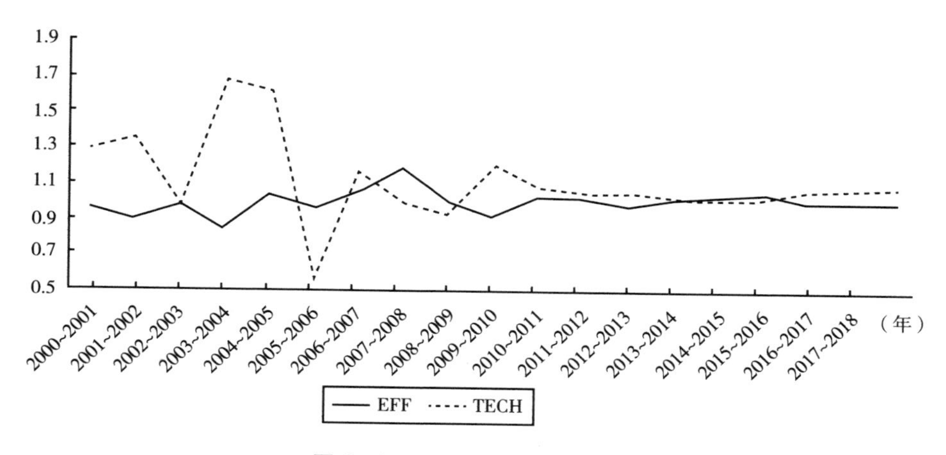

图4－13　Malmquist指标分解

2001～2018年我国沿海省份的整体的海洋经济全要素生产率改善度为7.8%，主要来源于技术进步变化上的改进，而技术效率对海洋经济全要素生产率的改善起到促进作用，较之于技术进步变化对海洋经济全要素生产率增长的贡献程度而言，规模效率变化与纯技术效率变化对海洋经济全要素生产率增长的贡献度较弱，尚未促进海洋经济发展。原因在于海洋产业在技术与管理水平方面存在短板，且涉海企业间的分配合作水平较低和投入产出效率不高的问题尚未得到解决，海洋产业未达到规模经济水平，有待进一步提高集约化水平。通过分析我国海洋经济全要素生产率改善以及其分解效率的分布特征，有助于把握我国沿海省份在相对效率上的分布和来源，为我国沿海省份海洋经济的高质量发展指明未来努力方向。

第五节　考虑非期望产出的SBM模型

在进行效率评价的过程中，还存在另外一种情况：产出既包括生产的产品，也包括相伴而来的污染，也被称为“非期望产出”。如果按照原先的规划方法，减少非期望产出的过程中，产品也会随之减少。那么有没有一种方法，可以既减少非期望产出，又不减少产品呢？

有两类较为常见的处理方法，第一种方法是直接将非期望产出当作投入进行处理，这样就可以达到使非期望产出最小化的目标了。这种做法虽然非常简单可行，但是直接将污染物等非期望产出作为投入，显然无法真实地反映实际的生产过程。第二种方法是先将非期望产出进行倒数处理，当非期望产出的倒数越大时，非期望产出也就越小。虽然这种方法在理论上可行，也能反映真实的生产过程，但这种方法较之第一种方法在数据上更加脱离实际。

潼恩（Tone）在 2001 年从目标函数入手构造了考虑非期望产出的非径向数据包络分析模型（slack-based measurement，SBM），将松弛变量直接引入目标函数中，在解决投入产出松弛型的问题的同时，也解决了决策单元效率评价的问题。在本章中，就着重介绍 SBM 模型的建模思想和应用案例。

一、SBM 模型的建模思想

同样以投入单产出的俯视图作为说明，如图 4 – 14 所示。决策单元 F 的三个坐标轴分别为投入 X、产出 Y、非期望产出 B。原先将 F 向 Y 轴作垂线，交生产前沿面于 F点。这种规划方法被称为径向规划，也就是沿着半径的方向进行的规划。SBM 模型则是沿着 FX 的方向，向 X 轴作垂线。

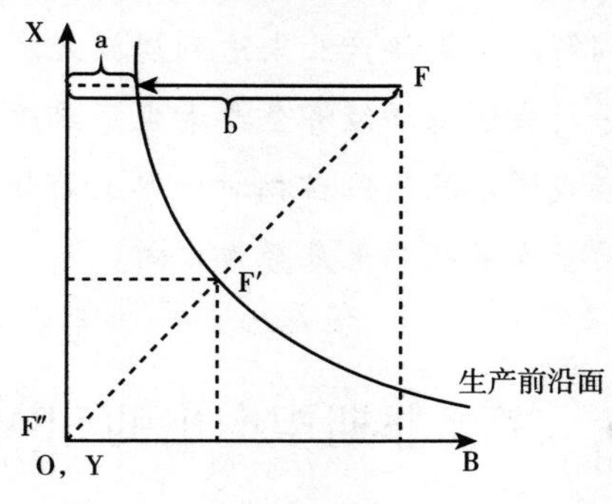

图 4 – 14　SBM 模型的建模思想

按照这种规划方法，生产的投入并没有减少，非期望产出也得到了适当的调整，达到了规划的目的。此时决策单元 F 的评价效率为：

$$\theta = \frac{a}{b} \tag{4-11}$$

这种不沿着半径方向进行的规划，也被称为非径向规划，而径向规划仅仅是非径向规划的特例。

潼恩（2001）建立的 SBM 模型公式为：

$$\min \rho = \frac{1 - \frac{1}{s}\left(\sum_{i=1}^{m} \frac{s_i^-}{x_{i0}}\right)}{1 + \frac{1}{t+p}\left(\sum_{r=1}^{s} \frac{s_r^+}{y_{r0}} + \sum_{r=1}^{p} \frac{s_u^-}{b_{u0}}\right)}$$

$$\text{s.t.} \begin{cases} \sum_{j=1}^{n} X_{ij}\lambda_j + s_i^- = X_0, i = 1,2,\cdots,s \\ \sum_{j=1}^{n} y_{rj}\lambda_j - s_r^+ = Y_0, r = 1,2,\cdots,t \\ \sum_{j=1}^{n} b_{uj}\lambda_j + s_u^- = B_0, u = 1,2,\cdots,p \\ \lambda, s_i^-, s_r^+, s_u^- \geqslant 0 \end{cases} \tag{4-12}$$

其实可以看出，只要使决策单元 F 规划至生产前沿面上，就可以实现帕累托最优。所以，基于这样的认识，很多学者也出于不同的考虑，建立了多种 DEA 模型。目前所知的 DEA 模型已经可以达到上百种。

二、SBM 模型的应用案例

案例 4-4　生态效率的测算

在研究过程中，曾有学者以生态效率指标来衡量经济与环境的协同发展关系（Schaltegger & Sturn，1990），并认为只有当经济水平与环境质量同时提高时，生态效率才能得到改善。但一个显著的事实是，基于中国统计数据所核算的生态效率指标始终呈下降趋势（Yu et al.，2018）。

根据 OECD（1998）的定义，生态效率是指“生态资源用以满足人类需求的效率”，即人类赖以生存的资源环境在满足人类需求时所发生的投入与产出的关系。关于生态效率计算的研究始于 20 世纪 90 年代。斯特恩（1990）首先提出了生态效率的计算方法，福斯勒（1995）则在此基础上进行了引申和扩展。现有文献大多基于 DEA 方法对生态效率进行衡量（Ángeles et al.，2017；Liu et al.，2017），较好地体现了生态效率的投入和产出关系。选取劳动力、资本、土地作为投入指标，经济发展水平和非期望产出为产出指标。

1. 投入指标。

（1）劳动力。采用年末就业人员数量来衡量投入的劳动要素。年末就业人员数量反映年末从事生产经营活动的全部人员，可以较好地反映劳动力投入水平。各省份年末就业人员的数据来源于《中国城市统计年鉴》。

（2）资本。从经济学的角度出发，资本要素主要包括各类资源等构成的资本存量、当年度固定资产投资等。因此选择全社会固定资产投资作为衡量资本要素的投入指标，以测算各个省份每年的生态效率。资本要素的相关数据来源于国家统计局网站。

（3）土地。采用生态足迹来衡量土地要素的投入。生态足迹是指用于生产区域人口消费的所有资源和吸纳区域生产的所有废弃物所需要的生态生产性土地的面积。人类从自然界中获取的资源大多需要土地来提供，故生态足迹可以用来描述人们对土地的需求状况。在研究过程中，将生态足迹进一步区分为农业足迹、能源足迹与污染足迹。其中，农业足迹和能源足迹作为生态效率的投入，污染足迹则作为生态效率的产出。

生态足迹包含六种生物生产性土地类型，分别为耕地、林地、草地、建设用地、化石能源用地和水域。在计算过程中，分类核算了使用每种土地的人均消费土地量与平均产量。具体计算公式为：

$$EF = N \times ef = N \times \sum_{j=1}^{6} \sum_{i=1}^{n} (r_j \times c_i / p_i) \tag{4-13}$$

其中，i 为消费项目类型，EF 为区域总生态足迹，N 为区域人口总量，ef 为区域人均生态足迹，r_j为第 j 种生物生产性土地的均衡因子，c_i为第 i 种消费项目的人均产量，p_i为第 i 种消费项目的世界平均产量。均衡因子（r_j）是区域内某类生物生产性土地与该区域所有生产性土地平均生产力的比值。此外，通过对比瓦克纳格尔（Wackernagel，2003）的研究结论、《地球生命力报告》（2000、2002、2004）和《中国生态足迹与可持续消费研究报告》的统计数据发现，六类用地近 40 年的均衡因子变动幅度不大。因此，取各因子均值用于计算①。而且，由于每个地区所产出的农产品以及化石能源存在差异，其消费项目的类型也会有所不同。例如，耕地的产出包括稻谷、小麦、玉米、高粱、豆类、薯类、棉花、油料、糖料、禽蛋、烟叶和蔬菜，林地的产出包括水果、生漆、油桐籽、油茶籽、棕片和竹笋等，草地的产出包括猪肉、牛肉、羊肉、牛奶、羊毛、羊绒和蜂蜜，水域则主要产出各类水产品，共计 21 个类型。

结合不同地区的产品和消费类型，并根据联合国粮食及农业组织（FAO）公布的年度农产品的全球平均产量数据，对生态足迹的值进行了计算。此外，对于部分缺失数据，采取如下方法进行了补充：由于 FAO 未公布 2015 年的农产品平均产量数据，考虑到同种类型产品年度变动幅度较小的特点，采用 2014 年度和 2016 年度同种类型产品的平均数据进行了替代；杨璐迪等（2017）指出，林地、草地产量变化不大，对于 FAO 中未统计的畜产品的数据，采用瓦克纳格尔（2003）提供的平均产量数据进行替代；由于部分生物账户的科目（如核桃、花椒、禽蛋、羊绒、生漆与棕片等）未纳入 FAO 的统计科目，因此选用了中国学者的相关统计数据予以补充（杨屹等，2015）②。相应地，根据全国能源消费项目来计算能源足迹，其项目主要包含煤炭、焦炭、原油、汽油、煤油、柴油、燃料油、天然气、电力等。其中，用于吸收化石能源排放的温室气体森林和牧草地，则以中国学者的统计数据为计算基础（谢鸿宇等，2008）③。

---

① 各因子均值分别为：耕地 2.34、林地 1.64、草地 0.48、水域 0.32、建设用地 2.34、化石能源用地 1.64。

② 核桃平均产量 2150 千克/公顷、禽蛋平均产量 2760 千克/公顷、花椒平均产量 385 千克/公顷、生漆与棕片平均产量 3732 千克/公顷，羊绒平均产量 1 千克/公顷。

③ 1 ton 化石能源占用土地面积分别为：汽油 0.3382 公顷、柴油 0.3496 公顷、原油 0.3340 公顷、天然气 0.1882 公顷、原煤 0.2269 公顷，1kWh 电力占用耕地面积：火电 1.1251×10^{-4} 公顷、水电 2.1448×10^{-6} 公顷。

2. 产出指标。

(1) 经济发展状况。考虑到数据的可得性和经济发展的综合性，采用国内生产总值来测度经济发展。

(2) 非期望产出。由于人类在进行生产性活动时会造成一定的环境污染，而产生的污染及治理污染会占用生物生产性土地的面积，故在考察生态用地时加入了污染吸纳地，以测算污染排放所需要的生物生产性土地面积(即污染足迹)，并将其作为非期望产出指标来测度生态效率。其中，污染足迹是指污染直接或者间接占用土地的生态足迹，包括废水、废气和固态废弃物。

污水排放占用土地面积测算标准如下：废水排放占用的土地面积按照深圳白泥坑人工湿地污水处理试验工程的标准3704吨/公顷换算，废气排放占用的林地面积按照阔叶林对二氧化硫和烟粉尘的平均吸收能力进行换算，分别为88.65千克/公顷、10.11千克/公顷。此外，由于固态废弃物一般采用卫生填埋、堆肥两种方式处理，因此其占用的土地面积按照10.19千克/公顷的标准换算。基于以上指标和标准，计算了中国29个省份2006~2015年的生态效率。

经测算，得到生态效率如表4-12所示。

表4-12　各地区生态效率值

省份	2006年	2007年	2008年	2009年	2010年	2011年	2012年	2013年	2014年	2015年
北京	2.12	2.12	2.06	1.99	1.92	1.81	1.80	1.70	1.71	1.69
天津	3.98	3.97	3.72	3.71	4.43	4.60	4.31	4.26	4.04	3.87
河北	3.22	3.47	3.38	3.56	3.64	3.97	4.02	4.04	3.91	3.88
山西	5.34	5.53	5.49	5.47	5.67	6.24	6.41	6.70	6.77	6.52
内蒙古	6.98	7.80	8.71	8.98	9.66	11.28	11.74	11.80	12.26	12.19
辽宁	4.81	5.04	5.14	5.21	5.56	5.87	6.06	6.03	6.02	5.96
吉林	3.13	3.14	3.20	3.23	3.51	3.94	4.00	3.92	3.92	3.73
黑龙江	3.17	3.21	3.45	3.52	3.78	4.03	4.18	3.98	4.10	4.10
上海	3.67	3.53	3.53	3.38	3.51	3.53	3.38	3.49	3.09	3.14
江苏	3.41	3.49	3.55	3.64	3.93	4.29	4.40	4.58	4.54	4.58
浙江	3.49	3.64	3.60	3.81	3.98	4.26	4.19	4.28	4.23	4.20
安徽	2.05	2.20	2.43	2.64	2.86	3.03	3.13	3.31	3.37	3.35

续表

省份	2006 年	2007 年	2008 年	2009 年	2010 年	2011 年	2012 年	2013 年	2014 年	2015 年
福建	3.45	3.64	3.70	4.00	4.14	4.60	4.54	4.66	4.89	4.78
江西	1.96	2.08	2.12	2.19	2.37	2.53	2.56	2.72	2.76	2.83
山东	4.22	4.42	4.52	4.65	4.89	5.06	5.19	5.20	5.38	5.81
河南	2.65	2.85	2.85	2.92	3.10	3.32	3.25	3.34	3.28	3.25
湖北	2.52	2.69	2.68	2.87	3.13	3.38	3.40	3.37	3.39	3.43
湖南	2.11	2.21	2.21	2.34	2.41	2.58	2.52	2.53	2.51	2.53
广东	2.69	2.77	2.70	2.78	2.93	3.15	3.11	3.14	3.14	3.10
广西	2.38	2.60	2.59	2.64	2.98	3.14	3.30	3.39	3.34	3.17
海南	2.99	3.71	3.93	4.05	4.25	4.61	4.95	5.02	5.27	5.43
重庆	1.79	1.95	2.13	2.23	2.35	2.48	2.39	2.40	2.44	2.45
四川	1.71	1.74	1.83	1.98	2.06	2.06	2.10	2.13	2.15	2.02
贵州	2.59	2.72	2.64	2.94	2.99	3.14	3.33	3.49	3.36	3.27
云南	1.92	1.95	2.00	2.19	2.24	2.38	2.44	2.46	2.37	2.22
陕西	2.32	2.47	2.72	2.83	3.24	3.55	3.84	4.14	4.34	4.27
甘肃	2.13	2.28	2.38	2.34	2.59	3.03	3.10	3.16	3.18	3.15
青海	2.34	2.70	2.79	2.80	2.83	3.06	3.43	3.66	3.45	3.25
宁夏	5.79	6.44	6.60	6.85	7.88	10.73	11.22	11.65	11.87	11.78

资料来源：Wang S., Zhao D., Chen H. Government corruption, resource misallocation, and ecological efficiency [J]. Energy Economics, 2020, 85, 104573.

本章小结

通过本章的学习，可以了解与掌握数据包络分析的基本原理。C^2R 模型为最基本的 DEA 模型，之后几章介绍的“考虑规模报酬可变的 BC^2 模型”“可以进行全排序的超效率 DEA 模型”“考虑效率变化的 Malmquist-DEA 模型”“考虑非期望产出的 SBM 模型”等均是 C^2R 模型的延伸和拓展。

DEA 模型包含三大基本要素：决策单元、生产前沿面、规划方向。从这几章的模型中也可以发现，这三大基本要素均可以出于不同的理论假设而作出相应的调整。如 DEA 中的一个强假定为决策单元同质。如果不符合这条假定，可以将决策单元分类再进行评价，或者可以剔除异常决策单元，将其余决策单元进行评价等；也可以构建最优决策单元，使其可以实现全排序的目的。另外，决策单元也无须落在生产前沿面内，可以超出前沿面的包络范围，这样得到的评价效率会大于 1。在本篇中，规划方向均为向原点或坐标轴方向，实际操作中可以按照模型的假定来进行规划。只要使决策单元落在生产前沿面上，就可以达到帕累托最优，决策单元就会变得有效率。从这个角度来讲，DEA 模型可以有更大范围的拓展。

目前，DEA 模型的建模领域还存在以下正在探讨的问题，比如：投入或产出指标只能为整数，那么得到的投入冗余或产出亏空就不能取小数，这种情况应如何建立模型？要使得非期望产出尽可能减少，势必会使投入也减少、产出减少，如何克服这种挤出效应？经济学中定义的技术进步为中性的，可以用 Malmquist-DEA 来度量，但也有偏向型技术进步，这一概念如何用 DEA 来度量？如何评价和衡量企业内部组织网络的 DEA 效率？DEA 模型可以进行预测吗？DEA 程序的运算需要 n 次迭代，如果面对海量数据的情况，如何编程才能够提高运算效率？这些问题目前均有探讨，但尚未成熟。有兴趣的读者可以自行探讨。

| 第五章 |

多目标优化方法

多目标优化是指在一定的可决策空间内，寻找一个解决方案使得需要兼顾的多目标同时达到最优。相比于单目标规划，这种统筹兼顾的思想更常见于我们现实生活中。例如，如在修建高铁时，不仅要考虑高铁线路途经站点的人流量，还要兼顾高铁所选路线的修建成本，或者劳动者在租房时，不但希望离工作地点越近越好，同时还希望房租越便宜越好。

为了解决这类问题，经济学家帕累托（Pareto）在 1927 年首先提出多目标规划方法。1951 年，库普尔曼（Koopmans）提出多目标优化问题的帕累托有效解的概念。同年，库恩（Kuhn）和塔克（Tucker）研究了一般多目标规划问题的最优解存在的充分性和必要性条件。直至 20 世纪 70 ~ 80 年代，经过众多学者的努力研究，多目标规划的基本理论得以建立，成为一个新的学科分支。

第一节　多目标优化问题概述

一、多目标优化模型

在现实生活的规划中，很多优化问题往往涉及多个目标，这些目标通常具有不同的意义和量纲，有些目标还是竞争关系，从而使优化变得困难。一般的多目标优化问题的数学描述为：

$$\min/\max f_m(X), m=1,2,\cdots,M; X=[x_1,x_2,\cdots,x_n]$$
$$\text{s.t.}\begin{cases} g_i(X)\geqslant 0, j=1,2,\cdots,J; \\ h_k(X)=0, j=1,2,\cdots,K; \end{cases} \tag{5-1}$$

其中，$f_m(X)$ 表示目标函数，$X=[x_1,x_2,\cdots,x_n]$ 表示决策向量，$g_j(X)\geqslant 0$ 和 $h_k(X)=0$ 分别表示不等式约束条件和等式约束条件。

多目标优化问题的本质是，希望找到一组满足约束条件的决策向量，使目标函数在某一区域内极大或者极小。而使目标函数同时达到极大或者极小可能不存在，1896 年，法国经济学家帕累托提出了帕累托最优解的概念。

不同于单目标优化问题，多目标优化问题的最优解几乎是不存在的，只存在帕累托最优解，并且通常的多目标优化问题大都具有多个帕累托最优解。对实际问题而言，往往需要根据决策者或消费者的偏好，从多目标优化问题的 Pareto 解集中挑选合适的一些解作为问题的最优解，因此，求解多目标优化问题的关键是获得分布较均匀的帕累托最优解。

二、多目标优化模型的求解思想

多目标优化是一种处理不同冲突目标的决策支持工具。多目标优化问题一个传统的方法就是将其转化为单目标优化问题，然后用单目标优化方法求解。常用的转化方法有线性加权法、约束法和目标规划法等。

1. 线性加权法。将每个目标函数加权转化成单目标函数，数学表达式为：

$$\min f_m(X) = \sum_{i=1}^{k} w_i f_i(x) \tag{5-2}$$

其中，w_i 为权重。这种方法容易理解，便于计算，但是权重的设置要根据设计者的偏好，从而限制了线性加权法的应用。

2. 约束法。随机将其中的某个目标函数作为优化目标，其余的函数作为约束函数，经约束法转化为单目标问题数学表述为：

$$\begin{aligned} &\min f(X)=f_i(x) \\ &\text{s.t. } f_k(x)\leqslant \varepsilon_k, x\in X \text{ 且 } i\neq k \end{aligned} \tag{5-3}$$

该方法简单易行，缺点是需要选取合适的容许值，这往往需要先验知识，但是这些先验知识往往是未知的。

除了上述的方法外，还有很多求解多目标优化问题的方法，但是在诸多现实问题中，想要精确求得帕累托最优解集一般来说是不可能的。目前有关多目标的优化算法主要集中在如何求得帕累托解集的近似解，随之出现了仿生进化算法，比如遗传算法、蚁群算法、粒子群算法和模拟退火算法等。

3. 仿生进化算法。此类方法是解决多目标优化问题的常用算法。进化算法的出现为多目标优化问题的求解提供了新的思路，进化算法的寻优过程兼顾多向性和全局性，且进化算法可以处理所有类型的目标函数和约束，适合求解多目标进化问题。求解多目标优化问题的方法很多，基于帕累托概念的进化算法是解决多目标问题的有效手段。其中，带精英策略的非支配排序遗传算法（NSGA－Ⅱ）是多目标优化算法中表现最好的算法之一。因此，在下一节中，将着重介绍 NSGA－Ⅱ算法。

第二节　多目标优化问题的求解

一、多目标优化算法的发展

传统遗传算法主要是针对单目标问题，而实际问题中往往会遇到多个目标问题，针对传统遗传算法处理多目标问题的不足，引入多目标遗传算法。印度学者斯里尼瓦斯（Srinivas）和黛比（Deb）于 1995 年提出非支配排序遗传算法（non-dominated sorting genetic algorithm，NSGA），这是最早的非支配排序遗传算法之一。NSGA 是一种基于 Pareto 最优解且以基本遗传算法为基础的多目标遗传算法。

NSGA 算法与简单的遗传算法的主要区别在于该算法在选择算子执行之前根据个体之间的支配关系进行了分层。NSGA 分层的主要思想为：先根据目标函数值确定个体之间的支配关系，并赋予所有非支配个体一个共享的虚拟适应度值，这样就得到第一个非支配最优层；然后，排除掉已分层的个体，对剩下的种群根据支配关系进行分层，并赋予一个新的共享虚拟适应度值；重复上述操作，直到种群中所有个体都被分层。种群分层后，需要给每一层重新指定一个虚拟适应度值，个体越优，赋予的虚拟适应度值就越大；反之，就赋予较低的虚拟适应度值。这样可以保证在选择过程中虚拟适应度值高的一层有更多的机会遗传到下一代，使算法以最快的速度收敛于最优区域。

但是，NSGA 算法依然存在缺陷，主要体现在以下三个方面：

（1）非支配排序计算复杂度高。目前使用的非支配排序算法计算复杂度为 $O(MN^3)$，其中 M 为目标数，N 为种群大小。这使得 NSGA 在大种群规模时的计算成本很高。这种巨大的复杂性是由于每一代非支配排序过程所涉及的复杂性所致。

（2）缺乏精英主义。精英主义可以显著提高遗传算法的性能，也有助于防止好的解被找到后的损失。

（3）需要明确共享参数（σ_{share}）。传统的保证群体多样性以获得多种等效解的机制大多依赖于共享的概念。共享的主要问题是它需要指定一个共享参数。

为了克服这些缺陷，2002 年时，Deb 提出带精英策略的非支配排序遗传算法，新一代的 NSGA 主要针对原 NSGA 算法的缺点提出以下三方面的改进：

（1）提出了快速非支配排序方法，使算法的复杂度降到 MN^2。

（2）采用拥挤度和拥挤度比较算子，不需要指定共享参数。

（3）引入精英策略，扩大采样空间。使父代和子代种群组合，共同参与竞争产生下一代种群，容易得到更优良的下一代。

二、NSGA－Ⅱ算法的计算步骤

具体步骤如下：

（1）NSGA－Ⅱ算法首先创建一个大小为 n 的随机生成的解 P_t 种群。

（2）使用非支配排序对解进行排序。

（3）使用竞赛法、交叉和突变的个体选择创建一个新的种群 Q_t。

（4）将 P_t 和 Q_t 合并到一个大小为 2N 的新合成总体 R_t 中，并使用非支配排序方法将解排序到 R_t 中。

（5）采用最优策略，R_t的前 N 个解组成一个新总体 P_{t+1}。

（6）新的种群 Q_{t+1}使用相同的重组操作，即选择、交叉和变异。

为直观起见，绘制 NSGA－Ⅱ算法的优化过程图，如图 5－1 所示。

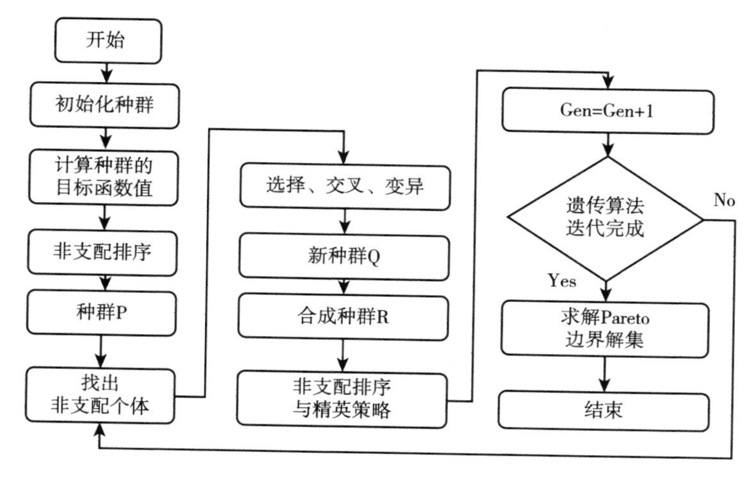

图 5－1　NSGA－Ⅱ算法求解步骤

三、NSGA－Ⅱ算法的 Matlab 实现

计算多目标优化模型推荐的软件有 Matlab。根据上述优化步骤，可以借助 Matlab 实现 NSGA－Ⅱ算法的求解，以解决多目标优化问题。由于步骤较为复杂，这里只给出伪码如下：

```
% 非支配排序：函数 sort （P）
for eachp∈P    Sp =Φ;     np =0
    Sp =Φ;     np =0          % 初始化Sp和np
    for each   q∈P
            If   q>p          % 如果 p 支配 q
            Sp =Sp∪ {q}       % 将个体 q 放入Sp中
    else np =np +1            % 将个体 q 支配 p
        if np = 0             % 如果 p 是非支配解
```

```
        i_rank = 1;                    %赋予非支配序为1
    F_1 = F_1 ∪ {p}                    %将p放入第一层非支配序集合中
      i = 1                            %初始化非支配层数为1
      F_i = Φ; Q = Φ ∈ S_p
    for each   q ∈ S_p   n_p = n_q - 1
            n_p = n_q - 1              %支配q的已经放入p中，故F_i数量减1
            if  n_p = 0                %如果q为S_p中的非支配解
            q_rank = i + 1; Q = Q ∪ {q}  i = i + 1
                                       %将q放入集合Q中，非支配序加1
    i = i + 1                          %更新非支配层
    F_i = Q                            %将集合Q放入下一层非支配序集合中
                                       % 拥挤度计算：函数crowding-distance (I)
    n = | I |                          % n为集合I的个体数目
    for each objective m
        I = sort(I,m)                  %根据每一个目标函数进行非支配排序
        I(d_1) = I(d_n) = ∞            %设置两端合体的拥挤度
    for i = 2 to (n - 1)
      I(d_i) = I(d_i) + [I(i+1).m - I(i-1).m]/(f_m^max - f_m^min)
    %I (i+1).m表示集合I中第i个个体对应于第m个目标函数的值
```

经过了排序和拥挤度计算后，每个个体i得到两个属性：非支配序i_{rank}和拥挤度i_d。当满足条件$i_{rank} < j_{rank}$或$i_{rank} = j_{rank}$且$i_d > j_d$时，i定义个体优于个体j。

四、NSGA - Ⅱ算法的应用案例

案例5 - 1　中国高新技术产业出口综合效益的优化分析

案例背景为中国高新技术产业所涉及的三个部门在出口贸易中不仅获得经济效益，同时产生了环境成本——出口隐含碳排放。为分析约束条件下出口贸易的综合效益及其最优路径，即经济效益最大化与环境成本最小化，使用多目标优化模型与NSGA - Ⅱ算法进行求解。

1. 目标函数。

（1）出口经济效益的最大化，即：

$$maxz_1 = ECO = v(I - A)^{-1}EX \tag{5-4}$$

上述公式可转化为最小化问题，即：

$$minz_1 = -ECO = -v(I - A)^{-1}EX \tag{5-5}$$

（2）贸易隐含碳排放最小化，即：

$$minz_2 = CO_2 = c(I - A)^{-1}EX \tag{5-6}$$

同时，我们考虑对高新技术产业出口的经济效益最大化和隐含碳排放最小化两个目标赋予权重，即：

$$F = \lambda_1 z_1 + \lambda_2 z_2 \tag{5-7}$$

其中，λ_1和λ_2表示两个目标的权重。考虑到经济与环境的均衡发展，我们对经济效益最大化和隐含碳排放最小化赋予相同的权重λ_1。由于存在两个目标，对两个目标的权重λ进行归一化处理后，得到权重值为$\lambda_1 = \lambda_2$。

2. 约束条件。

（1）一般均衡约束。一般均衡约束指投入产出模型的平衡，即每个部门的产出和进口总和（总供给）必须等于中间消费和最终需求之和（总需求），即：

$$X + IMP = AX + F \tag{5-8}$$

其中，X、IMP分别表示各部门的产出和进口，AX、F分别表示中间消费和最终需求。由于王等（Wang et al., 2020）的研究投稿时WIOT数据库最新数据仅更新到2011年，因此以2011年为基期进行分析，则上述公式可变形为：

$$F = (I - A + imp)X \geqslant F_{2011} \tag{5-9}$$

其中，F表示高新技术产业三个部门的最终需求向量，F_{2011}表示2011年的最终需求向量，I表示单位矩阵，A表示直接消耗系数矩阵，imp表示进口系数的对角矩阵，X表示各部门的产出向量。

（2）经济增长约束。中国经济已由高速增长阶段转向高质量发展阶段，同时，中国人民银行货币政策委员会将增长速度高低与所处增长阶段潜在增长率挂钩，指出高速增长阶段7%是低速度，中速增长阶段5%以上是高速度。立足于中国经济高质量发展阶段，坚持中高速发展的理念，假设中国高新技术产业第 t+1 年的出口使本国获得的经济收益至少比第 t 年增长5%，则：

$$\frac{z_{1(t+1)}-z_{1(t)}}{z_{1(t)}}\geqslant 5\% \tag{5-10}$$

（3）碳排放约束。中国政府的目标是到2020年时将碳排放强度在2005年的基础上降低40%～45%。因此，中国高新技术产业的技术出口所产生的贸易隐含碳排放最低下降40%，这意味着到2020年时，高新技术产业三个部门的贸易隐含碳排放强度在2005年的基础上至少下降40%，则：

$$c_{2020}\leqslant(1-40\%)c_{2005} \tag{5-11}$$

其中，c2020是一个1×3的行向量，表示2020年时高新技术产业各部门的碳排放强度；c2005是一个1×3的行向量，表示2005年时高新技术产业各部门的碳排放强度。

（4）技术水平约束。在多目标优化模型中，通过高新技术产业出口使本国获得一单位经济效益所引起的贸易隐含碳排放来衡量低碳技术水平。若高新技术产业某部门出口使本国获得一单位经济效益所引起的隐含碳排放减少，则表明该部门技术水平进步。由于WIOT数据库最新数据更新到2011年，因此以2011年为基期，假设各部门的技术水平在2011年的基础上分别有不同程度的进步，则：

$$tech_{2020}=\frac{C}{V}\leqslant tech_{2011} \tag{5-12}$$

其中，$tech_{2020}$为1×3的行向量，表示2020年高新技术产业三个部门的技术水平；C和V为1×3的行向量，分别表示2020年高新技术产业出口的环境成本与工业部门增加值；$tech_{2011}$为1×3的行向量，表示2011年高新技术产业三个部门的技术水平。

（5）非负约束。高新技术产业的出口额为正，即EX ≥0。

综合上述公式，最终可以得到最优化模型，如式（5-13）所示。

$$
\begin{cases}
F = 0.5z_1 + 0.5z_2 = -0.5v(I-A)^{-1}EX + 0.5c(I-A)^{-1}EX \\
\min z_1 = -ECO = -v(I-A)^{-1}EX \\
\min z_2 = CO_2 = c(I-A)^{-1}EX
\end{cases}
$$

$$
s.t.\begin{cases}
F = (I-A+imp)X \geqslant F_{2011} \\
\dfrac{z_{1(t+1)} - z_{1(t)}}{z_{1(t)}} \geqslant 5\% \\
c_{2020} \leqslant 60\% c_{2005} \\
tech_{2020} \leqslant tech_{2011} \\
EX \geqslant 0
\end{cases} \tag{5-13}
$$

中国高新技术产业出口综合效应及其动态最优路径的结果如图 5－2 所示。

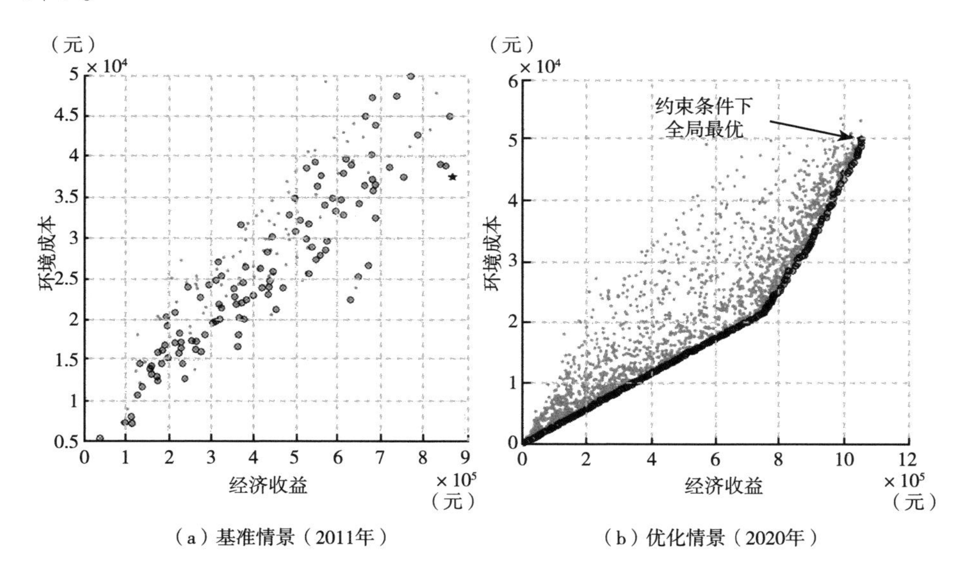

（a）基准情景（2011年）　　（b）优化情景（2020年）

图 5－2　出口综合效益最大化的动态最优路径

其中，图 5－2（a）表示基期（2011 年）出口产生的经济效益与环境成本，图 5－2（b）表示均衡情景（2020 年）出口产生的经济效益与环境成本。本教材发现经济效益与环境成本成正相关关系，即经济效益增长伴随着隐含碳排放增加，且这种正相关关系分为低经济效益、高经济效益、超高经济效益三个阶段，如图 5－2（b）所示：一是低经济效益阶段，经济效益与隐含碳排放之间的斜率较小，此时出口产生的边际隐含碳排放较少。二是高经济效益阶段，经济效益与隐含碳排放之间的斜率较大，此时出口产生的边际隐含碳排放较多。当经济效益达到全局最优时（图5－2（b）中箭头所指的位置），实现了出口综合效益最大化的目标。三是超高经济效益阶段，继续增加出口则会产生超额隐含碳排放，阻碍经济与环境之间的可持续发展。

在约束条件下，模型估计的优化结果如表5－1所示。从技术水平来看，2020年，三个部门的技术水平相比2011年分别减少了0.0616千吨/百万美元、0.0371千吨/百万美元、0.0593千吨/百万美元，而隐含碳排放则较2005年时分别下降了49.70%、55.07%、45.70%。达到中国政府的减排目标，即2020年碳排放强度在2005年的基础上降低了40%～45%。

表5－1　　中国高新技术产业出口综合效益最大化的优化结果

基准与优化情景		机械产品	电子与光学设备	运输设备
基准情景（2011年）	经济收益（百万美元）	56 153.61	199 544.90	33 008.89
优化情景（2020年）	经济收益（百万美元）	169 927.53	741 771.83	142 659.35
基准情景（2011年）	环境成本（千吨）	9 503.90	11 036.00	5 185.30
优化情景（2020年）	环境成本（千吨）	18 745.44	19 119.19	12 254.37
基准情景（2011年）	技术水平（千吨/百万美元）	0.1692	0.0553	0.1571
优化情景（2020年）	技术水平（千吨/百万美元）	0.1076	0.0182	0.0978
基准情景（2011年）	碳强度（千吨/百万美元）	0.0996	0.0227	0.0803
优化情景（2020年）	碳强度（千吨/百万美元）	0.0524	0.0103	0.0473

资料来源：根据WIOT数据库进行测算。

将2020年的全局最优解与基期2011年数据进行比较，发现中国高新技术产业三个部门对经济效益与环境成本的影响存在差异。如图5－3所示，2020年时电子与光学设备部门因其较高生产技术水平与较低碳排放强度的部门特征，对高新技术产业的经济效益贡献比例最大，由基期的69.12%增长到优化后的70.35%，且该部门的碳排放比例由基期的42.90%下降到优化后的38.15%。由此可知，电子与光学设备部门促进了经济效益的增长并减少了隐含碳排放，有效优化了产业结构。相比之下，优化后机械产品部门和运输设备部门在技术水平提高的基础上，对经济效益的贡献比例较小，而碳排放比例却未减少，因此还需进一步通过技术水平的提高，降低碳排放强度，从而有效减少隐含碳排放量。

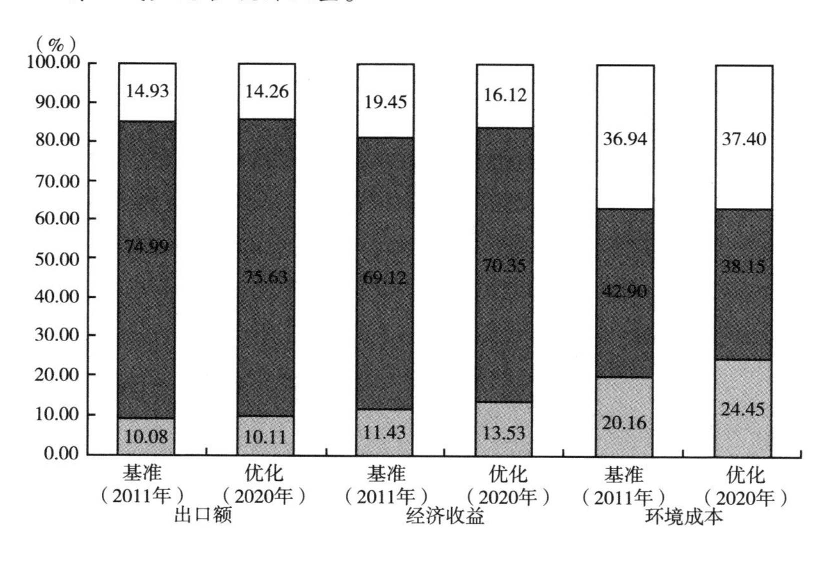

图5-3　优化后中国高新技术产业的出口结构

资料来源：Wang S. H., Tang Y., Du Z. H., Song M. L. Export trade, embodied carbon emissions, and environmental pollution: An empirical analysis of China's high-and new-technology industries [J]. Journal of Environmental Management, 2020, 276, 110371.

本章小结

本章介绍了多目标优化问题的求解思想和非支配排序遗传算法的基本原

理及具体实现过程，分析了初代非支配排序遗传算法的优缺点，并介绍了针对初代 NSGA 的缺陷改进后的带精英策略非支配排序遗传算法的特点。同时，本章介绍了 NSGA - Ⅱ算法的基本原理和具体实现过程。通过具体的案例分析，针对经济效益最大化与环境成本最小化的双目标问题设置五个现实约束，并使用 NSGA - Ⅱ求解该多目标多约束问题，将算法应用于解决重要的现实问题，具有实际意义。

第六章

投入产出分析方法

投入产出分析法是用以研究和反映国民经济各部门或各系统的投入与产出关系（属于一种功能关系）的一种经济分析方法。既可用以表现整个国家经济的情况，也可用以表现某一地区、某一部门或某一企业的经济情况。不论采用投入产出表，还是采用投入产出数学模型，均可反映出各个生产部门之间的相互依存关系。因此，该法可用于经济分析、计划论证和经济预测中。如分析各部门间的经济活动、经济动态、生产结构、成本、价格等，为制定经济发展计划和预测经济发展趋势服务。

1936 年，里昂惕夫（Leontief）发表了《美国经济体系中的投入产出的数量关系》，奠定了投入产出法的理论基础。其后又相继出版了《美国经济结构 1919～1929》和《美国经济结构研究》，逐步完善了投入产出方法。目前，投入产出分析法的主要应用于产业关联效应、经济发展预测及贸易环境成本测度等。

第一节　基本投入产出模型

一、基本投入产出分析假定

任何一个产业的产出都是来源于其他产业或产业本身的投入。一般来说，产出水平取决于所有 n 个产业共同的投入需求。同时，“正确”的产出水平是以满足生产技术上的投入—产出关系为前提，而不是仅仅为了满足市场均衡条件。

Leontief 投入产出模型存在以下假定：

（1）每个产业仅生产一种同质的产品。

（2）每个产业用固定的投入比例或要素组合进行生产。

（3）每一产业的生产规模报酬不变。

二、基本投入产出分析模型构建

1. 投入产出表。所谓投入，是指产品生产过程中消耗的原材料、燃料、固定资产和劳动力的投入；产出是指产品生产的总量及其分配使用的方向和数量，包括生产消费（中间产品）、生活消费、积累和净出口等。生产过程就是投入与产出关系的客观反映，一定时期内产品的产出受投入的影响。投入与产出的数量关系可以通过投入产出表进行反映。投入产出表可以按实物形态编制，也可以按价值形态编制。按实物形态编制的投入产出表叫实物表，按价值形态编制的投入产出表叫价值表，两者基本结构形式是相同的，它们之间只差一个价格因素。

假设把国民经济划分为 n 个部分，以 X_1，X_2，…，X_n表示各部门产品的总价值量（指单位时间内的产品价值量），也被称作总产品。Y_i（$i=1,2,\cdots,n$）表示 i 部门的最终产品，即 i 部门分配给居民个人消费和社会团体消费的产品，以及生产和非生产性积累、储蓄、出口等方面的产品，即 i 部门的总产品中扣除给其他部门及本部门作生产用的产品之外不参加生产周转的那一部分产品。X_{ij}（$i=1,2,\cdots,n$；$j=1,2,\cdots,n$）表示 i 部门分配给 j 部门的产品，或 j 部门在生产过程中对 i 部门产品的消耗，称为部门间流量或叫中间产品。其中，X_{ii}（$i=1,2,\cdots,n$）表示 i 部门的产品中留在本部门作生产使用的那部分产品，V_j表示 j 部门劳动者的报酬，即工资总额。M_j表示 j 部门为社会的劳动创造的价值，即纯收入。

为了直观地展现部门间的投入产出关系，列出价值形态的投入产出表如表 6－1 所示。

表 6－1　　　　　　　　　　　　**价值形态的投入产出表**

项目		中间产品							最终产品				总产品
		1	2	…	j	…	n	合计	消费	储蓄	出口	总计	
物质消耗	1	X_{11}	X_{12}	…	X_{1j}	…	X_{1n}		Y_{11}	Y_{12}	Y_{13}	Y_1	X_1
	2	X_{21}	X_{22}	…	X_{2j}	…	X_{2n}		Y_{21}	Y_{22}	Y_{23}	Y_2	X_2
	…	…	…	…	…	…	…		…	…	…	…	…
	i	X_{i1}	X_{i2}	…	X_{ij}	…	X_{in}		Y_{i1}	Y_{i2}	Y_{i3}	Y_i	X_i
	…	…	…	…	…	…	…		…	…	…	…	…
	n	X_{n1}	X_{n2}	…	X_{nj}	…	X_{nn}		Y_{n1}	Y_{n2}	Y_{n3}	Y_n	X_n
	合计												
新创造价值	劳动报酬	V_1	V_2	…	V_j	…	V_n						
	社会纯收入	M_1	M_2	…	M_j	…	M_n			（Ⅰ）	（Ⅱ）		
	合计	Z_1	Z_2	…	Z_j	…	Z_n				（Ⅲ）	（Ⅳ）	
	总产值	X_1	X_2	…	X_j	…	X_n						

第Ⅰ部分是由 n 个物质生产部门纵横交错组成。横行和纵列由对应的相同生产部门组成，该部分反映了国民经济各物质生产部门之间的生产分配关系，即各物质生产部门之间的投入产出关系，是我们对各部门的投入产出进行分析和利用数学工具进行平衡计算的重要依据。第Ⅱ部分是第Ⅰ部分在水平方向的延伸，反映各物质生产部门的总产品中可供社会最终消费使用的产品及其使用情况。第Ⅲ部分是第Ⅰ部分在垂直方向的延伸，反映各物质生产部门新创造的价值，也反映了国民收入的初次分配构成。第Ⅳ部分目前尚未列出，有待进一步研究。

2. 基本平衡方程式。从投入产出表的横行看，每一生产部门分配给纵列各部门的产品加上最终产品等于该部门的总产品，可得下列方程式：

$$\begin{cases} X_{11}+X_{12}+\cdots+X_{1n}+Y_1=X_1 \\ X_{21}+X_{22}+\cdots+X_{2n}+Y_2=X_2 \\ \qquad\cdots \\ X_{n1}+X_{n2}+\cdots+X_{nn}+Y_n=X_n \end{cases} \tag{6-1}$$

上述方程式即产品平衡方程式，也可写成：

$$\sum_{j=1}^{n} X_{ij} + Y_i = X_i, i = 1, 2, \cdots, n \quad (6-2)$$

从投入产出表的纵列看，对纵列的每一生产部门来说，各生产部门对其提供的生产性消耗，即生产性投入，加上该部门新创造的价值等于它的总产品，可得以下方程式：

$$\begin{cases} X_{11} + X_{21} + \cdots + X_{n1} + Z_1 = X_1 \\ X_{12} + X_{22} + \cdots + X_{n2} + Z_2 = X_2 \\ \cdots \\ X_{1n} + X_{2n} + \cdots + X_{nn} + Z_n = X_n \end{cases} \quad (6-3)$$

上述方程式即消耗平衡方程式，也可写成：

$$\sum_{i=1}^{n} X_{ij} + Z_j = Y_j, j = 1, 2, \cdots, n \quad (6-4)$$

3. 产业关联效应。从各产业之间的投入与产出关系来看，某一产业与其他产业的产业关联效应可分为前向关联效应和后向关联效应。前向关联效应是指某一产业对直接或间接使用该产业产品或服务的产业而产生的供给推动效应，即某产业的产出对其他产业的带动效应。后向关联效应是指某一产业直接或间接使用其他产业产品或服务，而对其他产业产生的需求拉动效应，即某产业的投入对其他产业的带动效应。在投入产出表中，前向关联效应可以用直接分配系数和完全分配系数表示，后向关联效应可以用直接消耗系数和完全消耗系数表示，即：

$$c_{ij} = X_{ij}/X_i, i = 1, 2, \cdots, n; j = 1, 2, \cdots, n \quad (6-5)$$

其中，c_{ij}表示直接分配系数，是 i 部门的产品 X_i 分配使用在 j 产业部门的比例，当 $i = 1, 2, \cdots, n$；$j = 1, 2, \cdots, n$ 时，X_{ij}表示 i 部门提供给 j 产业部门中间使用的产品数量；当 $i = 1, 2, \cdots, n$；$j = n+1, n+2, \cdots, n+q$ 时，X_{ij}表示 i 部门提供给 j 产业部门最终使用的产品数量；q 表示最终使用的种类数，最终使用的项目包括消费、投资、出口等。直接分配系数越大，表明 i 部门与 j 部门的前向关联效应越大。

$$d_{ij} = c_{ij} + \sum_{k=1}^{n} d_{ik}c_{kj}, i = 1,2,\cdots,n; j = 1,2,\cdots,n \tag{6-6}$$

其中，d_{ij}表示完全分配系数，表示 i 部门每生产一单位产品，对各产业部门的直接分配和间接分配的总和。c_{ij}表示直接分配系数，$\sum_{k=1}^{n} d_{ik}c_{kj}$ 表示间接分配系数，即通过第 k 种中间产品而形成的生产单位 i 产品对 j 产品的全部间接分配量。

直接消耗是指某部门的产品在生产过程中直接对另一部门产品的消耗。例如，炼钢过程中消耗的电力就是钢产业对电力产业的直接消耗。用数学形式表示为：

$$a_{ij} = X_{ij}/X_j, i = 1,2,\cdots,n; j = 1,2,\cdots,n \tag{6-7}$$

其中，a_{ij}为直接消耗系数，表示 j 部门生产单位产品消耗 i 部门产品的数量，X_j表示 j 部门的总投入。直接消耗系数值越大，说明 j 部门与 i 部门的后向直接关联效应越大；反之，说明 j 部门与 i 部门联系越松散；$a_{ij} = 0$，则说明 j 部门与 i 部门没有直接的生产技术联系。直接消耗系数是一个综合性技术经济指标，影响因素众多。因此，直接消耗系数不会一成不变，但同时又具有相对稳定性。

直接消耗系数构成一个 n 阶方阵，即直接消耗系数矩阵：

$$A = \begin{bmatrix} a_{11} & a_{12} & \cdots & a_{1n} \\ a_{21} & a_{22} & \cdots & a_{2n} \\ \vdots & \vdots & \vdots & \vdots \\ a_{n1} & a_{n2} & \cdots & a_{nn} \end{bmatrix} \tag{6-8}$$

各物质生产部门之间除存在直接消耗关系外，还存在间接消耗。如炼钢过程中消耗电力这是钢产业对电力产业的直接消耗；炼钢同时还要消耗铁、焦炭、冶金设备等，而炼铁、炼焦、制造冶金设备的生产制造也需要消耗电力，这就是钢产业对电力的一次间接消耗。继续分析下去，还可以找出钢对电力的二次、三次等多次间接消耗。因此，要充分掌握部门间的相互联系，必须研究产业间的完全消耗。

完全消耗系数表示第 j 部门生产单位产品对第 i 部门产品的完全消耗量，

用数学形式表示为：

$$b_{ij} = a_{ij} + \sum_{k=1}^{n} b_{ik} a_{kj}, i = 1,2,\cdots,n; j = 1,2,\cdots,n \tag{6-9}$$

其中，b_{ij}为完全消耗系数，表示 j 部门每生产一单位产品对各产业部门产品的直接消耗和间接消耗的总和。a_{ij}表示直接消耗系数，$\sum_{k=1}^{n} b_{ik} a_{kj}$ 表示间接消耗系数，即通过第 k 种中间产品而形成的生产单位 j 产品对 i 产品的全部间接消耗量。

完全消耗系数构成一个 n 阶方阵，即完全消耗系数矩阵

$$B = \begin{bmatrix} b_{11} & b_{12} & \cdots & b_{1n} \\ b_{21} & b_{22} & \cdots & b_{2n} \\ \vdots & \vdots & \vdots & \vdots \\ b_{n1} & b_{n2} & \cdots & b_{nn} \end{bmatrix} \tag{6-10}$$

完全消耗系数矩阵的计算由下列公式给出：

$$B = (I - A)^{-1} - I \tag{6-11}$$

其中，A 为直接消耗系数矩阵，I 为 n 阶单位矩阵，I - A 为系数矩阵，称作 Leontief 矩阵，$(I - A)^{-1}$为系数逆矩阵，又称 Leontief 逆矩阵。

4. 投入产出模型基本形式。由直接消耗系数的计算公式可知：

$$X_{ij} = a_{ij} \times X_j \tag{6-12}$$

将式（6-12）代入产品平衡关系式得：

$$\sum_{j=1}^{n} a_{ij} X_j + Y_i = X_i, i = 1,2,\cdots,n \tag{6-13}$$

写作矩阵形式为：

$$AX + Y = X \tag{6-14}$$

$$X = \begin{bmatrix} X_1 \\ X_2 \\ \vdots \\ X_n \end{bmatrix}, Y = \begin{bmatrix} Y_1 \\ Y_2 \\ \vdots \\ Y_n \end{bmatrix} \tag{6-15}$$

X 表示总产品列向量，Y 表示最终产品列向量。

由式（6－14）可知：

$$Y = (I - A)X \tag{6-16}$$

该式为国民经济各部门的总产品和最终产品之间数量关系模型。

同理，将式（6－12）代入消耗平衡方程式得：

$$\sum_{i=1}^{n} a_{ij}X_j + Z_j = X_j, j = 1, 2, \cdots, n \tag{6-17}$$

写作矩阵形式为：

$$DX + Z = X \tag{6-18}$$

$$D = \begin{bmatrix} \sum_{i=1}^{n} a_{i1} & 0 & \cdots & 0 \\ 0 & \sum_{i=1}^{n} a_{i2} & \cdots & 0 \\ \vdots & \vdots & \vdots & \vdots \\ 0 & 0 & \cdots & \sum_{i=1}^{n} a_{in} \end{bmatrix}, Z = \begin{bmatrix} Z_1 \\ Z_2 \\ \vdots \\ Z_n \end{bmatrix} \tag{6-19}$$

其中，D 称作中间投入系数矩阵，对角线上的元素 $\sum_{i=1}^{n} a_{ij}, j = 1, 2, \cdots, n$ 表示 j 部门的总产值中物质消耗所占的比重，即 j 部门生产单位产品消耗 n 个部门产品之和。

由式（6－18）可知：

$$Z = (I - D)X \tag{6-20}$$

该式为国民经济各部门净产值与总产值之间的数量关系模型。式（6－16）与式（6－20）为投入产出基本模型。

三、基本投入产出模型的 Matlab 实现

直接消耗系数与完全消耗系数的 Matlab 实现如图 6－1 所示。

```
clear                                                   %清除原有变量存储
clc                                                     %清屏
[FilenamePathname]=uigetfile({'*.xls'},';               %选择相关数据文件
str= [Pathname Filename];                               %定义文件地址和路径
[~, ~, raw] = xlsread (str);                            %读取所选文件中行列以及值
for i = 1 : numel (raw)
if isnan (raw {i}) raw {i} = '';end;
end;                                                    %对表中的空值进行处理
set(handles.uitable1,'ColumnName',
raw(1,2:end),'RowName',raw(2:end,1),'data',
raw(2:end,2:end) ,... 'ColumnEditable',true)            %设置行列属性,将获得的数据保存在Uitable中
table1_data = get (handles.uitable1,'data');            %获取Uitable中数据值
a=table1_data (1:n,1:n) ;                               %产业部门中间使用部分数据
b=table1_data (n+5,1:n) ;                               %产品部门的总投入数据
for i=1:n                                               %循环求值过程
for j=1:n
c {i,j} =a {i,j} /b {1,j} ;                             %计算直接消耗系数
end
g=c;                                                    %定义的全局变量，主要是为其他系数求解过程中调用
global g;                                               %调用直接消耗系数全局变量
takemessage (hObject, eventdata, handles) ;
I=eye (size (g)) ;                                      %构建与g相同维度的单位矩阵
w=cell2mat (g) ;                                        %将g由元胞数组转化为矩阵
b1=inv (I–w) ;                                          %计算完全需要系数
I=eye (size (b1)) ;
```

图 6-1　直接消耗系数与完全消耗系数的 Matlab 实现

直接分配系数与完全分配系数的 Matlab 实现如图 6-2 所示。

```
table1_data = get (handles.uitable1,'data');            %获取uitable中数据值
a=table1_data (1:n,1:n) ;                               %产业部门中间使用部分数据
b=table1_data (1:n,n+5) ;                               %产品部门的总产出数据
for i=1:n                                               %循环求值过程
for j=1:n
d {i,j} =a {i,j} /b {i,1} ;                             %计算直接分配系数
end
g=c;                                                    %定义的全局变量，主要是为其他系数求解过程中调用
end
global g;                                               %调用直接分配系数全局变量
takemessage (hObject, eventdata, handles) ;
I=eye (size (g)) ;                                      %构建与g相同维度的单位矩阵
w=cell2mat (g) ;                                        %将g由元胞数组转化为矩阵
b1=inv (I–w) ;                                          %计算完全感应系数
I=eye (size (b1)) ;
z1=b1–I                                                 %计算完全分配系数
```

图 6-2　直接分配系数与完全分配系数的 Matlab 实现

四、投入产出分析法的应用案例

案例6-1　我国信息通信技术（ICT）产业分析

案例应用2011年投入产出表对中国、越南、美国、日本四个国家的ICT产业关联效应进行分析，投入产出表来自OECD网站。为研究ICT产业的整体效应，对投入产出表中的计算机、电子和光学设备（C30）、邮政和通信（C64）、计算机相关服务（C72）三个行业做合并处理，将原有的投入产出表由34×34矩阵整合为32×32矩阵。

表6-2通过直接消耗系数和完全消耗系数反映ICT产业的后向产业关联效应，即ICT产业的投入对其他产业的需求带动效应。从表6-2中可以看出，与其他产业相比，ICT产业自身的消耗系数较大，也就是说，ICT产业与其自身具有较强的后向产业关联，对ICT产品和服务的消耗多数来自ICT产业自身发展的需要，特别是计算机、通信设备、电信服务的生产过程需要大量使用电子元件、电子器件、软件等产品和服务。同时，以中国、越南为发展中国家代表，美国、日本为发达国家代表，我们发现，发展中国家ICT产业的自身关联效应比发达国家更高，这主要是因为发达国家ICT产业全球领先，处于产业链和价值链最高端，产业竞争力较强，生产单位ICT产品需要的ICT投入较小；而发展中国家ICT产业处于产业链和价值链的中低端，生产单位ICT产品需要的ICT投入较多。另外，ICT产业对服务业的依赖程度高于工业和农业。具体来说，ICT产业对研发、批发零售、运输仓储等轻资产的服务需求较强，对机械设备等重资产的需求较弱，这表明ICT产业为轻资产行业。

表6-2　我国信息通信技术（ICT）产业的后向产业关联

产业	直接消耗				完全消耗			
	中国	越南	美国	日本	中国	越南	美国	日本
农林牧渔业	0.001	0.000	0.000	0.000	0.052	0.044	0.002	0.006
采矿业	0.002	0.004	0.000	0.000	0.145	0.153	0.013	0.024
食品、饮料和烟草制品业	0.005	0.001	0.000	0.002	0.048	0.014	0.003	0.012
纺织、皮革和制鞋业	0.006	0.001	0.000	0.002	0.046	0.006	0.001	0.004
木材及其加工业	0.002	0.001	0.002	0.000	0.027	0.006	0.003	0.002
造纸、印刷和出版业	0.015	0.012	0.007	0.026	0.055	0.053	0.017	0.051

续表

产业	直接消耗				完全消耗			
	中国	越南	美国	日本	中国	越南	美国	日本
焦炭、石油和核燃料加工业	0.007	0.052	0.001	0.004	0.073	0.238	0.008	0.025
化学原料和制品制造业	0.035	0.046	0.005	0.008	0.174	0.213	0.015	0.031
橡胶和塑料制品业	0.037	0.013	0.003	0.007	0.122	0.065	0.008	0.026
其他非金属矿物制品业	0.016	0.010	0.002	0.007	0.045	0.039	0.003	0.012
金属冶炼和压延加工业	0.028	0.020	0.005	0.030	0.180	0.198	0.024	0.105
金属制品业	0.016	0.040	0.013	0.008	0.055	0.115	0.022	0.015
机械设备制造业	0.015	0.022	0.004	0.003	0.078	0.060	0.011	0.008
电器机械和器材制造业	0.049	0.013	0.005	0.006	0.120	0.049	0.008	0.010
汽车制造业	0.008	0.002	0.001	0.000	0.052	0.007	0.006	0.005
其他交通运设备制造业	0.002	0.000	0.001	0.000	0.010	0.002	0.002	0.001
废弃资源综合利用业	0.004	0.000	0.001	0.007	0.021	0.010	0.003	0.012
电力、燃气及水的生产供应	0.012	0.006	0.002	0.016	0.087	0.035	0.005	0.040
建筑业	0.001	0.018	0.002	0.004	0.005	0.059	0.005	0.011
批发和零售业	0.056	0.102	0.037	0.059	0.149	0.295	0.069	0.126
住宿和餐饮业	0.008	0.003	0.006	0.026	0.032	0.016	0.011	0.041
交通运输和仓储业	0.026	0.020	0.010	0.017	0.093	0.058	0.024	0.041
金融业	0.033	0.019	0.011	0.008	0.098	0.054	0.036	0.024
房地产业	0.011	0.012	0.014	0.012	0.037	0.043	0.028	0.021
机器和设备租赁业	0.000	0.000	0.006	0.006	0.002	0.002	0.010	0.013
研发和其他商务服务业	0.042	0.004	0.080	0.072	0.131	0.021	0.134	0.120
公共管理、国防和社会保障	0.000	0.001	0.005	0.002	0.002	0.003	0.009	0.003
教育	0.002	0.001	0.004	0.002	0.006	0.002	0.007	0.003
卫生和社会工作	0.001	0.000	0.001	0.001	0.005	0.000	0.001	0.001
其他社会及私人服务业	0.005	0.003	0.023	0.004	0.021	0.012	0.041	0.013
家庭雇佣服务	0.000	0.000	0.000	0.000	0.000	0.000	0.000	0.000
ICT 产业	0.311	0.346	0.151	0.154	0.508	0.577	0.196	0.220

表6-3通过分配系数反映ICT产业的前向产业关联效应，即ICT产业对直接或间接使用ICT产品或服务的产业产生的供给推动效应。ICT产业与服务业的前向关联效应较强，这是因为ICT产业生产的计算机、通信设备及服务、互联网、软件等产品和服务作为中间产品和服务，在服务业的生产过程中使用比例较高。具体来说，研发和其他商务服务业，公共管理、国防、社会保障业，批发和零售业，金融业，交通运输和仓储业，与

ICT 产业前向关联明显。ICT 产业与部分工业的前向关联效应较强，这与新一代信息通信技术的快速发展密不可分，ICT 技术向传统产业的逐渐渗透，使互联网、物联网在工业生产中的需求日益增多，从单机数控、工控系统，到 ERP、MES 等管理软件，再到工业电子商务、工业互联网，工业与 ICT 技术的融合从单点应用向全面的数字化、网络化、智能化转型。具体来说，ICT 产业与机械设备制造、电气机械和器材制造业、汽车制造业的前向关联效应较为明显。

表 6－3　　　　我国信息通信技术产业的前向产业关联

产业	直接分配				完全分配			
	中国	越南	美国	日本	中国	越南	美国	日本
农林牧渔业	0.006	0.003	0.001	0.001	0.030	0.057	0.008	0.006
采矿业	0.006	0.001	0.003	0.000	0.036	0.017	0.012	0.001
食品、饮料和烟草制品业	0.005	0.003	0.006	0.003	0.043	0.060	0.028	0.020
纺织、皮革和制鞋业	0.005	0.003	0.001	0.000	0.043	0.051	0.003	0.002
木材及其加工业	0.001	0.001	0.001	0.000	0.013	0.007	0.003	0.001
造纸、印刷和出版业	0.003	0.005	0.016	0.002	0.015	0.024	0.034	0.007
焦炭、石油和核燃料加工业	0.002	0.005	0.001	0.001	0.022	0.026	0.018	0.016
化学原料和制品制造业	0.008	0.004	0.007	0.008	0.054	0.038	0.024	0.032
橡胶和塑料制品业	0.002	0.002	0.002	0.002	0.029	0.028	0.008	0.011
其他非金属矿物制品业	0.002	0.002	0.001	0.001	0.030	0.020	0.004	0.005
金属冶炼和压延加工业	0.007	0.002	0.003	0.004	0.073	0.022	0.013	0.031
金属制品业	0.003	0.002	0.005	0.003	0.019	0.025	0.014	0.008
机械设备制造业	0.023	0.017	0.008	0.017	0.091	0.045	0.018	0.040
电器机械和器材制造业	0.032	0.037	0.003	0.009	0.089	0.096	0.006	0.017
汽车制造业	0.010	0.004	0.011	0.010	0.063	0.021	0.033	0.047
其他交通运设备制造业	0.006	0.019	0.014	0.002	0.020	0.061	0.024	0.005
废弃资源综合利用业	0.002	0.001	0.004	0.001	0.010	0.015	0.009	0.005
电力、燃气及水的生产供应	0.006	0.002	0.001	0.009	0.035	0.010	0.004	0.026
建筑业	0.027	0.007	0.010	0.015	0.113	0.097	0.029	0.044
批发和零售业	0.017	0.073	0.046	0.065	0.051	0.174	0.086	0.112
住宿和餐饮业	0.002	0.002	0.009	0.009	0.011	0.013	0.024	0.026
交通运输和仓储业	0.005	0.009	0.007	0.010	0.026	0.030	0.021	0.026

续表

产业	直接分配				完全分配			
	中国	越南	美国	日本	中国	越南	美国	日本
金融业	0.015	0.026	0.052	0.032	0.036	0.050	0.107	0.050
房地产业	0.012	0.011	0.016	0.002	0.037	0.026	0.040	0.017
机器和设备租赁业	0.001	0.000	0.004	0.001	0.002	0.001	0.007	0.003
研发和其他商务服务业	0.055	0.003	0.068	0.050	0.122	0.010	0.107	0.073
公共管理、国防和社会保障	0.018	0.019	0.109	0.030	0.041	0.037	0.165	0.049
教育	0.010	0.006	0.014	0.005	0.024	0.012	0.025	0.010
卫生和社会工作	0.003	0.009	0.030	0.018	0.013	0.016	0.061	0.042
其他社会及私人服务业	0.006	0.011	0.017	0.022	0.018	0.022	0.033	0.036
家庭雇佣服务	0.000	0.000	0.000	0.000	0.000	0.000	0.000	0.000
ICT 产业	0.311	0.346	0.151	0.154	0.508	0.577	0.196	0.210

第二节 环境账户的投入产出模型

一、多区域投入产出表

多区域投入产出表的基本框架如表6-4所示。在表6-4中，假设世界共有G个经济体、N个部门，其中包括q个国家（地区）以及由其他未被覆盖的国家（地区）合并成的“世界其他地区”（the rest of world，ROW）。

表6-4　价值形态的多区域投入产出表

		中间产品				最终产品				总产出
		国家1	…	国家q	ROW	国家1	…	国家q	ROW	
中间投入	国家1	Z^{11}	…	Z^{1q}	Z^{1R}	Y^{11}	…	Y^{1q}	Y^{1R}	X^{1}
	…	….	…	…	…	…	…	…	…	…
	国家q	Z^{q1}	…	Z^{qq}	Z^{qR}	Y^{q1}	…	Y^{qq}	Y^{qR}	X^{q}
	ROW	Z^{R1}	…	Z^{Rq}	Z^{RR}	Y^{R1}	…	Y^{Rq}	Y^{RR}	X^{R}
增加值		V^{1}	…	V^{q}	V^{R}					
总投入		X^{1}	…	X^{q}	X^{R}					

二、环境账户的投入产出模型构建

多区域投入产出（MRIO）模型假设一个经济体包括 G 个国家（地区）、N 个部门，从使用去向来看，一国的总产出均以中间品或最终品的消费在国内和国外使用，根据产品的使用去向，MRIO 模型可表示为：

$$X_s = \sum_{r=1}^{G} (A_{sr}X_r + Y_{sr}), r, s = 1, 2, \cdots, G \tag{6-21}$$

其中，X_s代表 s 国各部门总产出；Y_{sr}代表 s 国各部门总产出中用于满足 r 国各部门需求的最终产品；A_{sr}为直接消耗系数，代表 r 国各部门单位总产出消耗的 s 国各部门中间产品；$A_{sr}X_{sr}$代表 s 国各部门总产出中出口至 r 国各部门的中间产品。

该公式也可涵盖所有国家和地区，用矩阵形式表示为：

$$X = AX + Y \tag{6-22}$$

其中，X 为 $GN \times 1$ 的总产出矩阵，元素 X_s为 $N \times 1$ 的列向量；矩阵 A 为 $GN \times GN$ 的直接消耗系数矩阵，元素 A_{sr}为 $N \times N$ 的矩阵；Y 为 $GN \times 1$ 的最终产品矩阵，元素 Y_s为 $N \times 1$ 的列向量。

对方程进行适当变形得到：

$$X = (I - A)^{-1}Y = LY \tag{6-23}$$

其中，I 为 $GN \times GN$ 的单位矩阵，L 为 $GN \times GN$ 的 Leontief 逆矩阵，也被称为完全需求矩阵，元素 L_{st}为国家 t 各行业额外生产一单位最终产品对国家 s 各行业总产出的完全需求量。令 E_s、C_s分别表示 s 国能源消耗系数向量和碳排放系数向量，向量中每一元素分别表示国家 s 各行业单位总产出所消耗的能源及其碳排放。同理，可得 s 国向 r 国的隐含能源出口（EX_{sr}）和隐含碳排放出口（CX_{sr}）为：

$$EX_{sr} = \hat{E}_s X_{sr} = \hat{E}_s \sum_{t=1}^{M} L_{st} Y_{tr} \tag{6-24}$$

$$CX_{sr} = \hat{C}_s X_{sr} = \hat{C}_s \sum_{t=1}^{M} L_{st} Y_{tr} \tag{6-25}$$

类似地，可得 s 国从 r 国的隐含能源进口和隐含碳排放进口，并在此基础上测算出相应的贸易净值，以准确反映和衡量一国在全球价值链背景下和新型国际贸易体系中所处的地位及其扮演的角色及为此所付出的环境成本。

三、环境账户的投入产出模型的 Matlab 实现

环境账户的投入产出模型的 Matlab 实现如图 6－3 所示。

```
clear                                                   %清除原有变量存储
clc                                                     %清屏
[FilenamePathname]=uigetfile({'*.xls'},';               %选择相关数据文件
str= [Pathname Filename];                               %定义文件地址和路径
[~, ~, raw] = xlsread (str);                            %读取所选文件中行列以及值
for i = 1 : numel (raw)
if isnan (raw {i}) raw {i} = '';end;
end;                                                    %对表中的空值进行处理
set(handles.uitable1,'ColumnName',
raw(1,2:end),'RowName',raw(2:end,1),'data',
raw(2:end,2:end) ,... 'ColumnEditable',true)            %设置行列属性,将获得的数据保存在Uitable中
table1_data = get (handles.uitable1,'data');            %获取Uitable中数据值
e=table1_data (1:gn,1:gn);                              %能源消耗系数/碳排放系数
end
m=e                                                     %定义的全局变量，主要是为其他系数求解过程中调用
                                                        选择文件并获取保存数据步骤同上
a=table2_data (1:gn,1:gn) ;                             %产业部门中间使用部分数据
b=table2_data (gn+5,1:gn) ;                             %产业部门的总投入数据
d=table2_data (1:gn,gn+5);                              %产业部门的最终需求数据
for i=1:gn                                              %循环求值过程
for j=1:gn
c {i,j} =a {i,j} /b {1,j} ;                             %计算直接消耗系数
end
g=c,f=d;                                                %定义的全局变量，主要是为其他系数求解过程中调用
global g;                                               %调用直接消耗系数全局变量
takemessage (hObject, eventdata, handles) ;
I=eye (size (g)) ;                                      %构建与g相同维度的单位矩阵
w=cell2mat (g) ;                                        %将g由元胞数组转化为矩阵
b1=inv (I–w) ;                                          %计算Leontief逆矩阵
E=m*b1*f ;                                              %计算贸易隐含能源足迹/贸易隐含碳排放
```

图 6－3　环境账户的投入产出模型的 Matlab 实现

四、环境账户的投入产出模型的应用案例

案例 6－2　生物多样性进出口足迹的投入产出模型案例

案例采用多区域投入产出（MRIO）模型，参考碳足迹和能源足迹概念，

借鉴式（6－24）和式（6－25）对生物多样性足迹进行计算，所有188个国家和地区可表现为矩阵形式：

$$F = EX = ELY \tag{6-26}$$

$$\begin{pmatrix} f_{1,1} & f_{1,2} & \cdots & f_{1,188} \\ f_{2,1} & f_{2,2} & \cdots & f_{2,188} \\ \vdots & \vdots & \ddots & \vdots \\ f_{188,1} & f_{188,2} & \cdots & f_{188,188} \end{pmatrix} = \begin{pmatrix} E_1 & 0 & \cdots & 0 \\ 0 & E_2 & \cdots & 0 \\ \vdots & \vdots & \ddots & \vdots \\ 0 & 0 & \cdots & E_{188} \end{pmatrix} \begin{pmatrix} L_{1,1} & L_{1,2} & \cdots & L_{1,188} \\ L_{2,1} & L_{2,2} & \cdots & L_{2,188} \\ \vdots & \vdots & \ddots & \vdots \\ L_{188,1} & L_{188,2} & \cdots & L_{188,188} \end{pmatrix}$$

$$\begin{pmatrix} y_{1,1} & y_{1,2} & \cdots & y_{1,188} \\ y_{2,1} & y_{2,2} & \cdots & y_{2,188} \\ \vdots & \vdots & \ddots & \vdots \\ y_{188,1} & y_{188,2} & \cdots & y_{188,188} \end{pmatrix}$$

上述方程中，E矩阵中的对角线元素 E_s 为26×26的对角矩阵，E_s 中的对角线元素表示国家s各行业单位总产出所消耗的生物物种，矩阵F量化由最终消费者间接对物种造成的威胁。依据Leontief投入产出分析，加总F矩阵的行元素，可得到一国出口隐含的生物多样性足迹；加总F矩阵的列元素，可得到一国进口的生物多样性足迹；加总对角线则表示各国国内消费产生的生物多样性足迹。生物多样性足迹净值等于出口减进口，若值为正，表明该国为隐含生物多样性出口国；反之，则为进口国。

核算生物多样性足迹的相关原始数据来源于IUCN与Eora MRIO数据库，对象为188个国家（地区），数据统计时期为2006～2015年。根据生物多样性损失量净值，将全球188个国家和地区分为六个不同层次，其中，正值表示生物多样性净出口，负值表示生物多样性净进口。

国际贸易推动生物多样性资源在世界不同区域内的转移与流动，对不同国家（地区）带来不同的影响，并造成明显的区域差异。亚洲地区与欧洲地区生物多样性净进口国数量远大于净出口国数量，北美洲地区的加拿大、美国与墨西哥是主要的生物多样性进口国，墨西哥以南的北美洲地区多为出口国。非洲地区是生物多样性净出口国的集中区域，特别是分布于赤道两侧的低收入国家。基于多区域环境投入产出模型测度的消费视角下全球生物多样性足迹具有显著的空间非均衡特征。

研究还发现，九个发达国家（美国等）与五个发展中国家（印度等）通过国际贸易对低收入国家的生物多样性产生了较大的威胁。如图6-4所示，这些国家均为进口大国，它们或高度发达，凭借其技术优势，在国际分工价值链中处于高端位置，从而使低收入国家承担其所消费商品的大量物质生产环节；或为发展中大国，人口众多，且经济处于飞速发展阶段，社会内部系统的物质消费不断扩张，为满足国内的消费和投资需求，通过国际贸易进行了大量的商品进口，间接地引发了严峻的出口国生物多样性损失问题。美国的生物多样性进口足迹占到了全球的1/4左右，作为世界上最发达的经济体，其高度发达的物质文明背后隐含了巨大的负向生物多样性外部影响，且并未付出与之相应的代价。

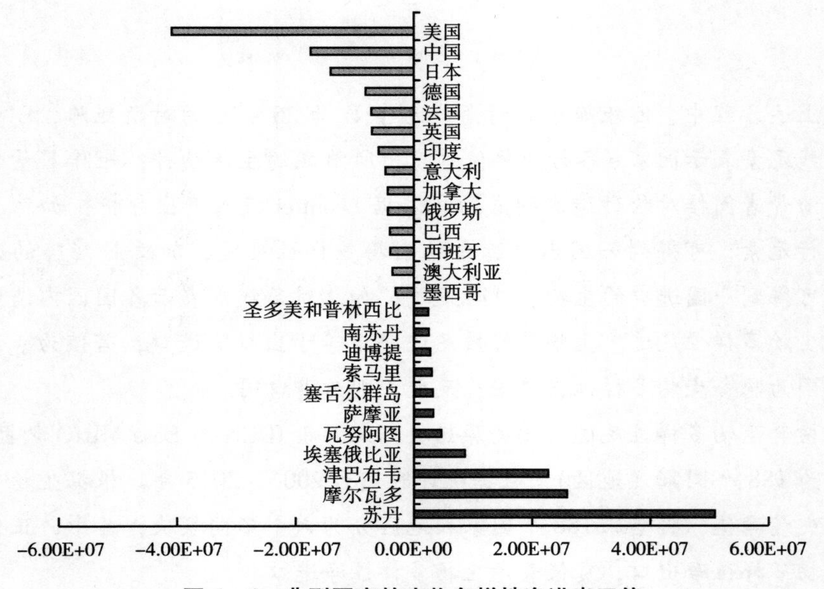

图6-4　典型国家的生物多样性净进出口值

本章小结

通过本章的学习，可以了解与掌握投入产出分析法的基本原理。起初，投入产出模型是通过编制投入产出比表，运用线性代数工具建立数学模型，从而揭示国民经济各部门、再生产各环节之间的内在联系，据此可进行经济分析和经济预测，进而制定相应的预算计划。随着模型的逐渐完善，投入产出分析法已被广泛用于计算经济活动产生的环境问题。将单区域投入产出模型扩展为多区域投入产出模型，有利于分析不同区域产业部门间的产业关联情况，及由于区域间产业联系所带来的环境问题。能源消耗、碳排放、水资源消耗等均是国际社会重点关注的环境问题，运用投入产出模型测度区域间的能源足迹、碳足迹和水足迹流动转移情况，明晰因区域间贸易及国家间贸易所带来的隐形环境成本也成为学者们的研究方向。

目前来看，基于多区域投入产出模型测算各个区域/国家的进出口贸易隐含能源消耗、贸易隐含碳排放、贸易隐含水资源消耗的研究已逐渐成熟。以碳排放为例，贸易隐含碳排放的测度不仅有助于深入了解贸易对碳排放的影响，促进碳减排责任的合理分配，也为各国/各省消费端碳减排模式分析、碳中和目标的实现及温室效应和气候变化的有效缓解提供了重要的理论基础。近年来，物种灭绝问题较为严峻，生物多样性保护逐渐被各国政府提上议程。生物多样性作为环境资源的一部分，也可纳入投入产出模型的环境卫星账户中进行合理分析，探讨在各国经济联系日益密切的今天，贸易驱动下的生物多样性损失究竟有多少、不同经济发展水平的国家在生物多样性维度方面是得益还是受损，从而为全球性的生物多样性保护提供事实依据。

| 第七章 |

常用的经济预测方法

“凡事预则立，不预则废”，在经济问题的分析中，常常会涉及一些预测类问题。预测方法种类繁多，从经典的单耗法、弹性系数法、统计分析法，到现在的灰色预测法、专家系统法和模糊数学法，甚至刚刚兴起的神经元网络法、优选组合法和小波分析法等200余种算法。我们需要通过预测来把握经济发展相关经济指标的变化，减少未来的不确定性，降低决策可能遇到的风险，使决策目标得以顺利实现。

现实世界中量与量的关系有时可以直接利用初等方法获得，但多数时候难以直接构建，通过建立量与量之间的导数或变化规律的方程并求解，从而获得我们想知道的结果，这就是微分方程建模。当我们描述实际对象的某些特性随时间（或空间）而演变的过程、分析它的变化规律、预测它的未来性态、研究它的控制手段时，通常要建立该对象的动态模型。建模时首先要根据建模目的和对问题的具体分析作出简化假设，然后按照对象内在的或可以类比的其他对象的规律列出微分方程，求出方程的解，就可以进行描述、分析、预测或控制了。

我们在对事物进行预测时，需要对已知的相关信息进行掌握和分析。如果相关信息完全公开透明，则需要预测的事物对我们来说是“白色”的；如果完全不透明，则是“黑色”的。但现实世界中，需要预测的事物往往仅包含一部分信息，则我们可以称其为“灰色”的。灰色预测基于人们对系统演化不确定性特征的认识，运用序列算子对原始数据进行生成、处理，挖掘系统演化规律，建立灰色系统模型，对系统的未来状态作出科学的定量预测。针对样本容量较小和随机因素干扰强等特点的数据，以 GM(1,1) 灰色模型为核心。本章中，我们会学习运用灰色预测模型来系统分析和预测经济问题。

第一节　微分方程预测的基本原理和步骤

一、微分方程预测的思想

现实世界中量与量的关系有时可以直接利用初等方法获得，但在研究经济、生物等学科的实际问题时，常常会涉及某些变量的变化率或导数，多数时候难以直接构建，比如在实际生活中谈到经济生产，我们会想到劳动力、投资等要素，研究各生产要素的最佳分配比例对于劳动生产率的有效增长就具有十分重要的意义，这其中就涉及微分方程的构建。当我们描述实际对象的某些特性随时间（或空间）而演变的过程、分析它的变化规律、预测它的未来性态、研究它的控制手段时，也需要通过引入微分方程来建立该对象的动态模型。简而言之，微分方程是含有函数及其导数的方程，它反映的是变量之间的间接关系，而要得到直接关系，就得求解微分方程。

二、微分方程模型的建立

1. 微分方程定解步骤。在高等数学中我们对微分方程有一定的认识，比如怎样求解一些简单的微分方程，对于一些细心的同学，可能想到求解复杂的微分方程是一个重要的问题，但可能忽略一个同样重要的问题，那就是如何建立微分方程。微分方程的建立过程中一般会涉及变化率的概念（往往和时间有关），所以，我们首先要会翻译和转化微分的常用词，如经济学中的“边际”、人口学中的“人口增长率”、运动学中的“速度”、电学中的“电流”等。

把形形色色的实际问题化成微分方程的定解问题，大体上可以按以下几步：

（1）根据实际要求确定研究量（自变量、未知函数、必要的参数等）并确定坐标系；

（2）找出这些量所满足的基本规律（物理的、几何的、化学的或生物学的等）；

（3）运用这些规律列出方程和定解条件。

2. 列方程的常见方法。微分方程建模包括常微分方程建模、偏微分方程建模、差分方程建模及其各种类型的方程组建模。其中的连续模型适用于常微分方程和偏微分方程及其方程组建模，离散模型适用于差分方程及其方程组建模。

下面，我们给出如何利用方程知识建立微分方程的几种方法。

3. 利用导数的概念建立微分方程模型。导数是微积分中的一个重要概念，其定义为：

$$f'(x)=\lim_{\Delta x\to 0}\frac{f(x+\Delta x)-f(x)}{\Delta x}=\lim_{\Delta x\to 0}\frac{\Delta y}{\Delta x}$$

其中，$\frac{\Delta y}{\Delta x}$表示单位自变量的改变量对应的函数改变量，就是函数的瞬时平均变化率，因而其极限值就是函数的变化率，也是函数在某点的导数。由于一切事物都在不停发展变化，变化就必然有变化率，也就是变化率是普遍存在的，因而导数也是普遍存在的。这就很容易将导数与实际联系起来，建立描述研究对象变化规律的微分方程模型。

4. 利用微元法建立微分方程模型。自然界中也有许多现象所满足的规律是通过变量的微元之间的关系式来表达的。对于这类问题，我们不能直接列出自变量和未知函数及其变化率之间的关系式，而是通过微元分析法，如果某一实际问题中所求的变量 p 符合一定条件时，就可以考虑利用微元法来建立微分方程模型，利用已知的规律建立一些变量（自变量与未知函数）的微元之间的关系式，然后再通过取极限的方法得到微分方程，或等价地通过任意区域上取积分的方法来建立微分方程。条件是：p 是与一个变量 t 的变化区间［a,b］有关的量；p 对于区间［a,b］具有可加性；部分量 Δp_i 的近似

值可表示 $f(\xi_i)=\Delta p_i$。其步骤是：根据问题的具体情况，选取一个变量例如 t 为自变量，并确定其变化区间 [a,b]；在区间 [a,b] 中随便选取一个任意小的区间并记作 [t,t+dt]，求出相应于这个区间的部分量 Δp_i 的近似值。如果 Δp_i 能近似地表示为 [a, b] 上的一个连续函数在 t 处的值与 d_t的乘积，我们就把称为量 p 的微元记作 d_p。

5. 利用模拟近似法。在经济学中，许多现象所满足的规律不仅不清楚而且相当复杂，因而需要根据实际资料或大量的实验数据提出各种假设。在一定的假设下，给出实际现象所满足的规律，然后利用适当的数学方法列出微分方程。

实际的微分方程建模过程也往往是上述方法的综合应用。不论应用哪种方法，通常要根据实际情况，作出一定的假设与简化，并要把模型的理论或计算结果与实际情况进行对照验证，以修改模型使之更准确地描述实际问题并进而达到预测预报的目的。

6. 微分方程模型的求解。最简单的微分方程形式如下：

$$\frac{dy}{dx}=f(x) \tag{7-1}$$

其中，f(x) 是 x 的函数，y(x) 是必需解。关于微分方程的解，就是满足方程的一个函数族（或者一条曲线族）。我们又称其为微分方程的通解。用得更加广泛的是满足特定条件的解，我们称其为特解。假设 f(x) 可以积分，上式可以写成：

$$y=\int f(x)dx+C \tag{7-2}$$

其中，C 是任意常数。为了找到 C 的值，需要一些额外的信息，例如对应特定的 x 值的 y 的初始值。

微分方程可以有许多不同的形式，在方程的右边经常涉及 x 和 y 的函数。因此，在描述不同的求解技巧之前，我们需要定义一些重要的微分方程式，因为这可能会影响我们解决特定问题的方法。微分方程模型有常微分方程和偏微分方程两种类型，这取决于它们所包含的自变量的数量。如果只有一个自变量，则导数为“正常”，则方程称为“常微分方程”。如果存在一个以上的自变量，从而含有偏导数，则该方程称为“偏微分方程”。

三、微分方程求解的 Matlab 实现

1. 微分方程的解法之解析方法。对于一些比较简单的微分方程，可以通过一些数学技巧解出，比如高等数学上接触的一些方程：可分离变量的方程、齐次方程、一阶线性微分方程、一些特殊的二阶常系数微分方程等。

dsolve 函数：dsolve 函数用于求常微分方程组的精确解，也称为常微分方程的符号解。如果没有初始条件或边界条件，则求出通解；如果有，则求出特解。

函数格式：

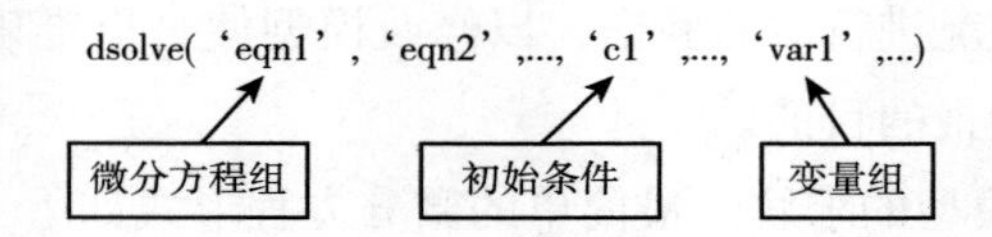

其中，y'↔Dy，y″↔ D2y。自变量名可以忽略，默认变量名“t”。

（1）一阶线性微分方程。

例 1 $\frac{dy}{dx}=1+y^2$，$y(0)=1$

输入 y = dsolve('Dy = 1 + y^2','y(0) = 1','x')

输出 y =

tan(x + 1/4 * pi)

（2）二阶常系数微分方程。

例 2 $y''-2y'-3y=0$，$y(0)=1$，$y'(0)=0$

输入 y = dsolve('D2y - 2 * Dy - 3 * y = 0','y(0) = 1,Dy(0) = 0','x')

输出 y =

(3 * exp(- x))/4 + exp(3 * x)/4

（3）二阶非常系数微分方程。

例 3 $x''(t)-(1-x^2(t))x'(t)+x(t)=0, x(0)=3, x'(0)=0$

输入 x = dsolve('D2x - (1 - x^2) * Dx + x = 0','x(0) = 3,Dx(0) = 0')

输出 x =

[empty sym](无解析表达式)

(4) 非线性微分方程。

例 4　$x'(t)^2 + x(t)^2 = 1$，$x(0) = 0$，求 $t = \pi/2$ 时的数值解。

输入　x = dsolve('(Dx)^2 + x^2 = 1','x(0) = 0')

输出　x =

cosh((pi * i)/2 + t * i)

cosh((pi * i)/2 - t * i)

输入　t = pi/2

eval (x)

输出　ans =

-1

1

(5) 参数方程。

例 5　$\begin{cases} \dfrac{dy}{dt} = 3x + 4y \\ \dfrac{dy}{dt} = -4x + 3y \end{cases}$，$\begin{cases} x(0) = 0 \\ y(0) = 1 \end{cases}$

输入　[x,y] = dsolve('Dx = 3 * x + 4 * y','Dy = -4 * x + 3 * y','x(0) = 0, y(0) = 1')

输出　x =

sin(4 * t) * exp(3 * t)

y =

cos(4 * t) * exp(3 * t)

2. 微分方程的解法之数值方法。从实际问题中提取的微分方程，能得到解析解的只是少数，对于大量的微分方程，一般而言，得到的解是方程的一个特解的近似，数值方法可以说是实际问题中必不可少的手段。求微分方程数值解的方法很多，比如欧拉法、龙格—库塔法等。其基本思想就是通过已知点得到函数值，并用该函数值代替一个小区间上函数的导数，得到在该区间上的一条直线，并用该直线作为方程特解的近似。比如，求解微分方程 $\frac{dy}{dt} = 3t^2$，我们就可以转化为 $\frac{y[n] - y[n-1]}{\Delta t} = 3t^2$，那么 $y[n] = y[n-1] +$

$3t^2 \times \Delta t$。因此，我们可以通过迭代的方式来求解 y。Δt 可理解为步长。

ode 函数：ode 是 Matlab 专门用于解微分方程的功能函数。该求解器有变步长（variable-step）和定步长（fixed-step）两种类型。不同类型有着不同的求解器，具体说明如表 7－1 所示。

表 7－1　　ode 求解命令

非刚性 ode 求解命令		
求解器 solver	功能	说明
ode45	一步算法：4、5 阶龙格—库塔方程、累计截断误差（Δx)^5	大部分尝试的首选算法
ode23	一步算法：2、3 阶龙格—库塔方程、累计截断误差（Δx)^3	适用于精度较低的情形
ode113	多步算法：Adams	计算时间比 ode45 短
刚性 ode 求解命令		
ode23t	梯形算法	适度刚性情形
ode15s	多步法：Gear's 反向数值微分、精度中等	若 ode45 失效时，可以尝试使用
ode23s	一步法：2 阶 Rosebrock 算法、精度低	当精度较低时，计算时间比 ode15s 短
ode23tb	梯形算法：精度低	当精度较低时，计算时间比 ode15s 短

函数格式：

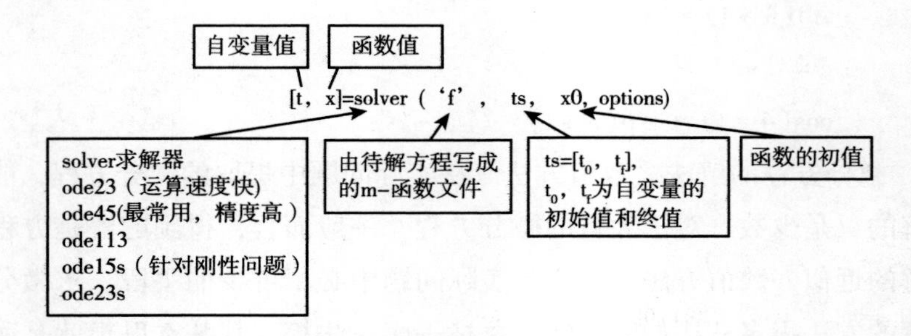

①ode23 为组合的 2/3 阶龙格—库塔算法，ode45 为组合的 4/5 阶龙格—库塔算法。

②用于设定误差限的命令为 Option = odeset（‘reltol’，rt,‘abstol’，at)。rt、at 分别为设定的相对误差和绝对误差（缺省时设定相对误差 10^{-3}，绝对

误差 10^{-6}）。

例 6　$y' = -y + x + 1$，$y(0) = 0$

标准形式：$y' = f(x, y)$

求解命令：

```
function f=weif(x,y)
    f=-y+x+1;                              %建立M-文件（weif.m)
    [x,y]=ode23( 'weif' ,[0,1],1)          %求解
    plot(x,y,'r');                         %作图形
    hold on
    ezplot('x+exp(-x)',[0,1])              %与精确解进行比较
```

例 7

$$\frac{dx(t)}{dt} = f_1(t, x(t), y(t))$$

$$\frac{dy(t)}{dt} = f_2(t, x(t), y(t))$$

求解命令

```
function xdot=fun(t,x)                     %建立M-文件（fun.m），xdot=xd'，列向量
xdot=[f1(t,x(1),x(2));f2(t,x(1),x(2))]
[t,x]=ode23( 'fun' ,[to,tf],[xo,yo])       %数值计算（执行以下命令）
```

例 8

$$x''(t) - a(1 - x^2(t))x'(t) + x(t) = 0, x(0) = 3, x'(0) = 0$$

由例 3 可知该方程无解析解

求解命令：

```
function yp = vdpol(t,y);                  %编写M文件（文件名为vdpol.m)
global a;
yp=[y(2);a*(1-y(1)^2)*y(2)-y(1)];          %数值计算(vdj.m)
global a;                                  %全局变量
a=1;
[t,y]=ode23('vdpol',[0,20],[3,0]);
y1=y(:,1);                                 %原方程的解
y2=y(:,2);
plot(t,y1,t,y2,'--')                       %y1(t),y2(t)曲线图
pause,
plot(y1,y2)grid,                           %相轨迹图，即y2(y1)曲线
```

四、微分方程预测的应用案例

案例7-1 中国人口增长预测

中国是一个人口大国，人口问题始终是制约我国发展的关键因素之一。近年来我国的人口发展出现了一些新的特点，例如老龄化进程加速、出生人口性别比持续升高以及乡村人口城镇化等因素，这些都影响着中国人口的增长。本例从中国的实际情况和人口增长的上述特点出发，根据相关数据建立中国人口增长的微分方程模型，根据所建模型对中国人口增长的中短期和长期趋势作出预测。

在人口比较稀少而资源较丰富的条件下，人口增长较快，且可以在短期内维持常数增长率。但从长期看来，当人口数量发展到一定水平后，会产生许多新问题，比如食物短缺、交通拥挤等，再加上我国自1973年施行计划生育以来，人口的生育率迅速下降，使世界60亿人口日推迟四年。

对于这种具有阻滞效用的模型，传统的Malthus、Verhulst人口模型就很难对其加以描述，故引入人口阻滞增长模型来进行人口的长期趋势预测。

Logistic人口阻滞增长模型的建立与求解。设t时刻人口为x(t)，环境允许的最大人口数量为k，固有增长率称为r，数值等于人口为零时的人口自然增长率，人口净增长率随人口数量的增加而线性减少，设阻滞系数为(1-x/k)，即：

$$r(t) = r(1 - x/k) \tag{7-3}$$

可得出阻滞性人口微分方程为：

$$\begin{cases} \dfrac{dx}{dt} = rx(1 - x/k) \\ x(t_0) = x_0 \end{cases}$$

对该常微分方程求解，可以得到：

$$x(t) = \frac{k}{1 + (k/x_0 - 1)e^{-(t-t_0)r}} \tag{7-4}$$

现在利用从《中国经济统计数据库》中查找到1982～2005年的年底总人口数作为初值进行建模，对原始数据进行拟合，倘若拟合精度较高，就可以对人口的长期趋势进行预测。

由于拟合为非线性拟合，故我们采取逐步求精的算法，设定函数的初始值，通过Matlab不断搜索可能值，并检验残差平方和是否为最小，Matlab程序如图7－1所示。

```
%清空工作区和变量区
clear;
clc
%因变量
y=[66200 65900 67300 69100 70400 72500 74500 76300 78500
    80700 83000 85200 87100 89200 90900 92400 93700 95000 96259 97500
98705 100100 101654 103008 104357 105851 107507 109300 111026 112704
114333 115823 117171 118517 119850 121121 122389 123626 124761 125786
126743 127627 128453 129227 129988 130756]' ;
%自变量，为1960~2005年底总人口
x=[0 1 2 3 4 5 6 7 8 9 10 11 12 13 14 15 16 17 18 19 20 21 22 23 24 25 26 27 28
29 30 31 32 33 34 35 36 37 38 39 40 41 42 43 44 45 46]' ;
[a,b,c]=solve('66200=c/(1+a*exp(b))','130756=c/(1+a*exp(b*46))','103008=c/(1+a*exp(b*24))');
%使用内联函数建立回归模型，c()为参数数组
f0=inline('c(3)./(1+c(1).*exp(c(2).*x))','c','x');
%定义参数初始值
d=[1.4858,0.0407,160636];
%进行拟合
[b,r,j]=nlinfit(x,y,f0,d);
%开始迭代
for i=1:200
    p(i)=b(3)./(1+(b(1)*exp(b(2).*i)));
end
p'
%绘图
plot(1:1:n,x);
legend('人口增长曲线');
xlabel('迭代次数');
ylabel('人口数（亿）');
grid on;
```

图7－1　阻滞增长模型的Matlab实现

得出年底总人口的Logistic模型的方程为：

$$x(t)=\frac{15\,440.8}{1+1.4518e^{-0.0458t}} \tag{7-5}$$

将其与原始数列相比较，通过计算得到可决系数$R^2=0.998347$，可以看出模型可决系数较高，为直观地看出预测值的拟合精度，绘制预测值与拟合

值的走势图，如图 7－2 所示。

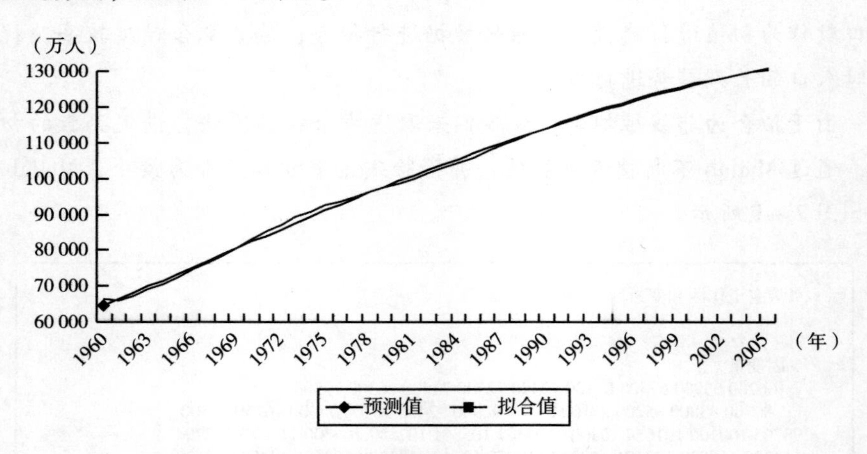

图 7－2　总人口预测值与拟合值的走势

同样做出未来人口增长趋势图，时间为 1960～2160 年，时间跨度为 100 年，如图 7－3 所示。

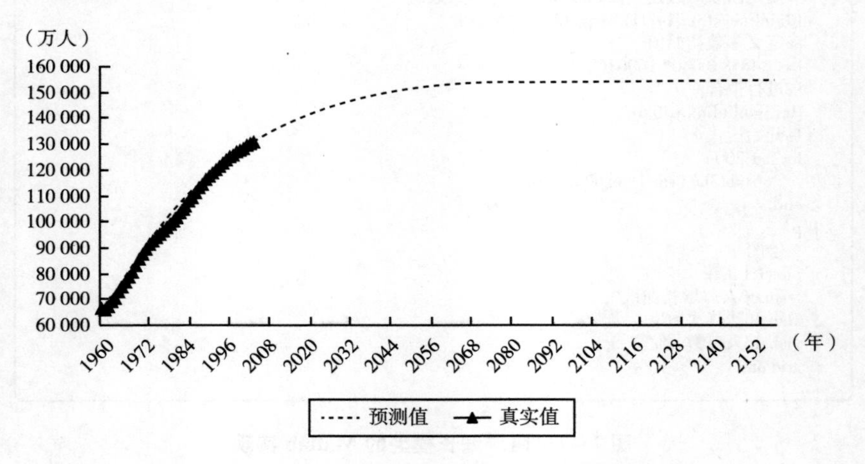

图 7－3　1960～2160 年未来人口增长趋势

模型中预测的结果是我国人口在 2017 年应该达到 14 亿，这与实际情况偏差不大。实际情况是，截至 2019 年末，中国大陆人口突破了 14 亿，具体数据为 140 005 万人。

第二节　灰色预测模型的基本原理和步骤

一、灰色预测模型的思想

我们称信息完全未确定的系统为黑色系统，称信息完全确定的系统为白色系统，灰色系统就是这介于这两者之间，一部分信息是已知的，另一部分信息是未知的，系统内各因素间有不确定的关系。灰色预测是一种对含有不确定因素的系统进行预测的方法，通过鉴别系统因素之间发展趋势的相异程度，即进行关联分析，并对原始数据进行生成处理来寻找系统变动的规律，生成有较强规律性的数据序列，然后建立相应的微分方程模型，从而预测事物未来发展趋势的状况。也就是说，灰色预测模型（gray forecast model）是通过少量的、不完全的信息，利用微分方程给出系统生成序列长期、持续的变化过程，这一过程通过生成序列转换得到，生成序列指减弱原序列随机性后的序列，还原生成序列就得到系统趋势作用并作出预测的一种预测方法。

灰色系统模型建模所需信息少，精度较高，运算简便，易于检验，也不用考虑分布规律或变化趋势等，是处理小样本（四个就可以）预测问题的有效工具。但灰色预测模型一般只适用于短期预测，只适合指数增长的预测，比如人口数量、航班数量、用水量预测、工业产值预测等。

灰色系统理论认为，尽管客观表象复杂，但总是有整体功能的，因此必然蕴含某种内在规律。关键在于如何选择适当的方式去挖掘和利用它。灰色系统是通过对原始数据的挖掘整理来寻求数据变化的现实规律的，这是一种就数据寻求数据的现实规律的途径，也就是灰色序列的生成。一切灰色序列都能通过某种生成弱化其随机性，显现其规律性。数据生成的常用方式有累加生成、累减生成和加权累加生成，以下将介绍几种常用的数据生成方式。

设原始数据序列为：

$$X^{(0)} = \{x^{(0)}(1), x^{(0)}(2), \cdots, x^{(0)}(n)\}$$

生成序列为：

$$X^{(1)}=\{x^{(1)}(1),x^{(1)}(2),\cdots,x^{(1)}(n)\}$$

1. 累加序列（accumulated generating operation，AGO）。所谓的累加生成，就是将同一序列中的数据逐次相加以生成新的数据的一种手段，累加前的数列称为原始数列。累加后的数列称为生成数列。累加生成是使灰色系统变白的一种方法，它在灰色系统理论中占有极其重要的地位。通过累加生成可以看出灰量累积过程的发展态势，使杂乱无章的原始数据中蕴含的积分特性或规律加以显化。

$$x^{(0)}(1)=x^{(1)}(1)$$
$$x^{(0)}(2)=x^{(1)}(1)+x^{(1)}(2)$$
$$x^{(0)}(3)=x^{(1)}(1)+x^{(1)}(2)+x^{(1)}(3)$$
$$\cdots$$
$$y(n)=x(1)+x(2)+\cdots+x(n)$$

例如，有一组数据的折线如图 7 -4 所示。

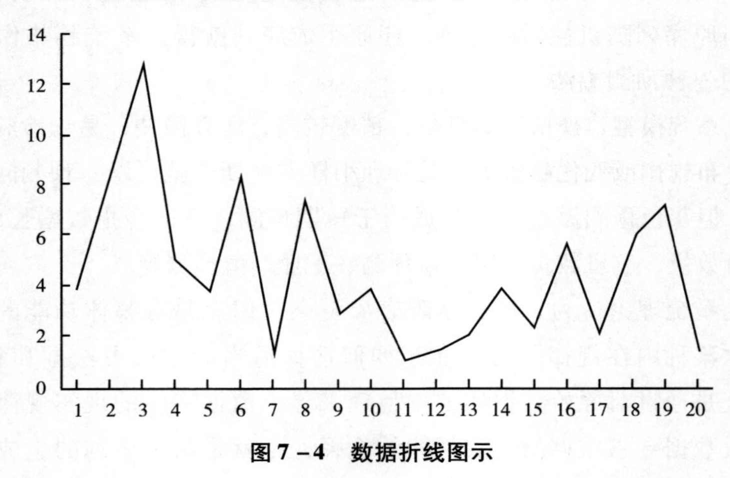

图 7 -4　数据折线图示

一开始看不出数据有什么规律，但经过累加生成后的结果看起来就表现为递增的规律，如图 7 -5 所示。

2. 逆累加序列（inverse accumulated generating operation，IAGO）。逆累加生成算子其实就是累减生成，累减生成是在获取增量信息时常用的生成，多数情况下累减生成对累加生成起还原作用，即累减生成是累加生成的逆运算。

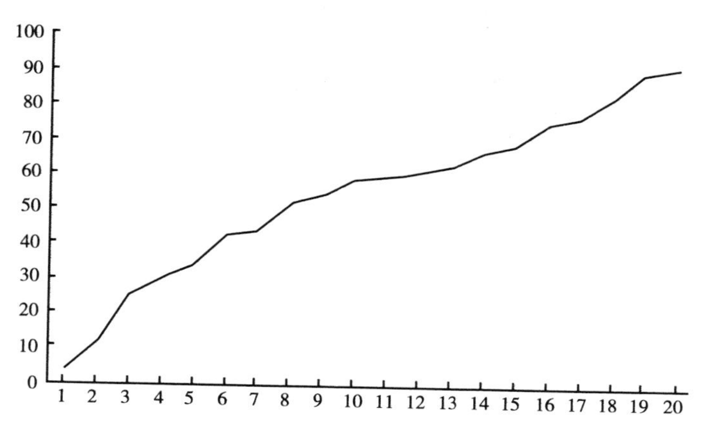

图7-5　数据累加生成后的结果图示

$$x^{(0)}(1)=x^{(1)}(1)$$
$$x^{(0)}(2)=x^{(1)}(2)-x^{(1)}(1)$$
$$x^{(0)}(3)=x^{(1)}(3)-x^{(1)}(2)$$
$$\cdots$$
$$x^{(0)}(n)=x^{(1)}(n)-x^{(1)}(n-1)$$

3. 均值序列（MEAN）。在收集数据的时候，由于一些不易克服的困难导致数据序列出现空缺或无法使用的异常数据，需要在数据预处理中解决。均值生成是常用的构造新数据、填补老数据空穴、生成新序列的方法。

$$x^{(0)}(1)=x^{(1)}(1)$$
$$x^{(0)}(2)=ax^{(1)}(2)-(1-a)x^{(1)}(1)$$
$$x^{(0)}(3)=ax^{(1)}(3)-(1-a)x^{(1)}(2)$$
$$\cdots$$
$$x^{(0)}(n)=ax^{(1)}(n)-(1-a)x^{(1)}(n-1)$$

二、灰色预测模型的应用

1. GM(1,1) 模型的预测流程。灰色预测模型中 GM(1,1) 模型是最简单也是最常用的，其中 G 意为 Grey（灰色），M 意为 Model（模型），(1,1) 意为含有一个变量的一阶微分方程模型，涉及的算子有累加序列和均值序列。由于原始数据的观测受到噪声干扰，使得观测值 $x^{(0)}$ 与真实值 $X^{(0)}$ 有偏差 $\varepsilon^{(0)}$，且：

$$X^{(0)}(i)=x^{(0)}(i)+\varepsilon^{(0)}(i), i=1,2,\cdots,n \tag{7-6}$$

要把握真实值 $X^{(0)}$，就必须跨越障碍 $\varepsilon^{(0)}$。针对样本容量较小和随机因素干扰强等特点的数据，1982 年，邓聚龙提出了灰色理论。本文根据灰色理论建立了 GM(1,1) 模型。

2. GM(1,1) 模型的建立与求解。

令 $x^{(0)}$ 为 GM(1,1) 建模序列：

$$x^{(0)}=\{x^{(0)}(1), x^{(0)}(2), \cdots, x^{(0)}(n)\} \tag{7-7}$$

令 $x^{(1)}$ 为 $x^{(0)}$ 的 AGO 序列，即生成一阶累加生成序列。

$$x^{(1)}=\{x^{(1)}(1), x^{(1)}(2), \cdots, x^{(1)}(n)\} \tag{7-8}$$

其中，$x^{(1)}(k)=\sum_{i=1}^{k} x^{(0)}(i)$。

令 $z^{(1)}$ 为 $x^{(1)}$ 的均值序列，表示白化背景值：

$$z^{(1)}(k)=0.5x^{(1)}(k)+0.5x^{(1)}(k-1) \tag{7-9}$$

$$z^{(1)}=\{z^{(1)}(2), z^{(1)}(3), \cdots, z^{(1)}(n)\} \tag{7-10}$$

对生成序列 $x^{(1)}(k)$ 建立白化微分方程：

$$\frac{dx^{(1)}}{dt}+ax^{(1)}=u \tag{7-11}$$

其中，模型参数 a，u 分别称为发展灰度和内生灰度。

对参数 a，u 进行最小二乘法估计，分别构造数据矩阵 B 及数据向量 Y 为：

$$B=\begin{pmatrix} -\frac{1}{2}(x^{(1)}(1)+x^{(1)}(2)) & 1 \\ -\frac{1}{2}(x^{(1)}(2)+x^{(1)}(3)) & 1 \\ \cdots & \cdots \\ -\frac{1}{2}(x^{(1)}(n-1)+x^{(1)}(n)) & 1 \end{pmatrix} Y=\begin{pmatrix} x^{(0)}(2) \\ x^{(0)}(3) \\ \cdots \\ x^{(0)}(n) \end{pmatrix} \tag{7-12}$$

则 GM(1,1) 的灰微分方程模型为：

$$x^{(0)}(k)+az^{(0)}(k)=u \tag{7-13}$$

则 a 和 u 的估计值为：

$$\begin{pmatrix}a\\u\end{pmatrix}=(B^TB)^{-1}B^TY \tag{7-14}$$

解微分方程（7-11），得：

$$\hat{x}^{(1)}(k+1)=\left(x^{(0)}(1)-\frac{u}{a}\right)e^{-ak}+\frac{u}{a} \tag{7-15}$$

对 $\hat{x}^{(1)}$ 数列进行累减还原得到原始数列拟合序列为：

$$\hat{x}^{(0)}(k+1)=\left(x^{(0)}(1)-\frac{u}{a}\right)(1-e^{a})e^{-ak} \tag{7-16}$$

3. 灰色预测模型检验方法。模型选定之后，一定要经过检验才能判定其是否合理，只有通过检验的模型才能用来作预测，为检验模型的拟合精度，灰色模型的精度检验一般有三种方法：相对误差大小检验法、关联度检验法和后验差检验法。

检验的步骤和方法为：

（1）求原始数据序列的方差与协方差。

$$\overline{x^{(0)}}=\frac{1}{n}\sum_{i=1}^{n}x^{(0)}(i) \tag{7-17}$$

$$S_1^2=\sum_{i=1}^{n}(X^{(0)}(i)-\overline{X}(0))^2 \tag{7-18}$$

$$S_1=\sqrt{\frac{S_1^2}{n-1}} \tag{7-19}$$

（2）求预测值与真实值之间的残差 $e^{(0)}(k)$ 的方差与协方差。

$$e^{(0)}(i)=X^{(0)}(i)-x^{(0)}(i) \tag{7-20}$$

$$\overline{e^{(0)}} = \frac{1}{n}\sum_{i=1}^{n} e^{(0)}(i) \tag{7-21}$$

$$S_2^2 = \sum_{i=1}^{n} (e^{(0)}(i) - \overline{e^{(0)}})^2 \tag{7-22}$$

$$S_2 = \sqrt{\frac{S_2^2}{n-1}} \tag{7-23}$$

（3）计算方差比 C_0 与小概率误差 P。

$$C_0 = \frac{S_2}{S_1} = \sqrt{\frac{\sum_{k=1}^{n} (e(k) - \bar{e})^2}{\sum_{k=1}^{n} (x^{(0)}(k) - \bar{x})^2}} \tag{7-24}$$

平均相对误差为：

$$\overline{\Delta} = \frac{1}{n}\left(\left| \frac{e(1)}{x^{(0)}(1)} \right| + \left| \frac{e(2)}{x^{(0)}(2)} \right| + \cdots + \left| \frac{e(n)}{x^{(0)}(n)} \right| \right) \tag{7-25}$$

小概率误差为：

$$P(|e(k) - \bar{e}| < 0.6745S_1) \tag{7-26}$$

（4）计算关联度。

$$\varepsilon = \frac{1 + |s| + |\hat{s}|}{1 + |s| + |\hat{s}| + |s - \hat{s}|} \tag{7-27}$$

当 C_0、$\overline{\Delta}$、P、ε 的拟合精度分别达到表 7-2 所示的精度要求就可以进行预测了。

表 7-2　　检验精度表

精度等级	相对误差 $\overline{\Delta}$	关联度 ε	均方差比值 C_0	小误差概率 P
一级	<0.01	>0.90	<0.35	>0.95
二级	<0.05	>0.80	<0.50	>0.80
三级	<0.10	>0.70	<0.65	>0.70
四级	<0.20	>0.60	<0.80	>0.60

三、灰色预测模型的应用案例

案例7-2　城市供水量预测

为了节约能源和水源，供水公司需要根据日供水量记录估计未来一时间段（未来一天或一周）的供水量，以便安排未来（该时间段）的生产调度计划。现在有某城市七年的历史纪录，记录中给出了日期和每日供水量（吨/日）。在原始数据真实可靠、假设其中六年没有发生通货膨胀和通货紧缩、每次都在月初调整水价的合理假设下，现建立灰色预测模型预测2007年1月城市的计划供水量。

对2000~2006年1月供水量的数据进行加总，得到7组数据，建立灰色预测模型，得到2007年1月供水量的预测值。为精确起见，我们将2000~2006年1月的同一天的数据对2007年同一天的数据进行预测，分别建立31个GM(1,1)模型，然后对预测出来的数据进行加总，这样可以对上一种方法进行修正，同时可以验证预测结果。

1. 数据预处理。在建模之前，我们需要对数据进行预处理。为使数据具有可比性，对于赋值单位不一致的数据需要进行标准化。该例中原始数据比较完整且可比，2000~2006年每一天的数据均存在。若原始数据有缺失，可以剔除异常数据并利用插值方法补全数据，以使所得数据能尽可能地反映客观实际。

具体的数据处理步骤如下：将各年1月的每天供水量加总，得到各年1月的总供水量，共可得到7组数据，用所得数据预测2007年1月的供水量。提取出七年中1月内同一天的数据，共可得到31组数据，用每组数据分别预测2007年1月相应日期的供水量，得到2007年1月内各天的数据，将所得的数据加总即为2007年1月的总供水量。将各年1月的数据进行加总（称之为月总预测法），绘制走势图如图7-6所示。

2. 总供水量预测模型。基于2000~2006年的1月的总供水量的数据，建立灰色GM(1,1)模型，用2000~2006年的1月的总供水量预测2007年1月总供水量。

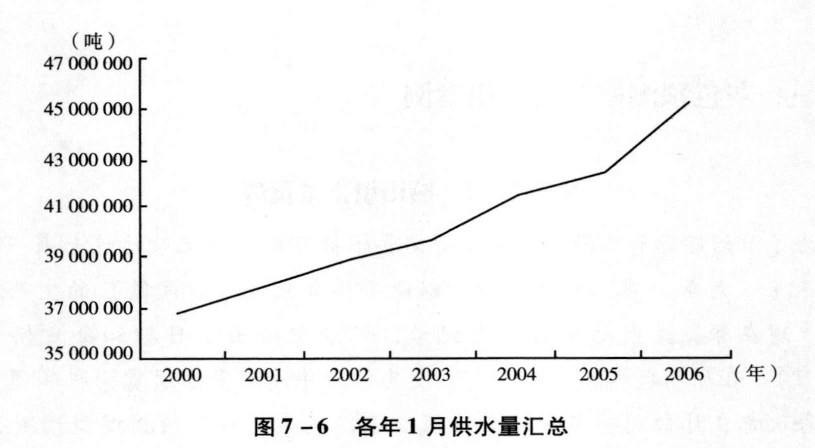

图 7-6 各年 1 月供水量汇总

(1) 令 $x^{(0)}$ 为 GM(1,1) 建模序列，$x^{(1)}$ 为 $x^{(0)}$ 的 AGO 序列，对生成序列 $x^{(1)}(k)$ 建立白化微分方程：

$$\frac{dx^{(1)}}{dt}+ax^{(1)}=u \tag{7-28}$$

其中，模型参数 a，u 分别称为发展灰度和内生灰度。

(2) 解微分方程 (7-28) 得：

$$\hat{x}^{(1)}(k+1)=(x^{(0)}(1)-\frac{u}{a})e^{-ak}+\frac{u}{a} \tag{7-29}$$

对 $\hat{x}^{(1)}$ 数列进行累减还原得到原始数列拟合序列为：

$$\hat{x}^{(0)}(k+1)=\left(x^{(0)}(1)-\frac{u}{a}\right)(1-e^{a})e^{-ak} \tag{7-30}$$

我们把式 (7-30) 作为预测方程，利用 Matlab 软件编程求解相应预测值，解得 a = -0.035，u = 35 408 014.52，得到拟合序列方程为：

$$\hat{x}^{(0)}(7)=1\ 046\ 354\ 958(1-e^{-0.035})e^{0.035k} \tag{7-31}$$

从而可以用式 (7-31) 进行预测，具体程序如图 7-7 所示。

运用第七章第二节中的方法，对于上一小节得出的 2007 年 1 月总用水量灰色预测数值进行残差检验、关联度检验和后验检验。经检验，拟合数据的各项指标分别为 $\overline{\Delta}=0.005464$，$\varepsilon=0.9963$，$C_0=0.1440$ 和 $p=1$，检验结果对比表 7-2 检验精度表，预测精密程度均达到一级，经预测得到 2007 年 1

月供水量为：

$Q_{2007}^{1} = 46\ 240\ 336.1$（吨）

```
clear                                              %清除原有变量存储
clc                                                %清屏
                                                   %输入原始数列
x0=[40311990,41860254.15,42969866.24,43748519.85,44352343.8,
    45054273.6,45176993.1];
%生成累加数列
y=[x0(:,1) sum(x0(:,1:2)) sum(x0(:,1:3)) sum(x0(:,1:4)) sum(x0(:,1:5)
   sum(x0(:,1:6)) sum(x0(:,1:7))];
%生成均值数列
  z0=[mean(y1(:,1:2));mean(y1(:,2:3));mean(y1(:,3:4));mean(y1(:,4:5));mean(y1(:,
  5:6));mean(y1(:,6:7))];
%构造数据矩阵
B=[-z0,ones(6,1)];
Y=x0(:,2:7)';
%使用最小二乘法计算参数a(发展系数)和u(灰作用量)
A=inv(B'*B)*B'*Y
A=A'
a=A(1)
u=A(2)
%预测后续数据
for k=2:8
  x1(:,k)=(x0(:,1)-u(2,:)/u(1,:))*(exp(-u(1,:)*(k-1))-exp(-u(1,:)*(k-2)));
End
%预测数据
x=[x1(:,1)+x0(:,1) x1(:,2:8)]
```

图 7－7　供水量灰色预测的 Matlab 实现

为直观起见，对表 7－4 的原始数列和拟合数列，作出走势图，如图 7－8 所示。

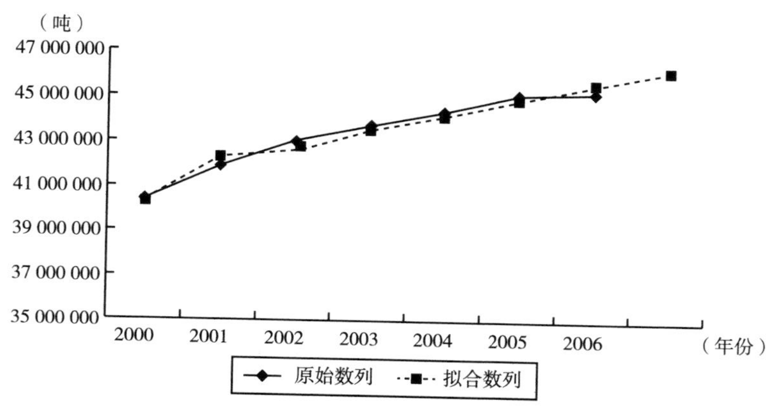

图 7－8　原始数列与拟合数列走势

利用 Matlab 软件进行灰色预测检验的程序如图 7－9 所示。

```
%法一：相对残差Q检验
c=x0(:,1:7)-x(:,1:7);                  %残差序列
e1=abs(c(:,1:7)./x0(:,1:7));           %计算相对误差序列
e=mean(e1(:,2:7))                      %计算相对误差平均值
%法二：方差比C检验
mean(c);
t2=0;
for i=1:7
   t2=t2+(c(:,i)-p1)^2;
end
s2=sqrt(t2);
p2=mean(x0);
t1=0;
for i=1:7
   t1=t1+(x0(:,i)-p2)^2;
end
s1=sqrt(t1);
C=s2/s1                                %方差比C
%法三：小误差概率P检验
g=0.6745*s1;
for i=1:7
   c0(:,i)=abs(c(:,i)-p1);
end
for i=1:7
   if c0(:,i)<g
      n(:,i)=1;
   else n(:,i)=0;
   end
end
p=sum(n)/7                             %最小误差概率值
%法四：关联度检验
%计算关联度
d=0;
for v=2:7
   d=d+(x0(:,v)-x0(:,1));
end
s=abs(d+0.5*(x0(:,7)-x0(:,1)));
r=0;
for v=2:7
   r=r+(x(:,v)-x(:,1));
end
S=abs(r+0.5*(x(:,7)-x(:,1)));
q=0;
for v=2:7
   q=q+((x0(:,v)-x0(:,1))-(x(:,v)-x(:,1)));
end
w=abs(q+0.5*((x0(:,7)-x0(:,1))-(x(:,7)-x(:,1))));
l=(1+s+S)/(1+s+S+w)                    %关联度值
```

图 7－9　供水量灰色预测检验的 Matlab 实现

3. 每日供水量预测模型。总供水量只能部分反映 1 月每一天的供水量，因此对 2007 年 1 月各天的供水量分别进行灰色预测。为检验此方法的可行性，先对 2006 年 1 月每天的供水量进行预测，并且预测结果均通过检验。但是当每个点的数据预测较为准确时，并不能说明整体的预测效果比较好。为检验整体预测效果，对 2006 年 1 月用水量的真实值和拟合值进行了检验，它们的走势比较图如图 7－10 所示。

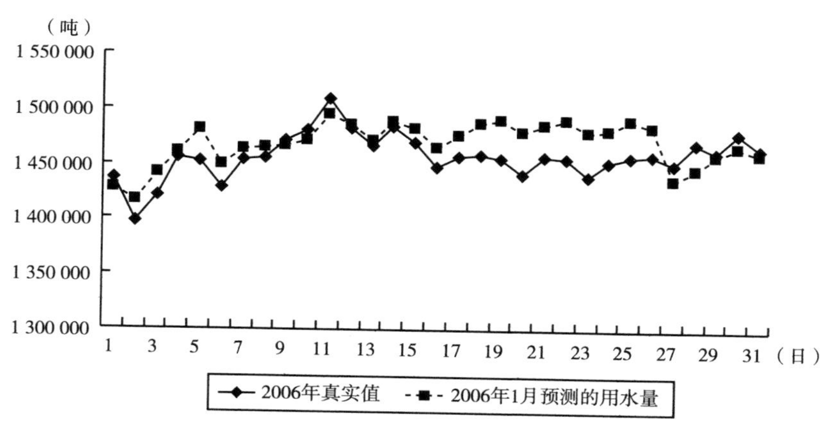

图 7－10　2006 年 1 月用水量拟合图示

通过定义可决系数 R^2 来描述拟合的精确程度，且：

$$R^2 = 1 - \frac{\sum (y_i - \hat{y}_i)^2}{\sum (y_i - \bar{y})^2}, R^2 \in (0,1) \qquad (7-32)$$

R^2 越接近 1，则说明拟合效果越好。经计算，可决系数 $R^2 = 0.91$，说明此方法切实可行。首先对 2007 年 1 月 1 日的供水量进行预测，得到供水量预测方程为：

$$\hat{x}^{(0)}(k) = 36\,366\,809(1 - e^{-0.033})e^{0.035k} \qquad (7-33)$$

得到 2007 年 1 月 1 日供水量为 1 467 488.04 吨。按照这种方法，对 1 月份其他各天分别进行预测，结果如表 7－3 所示。

可以采用 Matlab 编程，程序如图 7－11 所示：

为直观起见，用 Excel 做出 1 月份各天供水量柱形图如图 7－12 所示。

表 7-3　　日用水量灰色预测数据　　单位：吨

日期	预测值	日期	预测值	日期	预测值
1	1 467 488	12	1 510 296	23	1 493 002
2	1 441 660	13	1 491 721	24	1 501 437
3	1 473 246	14	1 516 551	25	1 514 203
4	1 488 774	15	1 502 704	26	1 505 274
5	1 514 993	16	1 480 799	27	1 444 590
6	1 466 498	17	1 493 967	28	1 466 712
7	1 488 160	18	1 509 855	29	1 484 949
8	1 486 859	19	1 510 102	30	1 492 419
9	1 488 782	20	1 493 203	31	1 482 648
10	1 491 769	21	1 507 709		
11	1 523 815	22	1 510 492		

```
clear                                        %清除原有变量存储
clc                                          %清屏
%输入原始数列
x0=[ ];                                      %真实值数据太长不予罗列
%生成累加数列
y1=[x0(1,:);sum(x0(1:2,:));sum(x0(1:3,:));sum(x0(1:4,:));sum(x0(1:5,:));sum(x0
(1:6,:));sum(x0(1:7,:))];
%生成均值数列
z0=[mean(y1(1:2,:));mean(y1(2:3,:));mean(y1(3:4,:));mean(y1(4:5,:));mean(y1(5:
6,:));mean(y1(6:7,:))];
%构造数据矩阵
Y1=[x0(2:7,:)];
x=[x1(:,1)+x0(:,1) x1(:,2:8)]
%使用最小二乘法计算参数a(发展系数)和u(灰作用量)
for i=1:31
   B=[-z0(:,i),ones(6,1)];
   Y=[Y1(:,i)];
   u(:,i)=inv(B'*B)*B'*Y;
end
%预测后续数据
for j=1:31
   for k=2:8
      x1(k,j)=(x0(1,j)-u(2,j)/u(1,j))*(exp(-u(1,j)*(k-1))-exp(-u(1,j)*(k-2)));
   end
end
```

图 7-11　1 月份每日分别灰色预测的 Matlab 实现

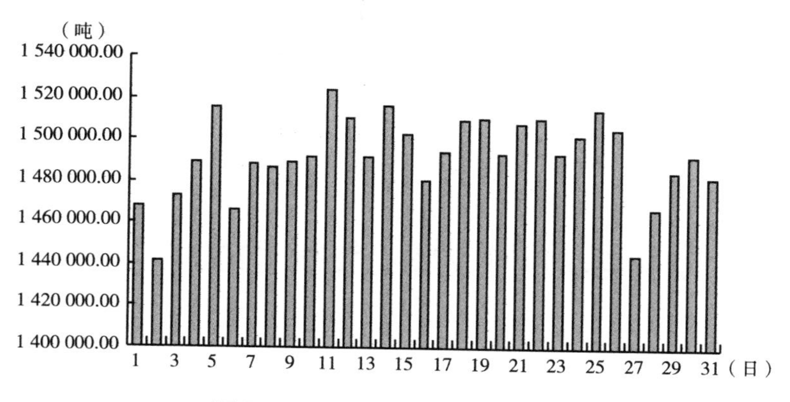

图 7－12　2007 年 1 月各天供水量

对各天的预测供水量进行加总，得出 1 月供水量总和为：46 244 678.81（吨），总供水量相差不大，一定程度上说明了模型的稳定性。

| 第八章 |

海洋资源环境承载力的系统动力学分析

进入 21 世纪以来，各国逐渐意识到海洋在资源、环境、空间和战略方面具有得天独厚的优势，海洋经济迅速发展。随着科学技术的发展与人类活动范围的不断加大，海洋资源以其产生的生态价值与经济价值，成为人类生存和发展的动力源泉之一，海洋资源所产生的价值也在不断增加。海洋资源不再单独作为生态资源存在，而是经济、社会和生态要素的综合体。在开发利用的过程中，不能仅考虑经济目标，还要评估开发利用过程中对当地自然环境产生的影响，同时对开发后的经济社会及环境影响进行预评价。由于海洋资源开发的动态性，也使以往不能被利用的海洋物质或海洋环境因素，在人类技术进步与社会发展的背景下，变得可以为人类所用。虽然海洋开发的广度和深度在不断加大，但我国海洋资源的基本情况仍然非常严峻，总体特征体现为资源总量丰富但人均占有率偏低，资源利用效率较差。

随着经济发展与社会进步，我国面临二元经济转型与经济环境可持续发展的双重局面，资源的刚性需求与能源短缺问题将在长时间内成为中国社会发展的约束。虽然我们对海洋资源的开发力度在不断加大，但仍难以满足日益增长的资源消费水平。当前，资源价格由于定价偏低，并不能反映稀缺的真实情况，造成资源的过度开采与浪费。如果人类对海洋的开采或污染超过了海洋自身所能承受的极限，打破了海洋生态系统的平衡，则说明人类的行为超过了海洋资源的承载力，有必要进行相应的海洋资源管理。而资源环境承载力的衡量是实现海洋资源管理以及合理配置沿海区域资源的基础，是缓解资源环境对经济发展的限制和实现经济可持续发展的重要途径。因此，在人均资源相对短缺的情况下，如何更好地开发海洋资源、增强海洋承载力，是我们亟须解决的重要问题。

第一节　海洋资源承载力的理论内涵和评估进展

一、海洋资源环境承载力的理论内涵

1. 资源承载力。早在马尔萨斯的《人口原理》中，人口增长受资源约束的概念已经萌芽，这为“承载力”的研究拉开了序幕。18 世纪末，“承载力”一词首次在人类统计学领域明确提出，从容纳能力的角度描述了在特定区域某一环境下对受载体的增长速度和生长规模的限制程度。1921 年，帕克（Park）和伯根思（Burgess）将其引入生态领域，明确了“某一特定环境条件下，某种个体存在数量的最高极限”的含义。在此之后，突破封闭种群视角的限制，国内外学者的研究扩展到了种群与资源环境的关系上，并有学者将研究对象锁定到人类社会，着重研究人口、资源和环境量问题，并衍生出资源承载力、环境承载力、生态承载力和综合承载力等概念，扩展了人类生态学、人类社会科学的学科框架。近年来，“承载力”与可持续发展理念相融合，从单要素限制转向动态性、整体性、功能性的复合要素承载机制研究。

2. 海洋资源环境承载力。资源承载力指在保证符合一定文化预期的物质生活水平条件下的未来一段时间内，利用本地能源及其自然资源和智力、技术等条件，该国家或地区能持续供养的人口数量。环境承载力强调区域环境对人类社会经济活动支持能力的阈值，生态承载力则突出了这种环境中生态系统的功能性和整体性。由于资源、环境、生态各系统关联紧密，涵盖资源、环境和生态要素的综合承载力——资源环境承载力的概念应运而生，其反映了人类社会经济发展与资源开发和环境保护之间的关系。

随着人们对海洋资源认识的深入，海洋承载力逐渐被纳入经济学的研究当中。海洋资源承载力被定义为一定时期和一定区域范围内，在维持区域海洋资源结构符合可持续发展的需要，海洋生态环境功能仍具有在维持其稳态效应能力的条件下，区域海洋资源环境系统所能承载的人类各种社会经济活

动的能力（国家海洋局《海洋资源环境承载能力监测预警指标体系和技术方法指南》），其同样反映了海洋资源、环境和海洋生态系统之间服务功能的关系。海洋资源环境承载力有以下内涵：

（1）海洋资源供给水平：海洋资源的供给是海洋资源环境承载力的基础条件。可持续发展和海洋资源可持续利用的前提条件是人口、环境和经济的协调发展，而这建立在海洋资源种类、数量、可供给量、潜在价值量可持续开发的基础上。

（2）海洋环境自净水平：海洋环境自净水平是海洋资源环境承载力的约束条件。由于海洋自身生态系统与自我调节系统限制，其能容纳的污染物与开采力度存在一个上限值，人类只有低于这个上限进行开采与污染排放，才能保证海洋资源不会出现污染或枯竭。

（3）海洋生态系统服务水平：海洋生态系统服务水平是海洋资源环境承载的支持条件。在人类活动为海洋资源环境施加压力的情况下，海洋生态系统维持着人类经济生活和区域环境系统的结构稳定。

二、海洋资源环境承载力研究进展

从各个国家对海洋资源的管理层面来看，美国主要采取的是合作式，通过对威斯康星州的合作式资源管理实践，可以看出政府部门的参与有利于促进其他利益相关者的参与，有利于加强对额外资源的利用。澳大利亚则采用综合资源管理模式，将可持续的概念融入综合自然资源管理的概念中。澳大利亚政府已经制定条款对水资源进行管理，以便充分利用社会、经济、环境资源维护蓄水层和地下水。而海岸带保护项目让社区参与到海岸带的管理中，并且这种管理模式已经被七个州所采纳。加拿大南方提出污染源处的污水排放者通过向污水排入口处的土地拥有者购买信用积分来排放污水，而这些信用积分需要通过贡献污染源治理措施得到。这个水质交易项目的成功得益于社区的合作、立法的支持、信用及成本的确定等诸多条件。并非所有的管理实践都有益处，有些管理实践以自上而下的发起方式因为缺少居民参与的主动性与积极性等原因而以失败告终。

国家政府部门的参与能够有效提高该体制成功建立的概率。虽然国家与社区之间的关系比较紧张，海洋资源管理模式较为粗放，但是设立共同管理式自然资源管理体制，应在现有机制的基础上逐步改进，而社会互信起着重要作用。随着国家对海洋资源环境承载力研究工作的重视，学者们也展开了各区域海洋资源环境承载力的评价研究。国家海洋局和国家发改委分别于 2015 年与 2016 年联合印发《海洋资源环境承载能力监测预警指标体系和技术方法指南》和《资源环境承载力能力监测预警技术方法》，这也是国家首次对于“承载力”评估工作进行统一的技术指导。2017 年，国家海洋环境监测中心、海洋局一所、国家海洋信息中心、东海水产海洋所等单位技术专家组成了“海洋资源环境承载能力监测预警技术工作组”。近年来，其已在海岛资源环境承载力预警技术研究方面取得多项重要进展，包括分析海岛复合生态系统的基本特征、海岛资源环境承载力的主要胁迫因素、发展海岛生态系统基础承载力与现实承载力评估方法，阐述海洋与海岛资源环境承载力对社会经济支撑条件的响应机制及其提升路径等。东海监测中心承担的“长江口海域资源环境承载力预研究 + 承载力预警技术研究”项目计算了长江口及其邻近海域渔业资源潜在产量及最大可持续产量，并以此作为渔业资源承载力的评价标准。

对于中国来说，尽管资源储量位居世界前列，但人均可利用资源仍十分有限。当前，中国海洋资源整体开发利用水平还比较落后，一直处于粗放式的、资源消耗型生产模式。岛屿的建设也存在滞后的状态，交通设施、运输能力、能源动力的不足均严重制约岛屿经济的发展，淡水资源匮乏。与发达国家相比，中国海洋资源开发和利用的总体水平还比较落后，在思想意识、体系建设、技术装备、经济效益和科学管理等方面都还存在着较大的差距和不足，海洋资源环境承载能力监测预警指标体系和评估方法也还需进一步完善，这已成为中国海洋资源进一步开发利用的阻力。

第二节　青岛市海洋资源承载力评估与模拟

随着海洋经济的快速发展，海洋资源的掠夺性开发与沿海环境污染日趋严重，海洋资源短缺、环境污染与生态破坏已成为今后海洋经济发展的主要限制性因素。为此，开展海洋生态承载能力研究以保证海洋的持续发展就显得越发重要。作为山东半岛蓝色经济区的核心地区，青岛市在蓝色经济区建设中起着引领示范作用，但海洋资源承载力制约成为蓝色经济区海洋经济社会高速发展所面临的难题。对青岛市海洋资源承载力进行系统、准确的评估是建立基于海洋生态系统健康安全的海洋经济可持续发展模式的重要根据，也是增强人口、环境和经济协调发展的能力的基础。

一、环境承载力理论模型的建立

在第一节中，我们知道，由于海洋系统的开放性和复杂性，海洋资源承载力是一个综合性非常强的概念，需要考虑海洋资源的合理配置、海洋环境的可持续发展、海洋经济结构的优化以及科技与资源、经济和环境的相互协调。因此，要想实现对青岛市海洋资源承载力的准确评估，就要在海洋系统是一个有机整体的基础上，综合分析科技系统、资源系统、经济系统和环境系统各要素内的关系组成，以及它们之间的协调机制。

而系统动力学（system dynamics）作为研究系统结构和系统功能的仿真方法，在对系统内部各个要素之间的因果联系进行科学验证与经济学分析方面具有显著优势，并可以实现系统动态演变过程的分析和预测。其原理简单来说，就是根据系统的层次关系将其划分为若干个子模块，每个模块由单个或多个变量与方程组成，各个模块内部以及模块之间的层次或因果关系通过以上结构模型（系统的流程图）和数学模型（模型的关系式）加以刻画，从而描述客观世界的复杂变化，比如生产中库存的消耗、人口的出生与死亡。

参考拉斐尔（Rafael，2013）的理论模型，可以将海洋承载力系统划分为四个子系统，分别是科技（T）、经济（E）、资源（R）和环境（E）子系统。每个子系统中均包括生产性部门（S）与消费性部门（D）。将资源和环境子系统中的生产者定义为非生产性部门，表明这些部门不存在生产要素但仍然能进行生产。科技与经济子系统在生产的过程中，都会产生相应的期望产出（Y），并排放污染，也称为非期望产出（B）。

资源子系统生产煤、石油和天然气等能源产品，这些产品作为经济子系统与科技子系统中的能源投入部分，经济子系统中能源结合劳动力和资本进行生产，生产的期望产出通过消费实现子系统的内部循环，非期望产出则根据自身资本特征，一部分在子系统内部进行循环，另一部分流入至环境子系统中；科技子系统中能源结合科学家与研发资金进行科技创新，期望产出仍然进入经济子系统中进行循环，非期望产出则直接进入环境子系统中。环境子系统则依靠自身的修复能力进行相应的“生产”，这种生产的投入为污染物，产出为经过净化以后的“清洁品”。模型的思想如图 8－1 所示。

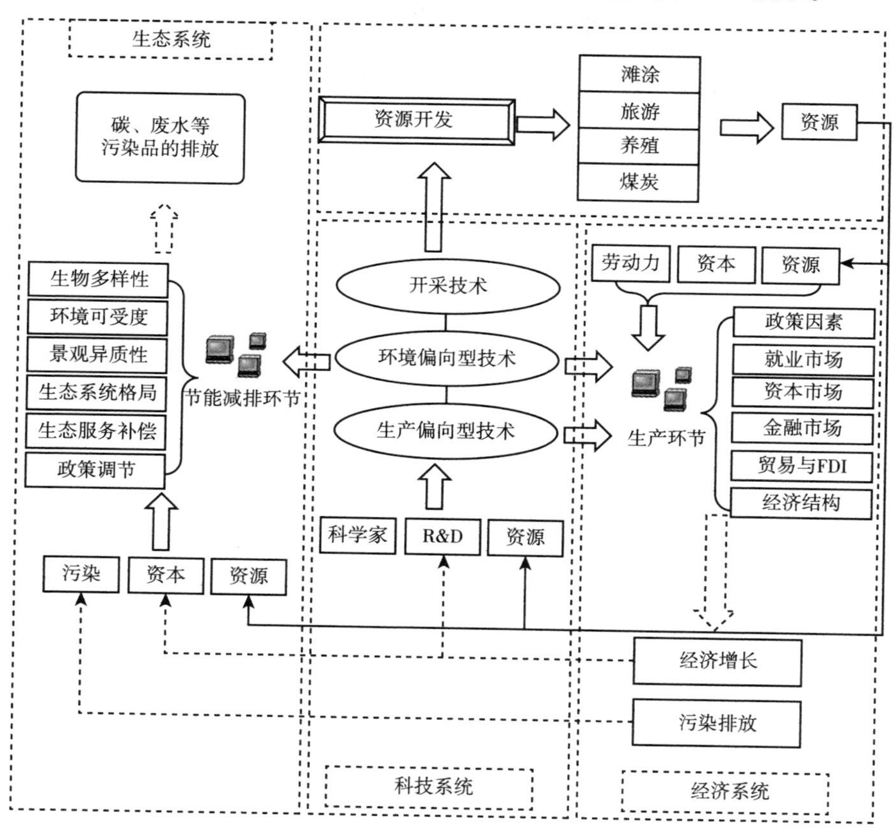

图 8－1 TERE 模型结构示意图

1. 资源子系统的建立。资源子系统中生产者为非生产性部门，生产要素为地质土壤中蕴含的能源物质，其通过开采进入经济子系统与科技子系统中进行下一步的生产。但每一时期能开采出的能源与经济和科技的发展程度相关，则有：

$$E_t = A_3(\overline{L} - L_1 - L_2)\mu_1 PY_t R_t \tag{8－1}$$

其中，A_3 表示开采能源的技术水平，经济子系统中将 μ_1 部分的利润投入资源子系统中进行能源的开发，P 表示产品 Y 的价格指数，R 表示 t 时期的资源储备总量，则所开采的资源分入科技子系统与经济子系统的比例分别为：

$$E_E = \varphi E_t \tag{8-2}$$

$$E_T = (1-\varphi) E_t \tag{8-3}$$

2. 科技子系统的建立。科技子系统中的产出分别为生产型技术、节能减排型技术与开采能源的技术。这三种技术的开发需要三家科研机构进行。假定每家科研机构仅生产一种技术。科研人员在科研机构中存在极强的技术差异，所以不存在流动。此时我们有：

$$A_1(L_1) = [\alpha_1 L_1^\sigma + \beta_1 F_1^\sigma + (1-\alpha_1-\beta_1) E_1^\sigma]^{1/\sigma} \tag{8-4}$$

$$A_2(L_2) = [\alpha_2 L_2^\sigma + \beta_2 F_2^\sigma + (1-\alpha_2-\beta_2) E_2^\sigma]^{1/\sigma} \tag{8-5}$$

$$A_3(\overline{L}-L_1-L_2) = [\alpha_3(\overline{L}-L_1-L_2)^\sigma + \beta_3 F_3^\sigma + (1-\alpha_3-\beta_3) E_3^\sigma]^{1/\sigma} \tag{8-6}$$

其中，F 表示 R&D 资金的投入水平，且 $F_3 = \mu_1 PY$，能源投入 Ei 为 R&D 资金投入的增函数。由于科研人员在每一家科研机构的份额已确定，且假定在科技子系统中对每一家科研机构的能源分配由 R&D 资金决定，所以决定每一家科研机构产出的关键因素为技术水平给经济子系统所带来的收益，且有：

$$E = \phi F \tag{8-7}$$

其中，ϕ 为能源占 R&D 资金的比重。科技子系统通过出售“技术”获得利润，生产技术所产生的污染排放将直接流入环境子系统中，且污染物需要缴纳相应的污染排放税 τ，则科技子系统为了使产出最大化，则有：

$$\max \sum_{i=1}^{3} p_i A_i - \overline{w}\,\overline{L} - \tau B_2$$

$$B_2 = A_2(L_2)\,[\alpha A_1^\sigma + \beta A_2^\sigma + (1-\alpha-\beta) A_3^\sigma]^{1/\sigma} \tag{8-8}$$

其中，p_i 表示三类技术所对应的价格，$\overline{w}$ 表示科学家的平均工资，B2 表示科技子系统的污染排放，与科技子系统中三类技术的产出有关。

3. 生态子系统的建立。在生态子系统中，生态系统本身存在自我修复能力，假定其为 k，且自我修复能力随污染物的增加而降低。在环境承载力允许的范围内，生态系统净化能力可以表示为：

$$k = (M-B)/Env \tag{8-9}$$

其中，M 表示环境最大污染程度，Env 表示整个生态系统，表明自我修复能力随着污染物的增加而降低。如果经济子系统与科技子系统的污染排放超出了环境承载力，则生态系统的自我修复能力也将受到破坏，所以在可持续发展的前提下，必然有：

$$M > B$$

4. 经济子系统的建立。假定经济子系统中只存在一个部门，生产两种产品：期望产品与非期望产品，生产中需要技术、劳动力、资本和能源。不存在投资与储蓄，生产所得利润将全部用于再生产与科技子系统中的 R&D 资金，则产品的生产函数假设可以表示成 CES 形式：

$$Y = A_1(L_1)[\alpha L^{\sigma} + \beta K^{\sigma} + (1 - \alpha - \beta)E^{\sigma}]^{1/\sigma} \tag{8-10}$$

$$NEO = [\alpha L^{\sigma} + \beta K^{\sigma} + (1 - \alpha - \beta)E^{\sigma}]^{1/\sigma} \tag{8-11}$$

$$B_1 = A_2(L_2)NEO \tag{8-12}$$

其中，B 表示污染物，A_1，A_2分别表示生产型技术与节能减排型技术，均为科学家数量的函数。在科技子系统中假定科学家总量为 L，从事生产型技术研发的科学家数量为 L_1，从事节能减排型技术研发的科学家数量为 L_2。A_1为 L_1的增函数，表明生产型技术投入越大，产出越高；A_2为 L_2的减函数，表明节能减排型技术投入越大，污染物产出越少。生产所获得的利润，一部分投入资源子系统中进行能源的开发，另一部分将投入科技部门的 R&D 中，支持科学家进行技术的创新。由于只存在一个生产部门，且经济子系统中实现充分就业，所以消费者即为生产者。假定消费者效用为产品的增函数，则生产部门所生产的产品越多，效用就越大。

经济子系统中需要实现利润最大化，而生产受到两方面的约束，一是资源子系统中能源开发量的限制，二是在环境子系统中生态自我修复能力的限制，假定排放入环境子系统中需要缴纳一定程度的污染税 τ，则我们有：

$$\max\ PY - wL - \tau B_1 \tag{8-13}$$

其中，w 为工人平均工资。

我们将式（8 - 1）~式（8 - 13）进行联立，即可得到 TERE 结构模型的一般均衡解。

二、环境承载力模型系统方程的确定

第一节中，我们用式（8 - 1）~式（8 - 13）刻画了科技、经济、资源和环境子系统的内部结构，下面我们要进一步剔除与研究系统关系不大的变量和指标，仅将与海洋资源环境资源承载力相关性较强的变量和概念置于系统边界内，并根据三种方法定义方程参数，将上述假设表示成清晰的数学关系集合，据此构建完整的系统动力学模型。

1. 确定模型变量。在资源子系统中，海域和滩涂面积的大小可以决定能源系统中海洋能源的使用程度，海水养殖面积的大小决定海水所能带来的经济效用，生活用水则维持人类生活的正常运转。所以选取海域面积、滩涂面积、海水养殖面积和生活需水量作为子系统的产出，这些产出将会作为其他子系统的投入存在。

在环境子系统中，污染排放经过一系列自然或人为的处理，使得污染物变为非污染物进行排放，以保证环境的正常循环利用。所以，在这个子系统中，不仅要考虑污染排放量，还要考虑经过处理的污染物的排放量。所以选取工业废水排放量、生活污水排放量、氨氮排放量和 COD 排放量四个指标，同时还选取了污水排放系数和海水养殖排污系数两个指标来度量污染排放情况，选取废水入海量作为非污染物指标。

在经济子系统中，旅游产业、养殖产业与渔业是经济增长的主要来源。需要收集定量指标描述生产的状态。所以选取旅游人数、海水产品消费需求、旅客逗留天数和旅游空间容量表示海洋经济增长的空间和需求；选取海水捕捞量、海水养殖产品量、海洋水产品产值、海水产品产量、海洋 GDP、滨海旅游业总收入和工业产值来表示海洋经济发展的水平。选取总人口、人口出生率和人口死亡率来描述劳动力的供给，城镇人口、农村人口和城镇化率作为城市农村排污水平的衡量。

另外，建立系统动力学模型之前，还需要设定各个状态变量的初始值。我们以 2001 年作为基期，设定初始值如表 8－1 所示。

表 8－1　海洋承载力模型参数取值

项目	指标	单位	取值
状态变量初始值（2001 年）	总人口	万人	710
	GDP	亿元	1 368.55
	海洋产业总产值	亿元	232

续表

项目	指标	单位	取值
常数参数取值	人口出生率	‰	9.49
	人口死亡率	‰	7.02
	人口净迁入率	‰	4.3
	污水排放系数	/	0.8
	海水养殖排污系数	千克/吨	5.165
	滩涂面积	平方千米	375
	海域面积	平方千米	12 200
	游客逗留天数	天/人	2.5
	海水捕捞量	万吨	84.56

2. 确定系统方程。根据理论模型的分析，在确定系统动力学模型初始值、常数值、表函数等参数的基础上，我们建立以下的系统动力学方程。

（1）资源子系统。构建资源子系统的系统动力学方程。为衡量资源子系统的投入指标，我们采用人均占有资源量来表示，于是有：

$$\text{人均滩涂面积} = \text{滩涂面积}/\text{总人口} \tag{8-14}$$

$$\text{人均海域面积} = \text{海域面积}/\text{总人口} \tag{8-15}$$

$$\text{旅游空间容量} = (\text{海域面积} + \text{滩涂面积})/\text{旅游人数} \times \text{游客逗留时间} \tag{8-16}$$

我们采用海水养殖面积产量与旅游业产量来表示资源子系统的产出，即：

$$\text{单位海水养殖面积产量} = \text{海水养殖产品量}/\text{海水养殖面积} \tag{8-17}$$

$$\text{滨海旅游业产出效率} = \text{滨海旅游业总收入}/\text{海洋产业总产值} \tag{8-18}$$

$$\text{出生人口} = \text{总人口} \times \text{人口出生率} \tag{8-19}$$

$$\text{死亡人口} = \text{总人口} \times \text{人口死亡率} \tag{8-20}$$

$$\text{净迁入人口} = \text{总人口} \times \text{人口净迁入率} \tag{8-21}$$

产出指标方程为：

$$\text{人口} = \int_{2001} \text{出生人口} - \text{死亡人口} + \text{净迁入人口} \tag{8-22}$$

其中，总人口指标为历年人口变化的积分，基期从2001年开始累加计算。

我们还设定了两个状态方程，分别为：

$$农村人口 = 总人口 - 城镇人口 \quad (8-23)$$

$$城镇人口 = 总人口 \times 城镇化率 \quad (8-24)$$

（2）经济子系统。

$$海水产品消费需求 = 人均水产品消费量 \times 总人口 \quad (8-25)$$

$$水产品供需比 = 海水产品产量/海水产品消费需求 \quad (8-26)$$

生产子系统的产出方程为：

$$旅游直接收入 = 人均消费 \times 旅游人数 \times 游客逗留天数 \quad (8-27)$$

$$滨海旅游业总收入 = 旅游直接收入 + 旅游间接收入 \quad (8-28)$$

$$旅游间接收入 = 滨海旅游业总收入 - 旅游直接收入 \quad (8-29)$$

$$海水产品产量 = 海水养殖产品量 + 海水捕捞量 \quad (8-30)$$

$$GDP总量 = \int_{2001} GDP增量 \quad (8-31)$$

$$GDP增长量 = GDP \times GDP增长率 \times 海洋水质良好度 \quad (8-32)$$

$$人均GDP = GDP/总人口 \quad (8-33)$$

$$工业产值 = GDP \times 工业产值占GDP比重 \quad (8-34)$$

$$海洋产业增加值 = \int_{2001} 海洋产业增加值 \quad (8-35)$$

$$海洋产业增加值 = \frac{海洋产业}{总产值} \times \frac{海洋产业}{增长率} \times \frac{海洋水质}{良好度} \quad (8-36)$$

其中，GDP总量为历年GDP增长量的积分，以2001年为基期进行计算；海洋产业总产值为历年海洋产业增加值的积分；海洋水质良好度指标根据COD与氨氮排放的平均改善程度计算得到，计算公式为：

$$海洋水质良好度 = \frac{1}{2}\left(\frac{COD_t}{COD_{t-1}} + \frac{NH_t}{NH_{t-1}}\right) \quad (8-37)$$

其中，COD表示COD排放量，NH表示氨氮排放量，t表示时期。

（3）环境子系统。

$$生活污水排放量 = 城镇人口 \times 人均生活用水量 \times 污水排放系数 \quad (8-38)$$

$$工业废水排放量 = 工业产值 \times 万元产值工业废水排放量 \quad (8-39)$$

$$\text{废水排放量} = \text{生活废水排放量} + \text{工业废水排放量} \tag{8-40}$$

$$\text{COD 排放量} = \text{废水入海量} \times \text{废水 COD 含量} \tag{8-41}$$

$$\text{氨氮排放量} = \begin{matrix}\text{废水}\\\text{入海量}\end{matrix} \times \begin{matrix}\text{废水水}\\\text{含氮量}\end{matrix} + \begin{matrix}\text{海水产}\\\text{品产量}\end{matrix} \times \begin{matrix}\text{养殖氨氮}\\\text{排污系数}\end{matrix} \tag{8-42}$$

根据式（8-16）~式（8-44）共29个状态方程，建立海洋资源承载力的系统动力学模型。模型中设置30个相应的辅助变量（包含10个以表函数形式给出）、11个常数，模拟年限为2009~2020年，模拟步长为1年。用Vensim绘制的完整系统动力学模型如图8-2所示。

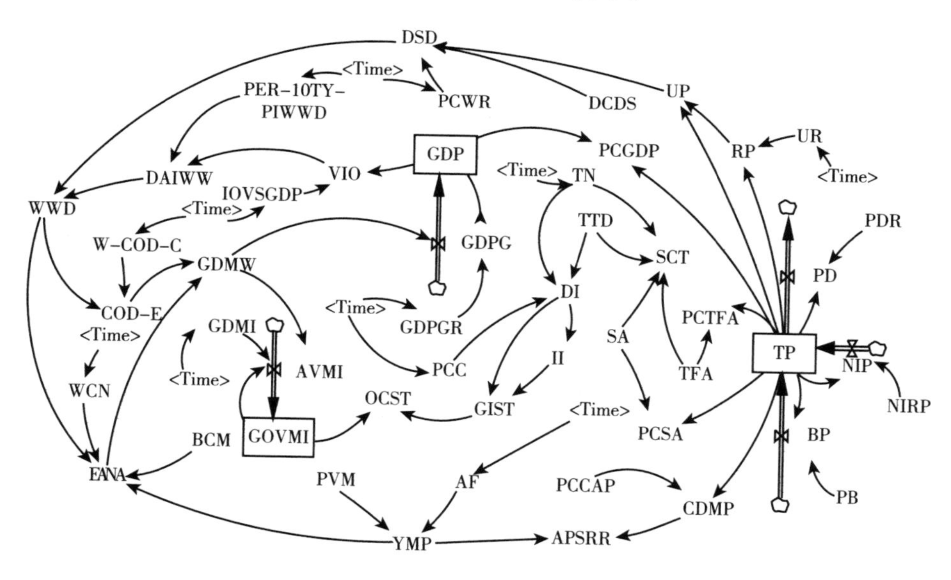

图8-2　完整的系统动力学模型

注：SA代表海域面积，PCSA代表人均海域面积，TFA代表滩涂面积，PCTFA代表人均滩涂面积，PCWR代表人均需水量，AM代表海水养殖面积，WWD代表废水排放总量，DSD代表工业废水排放量，WWD代表生活污水排放量，EANA代表氨氮排放量，WCN代表含氮废水排放量，COD-E代表COD排放量，W-COD-C代表废水COD含量，PER-10TY-PIWWD代表每万元产值工业废水排放，GDMW代表海水水质优良度，GRMI代表海洋产业增长率，DCDS代表污水排放系数，BCM代表海水养殖排污系数，OCST代表滨海旅游占有率，GIST代表滨海旅游总收入，TN代表游客数量，CDMP代表海水产品消费需求，PCCAP代表人均水产品消费，APSRR代表水产品供需比，TTD代表旅客逗留天数，SCT代表旅游空间容量，AF代表海水捕捞量，PVM代表海水养殖产品量，YMP代表水产品产量，VIO代表工业产值，IOVSGDP代表工业产值占GDP的比重，GDP代表国内生产总值，PCGDP代表人均GDP，GDPGR代表GDP增长率，PCC代表人均消费量，AVMI代表海洋产业附加值，GOVMI代表海洋产业总产值，DI代表直接收入，Ⅱ代表间接收入，TP代表总人口，NIP代表净移民人口，NIRP代表人口净移民率，BP代表出生人口，PB代表人口出生率，PD代表死亡人口，PDR代表人口死亡率，UP代表城镇人口，RP代表农村人口，UR代表城镇化率。

三、环境承载力模型的检验

1. 稳定性检验。在对海洋承载力系统进行模拟之前，还需要对其进行稳定性检验，将模型仿真结果与实际历史统计数据进行比较，验证其吻合程度，对模型的可靠性和准确性作出判断。如果误差在可接受范围内，则所建立的系统动力学模型就是可行的，可以对现实状况进行模拟和预测。我们采用相对误差的方式进行计算，公式为：

$$RE = \frac{OV - SV}{OV} \times 100\% \tag{8-43}$$

其中，RE 表示相对误差，OV 表示实测值，SV 表示模拟值。

我们首先通过对 2001～2013 年的模拟，与真实值进行对比，以检验模型拟合优度与稳定性，然后再以 2013 年为基准年，对未来七年进行预测，检验结果如表 8－2 所示。从表 8－2 中可以看出，模拟值与实际值相差较小，大部分模拟相对误差均在 3% 以下，说明模型拟合精度较高，可以进行未来值的预测。

表 8－2　稳定性检验

年份	总人口（万人）			废水排放量（万吨）			COD 排放量（万吨）		
	实际	模拟	RE（%）	实际	模拟	RE（%）	实际	模拟	RE（%）
2001	710.49	710.49	0.00	23 062.7	22 908.6	-0.67	20.26	21.19	4.60
2002	715.65	715.32	-0.05	23 291.4	23 071.5	-0.94	20.47	20.38	-0.46
2003	720.68	720.18	-0.07	23 698.2	23 728.4	0.12	19.99	19.97	-0.10
2004	731.12	725.07	-0.83	24 183.4	24 226.7	0.18	19.94	19.38	-2.79
2005	740.91	730.00	-1.47	25 216.1	25 561.1	1.37	19.37	19.68	1.63
2006	749.38	734.96	-1.92	31 330.1	29 733.5	-5.10	20.29	20.52	1.09
2007	757.99	739.95	-2.38	31 730.8	31 507.1	-0.71	19.15	19.53	2.01
2008	761.56	744.98	-2.18	33 172.6	33 011.2	-0.49	17.87	18.16	1.63
2009	762.92	750.04	-1.69	35 646.2	35 314.1	-0.93	17.33	16.95	-2.19
2010	763.64	755.13	-1.11	38 155.0	37 445.9	-1.86	16.65	16.10	-3.29
2011	766.36	760.26	-0.80	41 216.0	40 946.0	-0.66	15.83	15.56	-1.71
2012	769.56	765.43	-0.54	42 797.0	44 529.1	4.05	14.94	14.92	-0.15
2013	773.67	770.63	-0.39	47 177.0	47 507.2	0.70	14.42	14.73	2.13

资料来源：根据 Vensim 5.6 模拟得到。

2. 灵敏度检验。由于社会系统数据资料的不全面和不准确，在处理动态系统模型参数时常通过参数估计来获取必要的系统参数，由此而产生的结果必然导致模型和真实系统之间的差异。对于系统动力学模型参数而言，模型的变化可能对一些参数是不灵敏的，对另外一些参数是灵敏的，即这些参数的微小变化都有可能导致模型行为的变化。

我们针对人口出生率、死亡率、净迁入率、海水养殖产量、海水捕捞量等五个常数参数进行灵敏度分析，将这五个指标在 -3% ~3% 的区间范围进行变化，步长为 1%，以此来模拟 GDP、GOP、氨氮排放量、COD 排放量、废水排放量的变化率，变化率的表达式为：

$$S(t) = \frac{\Delta Y(t)}{Y} \tag{8-44}$$

其中，S(t) 为模拟变量的变化率，Y 为模拟变量的初始值，Y(t) 为改变初始参数值后的相关辅助变量的变化量。考虑到制表方便和灵敏度分析的有效性，为方便起见，我们将最终结果保留六位有效数字，检验结果如表 8 - 3 所示。

表 8 - 3　　灵敏度检验

常数参数	灵敏度分析				
	GDP	GOP	氨氮排放量	COD 排放量	废水排放量
人口出生率	0.000177	-0.000240	0.000315	0.002391	0.002631
人口死亡率	-0.000130	0.000171	-0.000230	-0.002170	-0.001940
净迁入率	0.000080	-0.000110	0.000142	0.000956	0.001190
海水养殖产量	0.000213	-0.000250	0.019366	-0.000190	0.000050
生活污水排放系数	0.000409	-0.000510	0.002745	0.022694	0.022937

注：表中数据为根据 3% 的调整量计算得到。

经研究分析知，所有常数参数对废水排放量等相关辅助变量的灵敏度都小于 5%，说明模型行为模式并没因为参数的微小变动而出现异常变动，因此模型是可信的，而且表明通过模型可以进行政策模拟分析。

四、环境承载力模型的模拟

1. 方案设计及模拟结果。通过对比模拟预测值与历史真值的误差，我们确定了本教材建立的系统动力学模型是稳定可靠的。在整个系统中，政府通过控制可控变量，从而实现经济发展和环境保护的目标，所以运用此模型对政策进行结果模拟，以 2013 年为基准年，对未来七年的重点变量演变趋势进行预测。我们主要关注经济与环境的情况，故选定代表性指标 GDP、GOP 与废水排放量、氨氮排放量与 COD 排放量。我们设计了五个方案以模拟政策变化，分别为：现状延续型（方案 1）保持现有状况不变，不采取任何措施，方案中各决策变量指标值维持现有发展趋势。人口控制型（方案 2）将青岛市的人口出生率降低到 7‰，净人口迁入率降低到 3‰。污染控制型（方案 3）将青岛市的生活污水排放系数降低至 0.7，海水养殖排污系数降至 4.8，万元产值工业废水排放量 2013 年后调整到 3 吨/万元。渔业控制型（方案 4）将青岛市的海水捕捞量降低至 20 万吨，海水养殖产品量降低至 75 万吨。经济发展型（方案 5）将青岛市的 GDP 增长率调整为 2013 年后 13%，海洋产业增长率调整为 2013 年后 20%。

分别对五种方案进行系统动力学模拟，五种方案下各相关变量的时间变动如表 8－4～表 8－6 所示。比较五种方案的模拟结果。不同方案下几个主要变量的模拟结果如图 8－3～图 8－7 所示，其中，线段 1～5 依次代表方案 1～5 的模拟结果。

表 8－4　　五种方案下 GDP 与 GOP 模拟结果

年份	GDP（亿元）					GOP（亿元）				
	①	②	③	④	⑤	①	②	③	④	⑤
2014	10 262.2	9 142.85	9 027.8	9 658.71	10 090.6	3 077.0	3 023.2	2 618.8	2 819.5	3 041.4
2015	11 376.1	10 070.3	9 926.1	10 684	11 578.2	3 633.5	3 559.7	3 053.1	3 297.5	3 707.7
2016	12 581.2	11 071.3	10 892.6	11 791.4	13 269.2	4 276.3	4 176.6	3 549.6	3 845.5	4 527.6
2017	13 887.1	12 153.9	11 934.4	12 989.2	15 196.1	5 016.4	4 883.6	4 115.6	4 472.2	5 534.4
2018	15 282.8	13 309.1	13 042.5	14 268.1	17 365.8	5 875.2	5 700.3	4 766.6	5 194.2	6 785.9
2019	16 773.5	14 541.6	14 221.0	15 633.1	19 809.6	6 866.8	6 638.9	5 511.8	6 022.1	8 342.8
2020	18 365.5	15 857.1	15 474.4	17 089.6	22 563.6	8 005.7	7 711.7	6 360.7	6 967.0	10 280

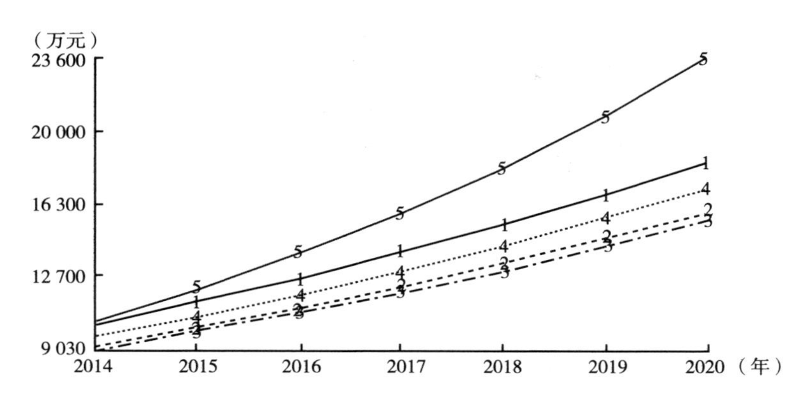

图 8-3　不同方案下青岛市 GDP 模拟结果

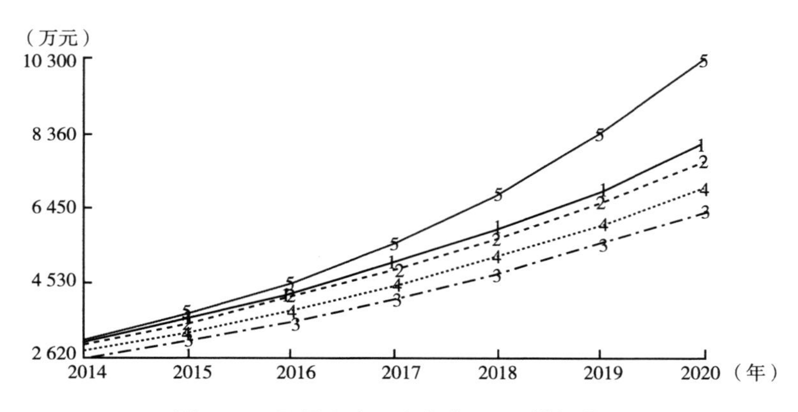

图 8-4　不同方案下青岛市 GOP 模拟结果

表 8-5　　五种方案下 COD 与氨氮模拟结果

年份	COD（万吨）					氨氮（万吨）				
	①	②	③	④	⑤	①	②	③	④	⑤
2014	15.15	14.41	13.52	14.91	15.15	6.49	6.04	6.04	5.67	6.52
2015	15.21	14.41	13.62	14.95	15.35	6.51	6.07	6.07	5.70	6.54
2016	15.15	14.29	13.60	14.86	15.44	6.53	6.10	6.09	5.74	6.56
2017	15.44	14.51	13.91	15.12	15.90	6.55	6.14	6.11	5.77	6.59
2018	15.64	14.65	14.14	15.30	16.30	6.57	6.17	6.13	5.80	6.60
2019	15.77	14.72	14.30	15.40	16.64	6.58	6.20	6.15	5.83	6.62
2020	15.80	14.70	14.38	15.42	16.89	6.59	6.23	6.17	5.85	6.64

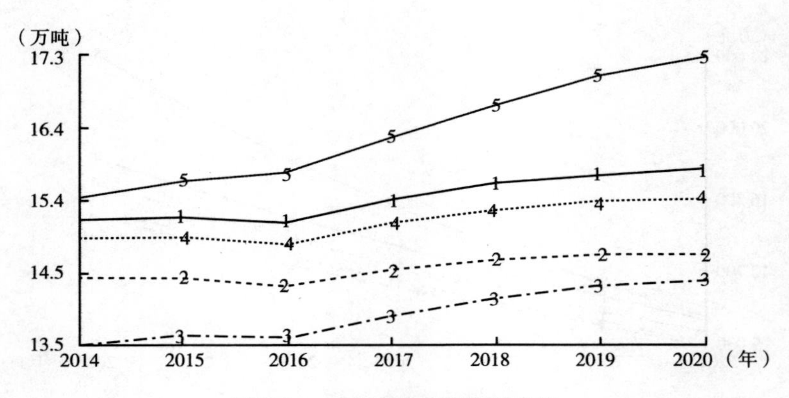

图 8－5　COD 排放量模拟结果

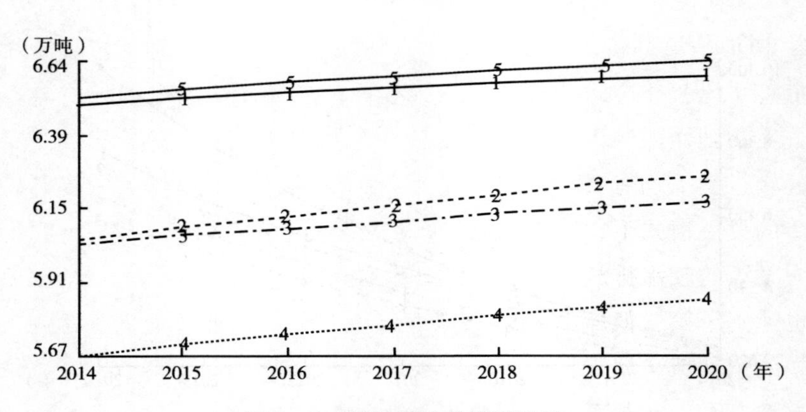

图 8－6　氨氮排放量模拟结果

表 8－6　　五种方案下废水排放量模拟结果　　单位：万吨

年份	方案 1	方案 2	方案 3	方案 4	方案 5
2014	52 256. 7	49 682. 8	46 637. 7	51 414. 7	52 234. 9
2015	56 351. 3	53 366. 7	50 445. 8	55 359. 0	56 860. 1
2016	60 593. 5	57 166. 2	54 413. 3	59 439. 1	61 760. 4
2017	64 989. 9	61 087. 2	58 549. 0	63 661. 4	66 963. 5
2018	69 524. 8	65 113. 6	62 838. 1	68 011. 2	72 464. 1
2019	74 200. 6	69 247. 5	67 284. 6	72 490. 8	78 284. 7
2020	79 019. 8	73 491. 1	71 893. 3	77 103. 1	84 451. 3

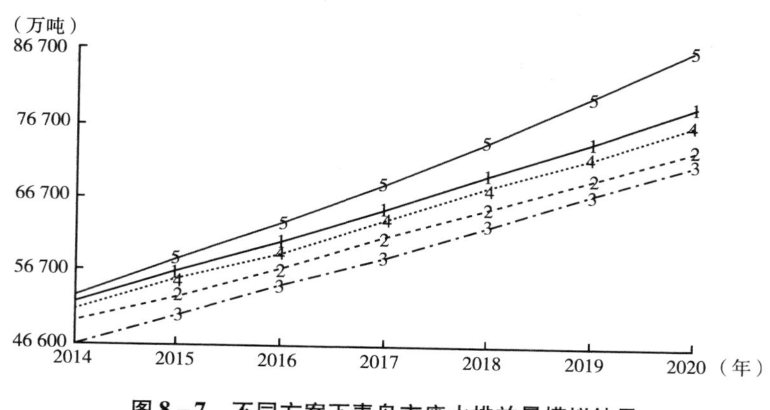

图 8-7　不同方案下青岛市废水排放量模拟结果

2. 模拟结果分析。从整体模拟效果来看，方案 1 中 GDP 与海洋产业总产值稳步增长，废水排放量与氨氮排放量随着经济的发展保持着稳步增长。方案 2 则在限制人口增长的情况下，废水排放量、COD 排放量、氨氮排放量较方案 1 均有一定程度的缓解，实现了海洋承载能力的提升，但在方案 2 的发展模式下，GDP 与海洋产业总产值较方案 1 均有一定程度的下滑。方案 3 的废水排放量与 COD 排放量达到五个方案中的最低值，氨氮排放量也达到了第二低值的程度，但其 GDP 与海洋产业总产值也达到了五个方案中的最低值，属于牺牲经济保环境的发展模式。方案 4 的氨氮排放量达到五种方案中的最低值，废水排放量与 COD 排放量较方案 1 均有所缓解，GDP 与海洋产业总产值低于方案 2 好于方案 3。方案 5 为经济发展型，该发展模式以经济发展为重，不考虑或少考虑节能减排与环境保护。在该种发展模式下，GDP 与海洋产业总产值发展较好，但其废水排放量、COD 排放量与氨氮排放量均达到五种方案中的最高水平，属于牺牲环境发展经济的模式。

从各个指标的变化来看，在经济指标中，五种方案均使得 GDP 与 GOP 随着时间的推移稳步增长，其中，GDP 的增长速度从大到小依次为方案 5、方案 1、方案 4、方案 2、方案 3。与其他方案相比，随着经济增长的提速，GDP 增长最快，污染控制、渔业控制、人口控制都会限制 GDP 的增长，相较之下污染控制最能限制海洋产业的增长。GOP 的增长速度从大到小依次为方案 5、方案 1、方案 2、方案 4、方案 3。随着经济增长的提速，海洋产业总值增长最快，污染控制、渔业控制、人口控制都会限制海洋产业总值的增长，相较之下渔业控制最能限制海洋产业的增长。

环境污染指标中，COD 与氨氮排放量变化趋势相同，排放量从大到小依次为方案 5、方案 1、方案 4、方案 2、方案 3。随着经济增长的提速，COD 排放量稳步增长，污染控制、渔业控制、人口控制都会限制 COD 的排放，相较之下污染控制最能限制 COD 的排放。氨氮排放量从大到小依次为方案 5、方案 1、方案 2、方案 3、方案 4。与其他方案相比，随着经济增长的提速，氨氮排放量稳步增长，污染控制、渔业控制、人口控制都会限制氨氮的排放，相较之下渔业控制最能限制 COD 的排放。废水排放量的增长速度从大到小依次为方案 5、方案 1、方案 4、方案 2、方案 3。随着经济增长的提速，废水排放量增长最快，污染控制、渔业控制、人口控制都会限制废水的排放，相较之下污染控制最能限制废水的排放。

资料来源：Wang S.，Wang Y.，Song M. Construction and analogue simulation of TERE model for measuring marine bearing capacity in Qingdao [J]. Journal of Cleaner Production, 2017, 167: 1303 - 1313.

第三节　系统动力学的 Vensim 软件操作

海洋承载力系统属于动态的、多目标的复杂系统，所以不能直接用单一的评价方法进行度量。我们基于 TERE 模型构建海洋承载力的系统动力学模型，以能量为量化标准，为环境资源承载能力的系统测度提供了一套具有可行性的方案。采用 Vensim 软件构建青岛市资源环境承载力动态预测模型，包括资源—科技—环境—生产四个子系统，进而确定青岛市资源环境承载力的影响因素基础集，再根据系统内部结构和变量间互馈机理建立系统动力学流图，同时对系统内部变量赋值，以及确立变量间的方程关系式，最后在模型校验的基础上，验证不同的决策方式对未来五年青岛市的经济发展与污染排放的影响。

常用的系统动力学数值模拟器包括 Simile，Stella，Powersim，Vensim 等。其中，Vensim 是目前最常用的系统动力学模拟软件之一。用户在可视化操作界面下定义变量及其相互关系，各变量间采用箭头的方式相互连接，每个箭头即代表两个变量间的方程数量关系，进而构成整个系统的耦合和反馈机制。下面的结果均为使用 Vensim 软件运算得出。

一、创建系统动力学模型

我们打开 PLE。建立一个新模型。在菜单栏找到 File-New Model，或在工具栏直接单击 New Model 按钮。创建一个新模型。

创建后，出现如图 8－8 所示的模型设置界面，可以设置初始时间、终止时间、时间步长和单位等仿真基本条件。在上述案例中，模型模拟年限为 2009～2020 年，模拟步长为一年。

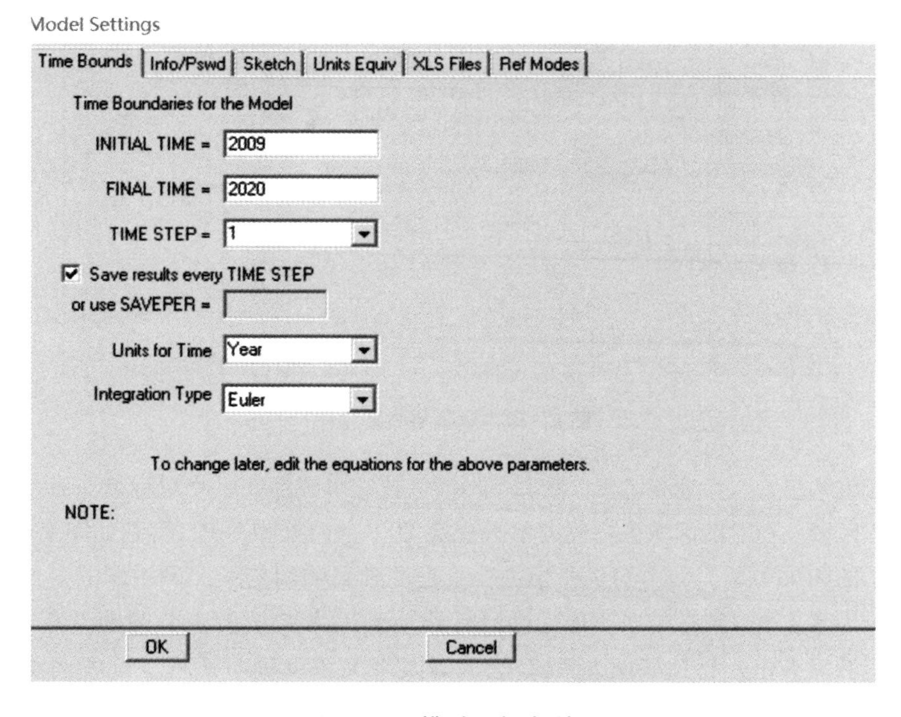

图 8－8　模型设定对话框

单击保存按钮或者菜单栏的 File-Save 命令，将模型保存为 Workforce. mdl。

1.　绘制因果关系图。打开新建立的模型文件 Workforce. mdl。在工具栏上单击变量按钮（Variable），然后将鼠标箭头移动到绘图区域，在绘图区域单击，得到如图 8-9 所示的文本编辑框，输入变量名称 TP。

图 8-9　文本编辑框

点击手型图标后将鼠标移到增加的变量区域，点鼠标左键弹出属性框可以调整变量的环绕外形，字体的大小、颜色，文字的位置等，如图 8-10 所示。

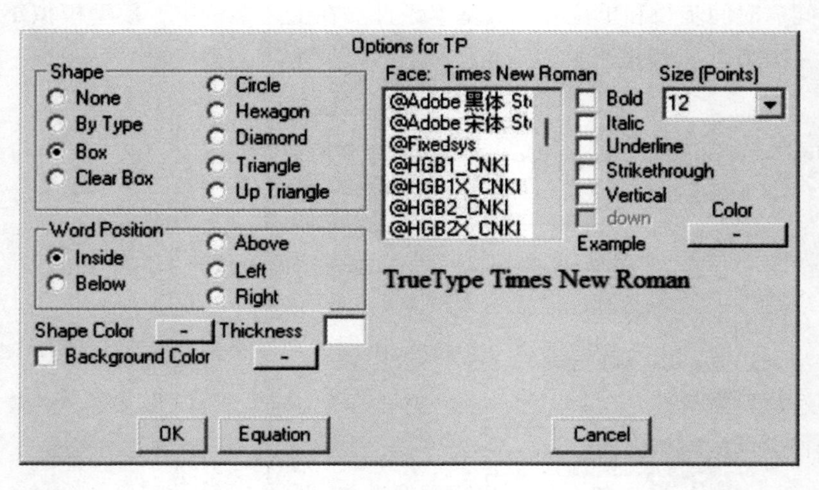

图 8-10　变量格式属性框

输入另外一个变量 NIP，然后单击箭头按钮形成箭头，将鼠标箭头移动到绘图区域。在绘图区域鼠标连续单击变量 TP、空白处和 NIP，得到如图 8-11 所示的因果关系，其中箭头所指的变量是受到影响的变量，另一端的变量是影响因素，即 TP 影响了 NIP。将鼠标移动到因果关系箭头的圆圈“手柄”上，然后右击，得到如图 8-12 所示的因果关系设置对话框，设置箭头颜色、线条粗细、因果关系等属性。

图 8-11　因果关系

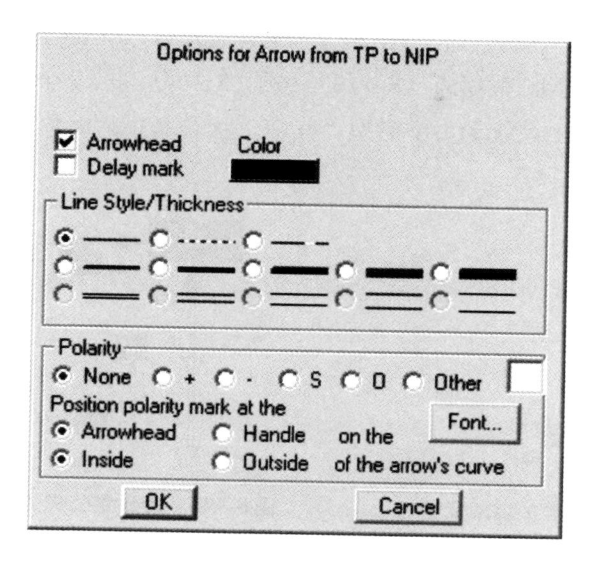

图 8-12　因果关系设置

2. 绘制积量和流量图。新建一个模型文件 Workforce2. mdl，使用默认设置，以这个文件为基础绘制积量与流量图并进行仿真。

（1）状态变量。状态变量即积量。单击状态变量按钮，然后将鼠标箭头移动到绘图区域，在空白区域单击，输入状态变量名称，得到 TP 。根据此操作完成案例中总人口 TP、海洋产业总产值 GOVMI 等变量的创建。

（2）速率变量。单击速率按钮，然后将鼠标箭头移动到绘图区域。在绘图区域连续单击状态变量 TP 和右侧空白，输入速率变量名称 NIP，得到如图 8-13 所示的状态变量与速率变量关系图。根据此操作完成案例中 NIP、GDP 增长率 GDPGR 等变量的创建。

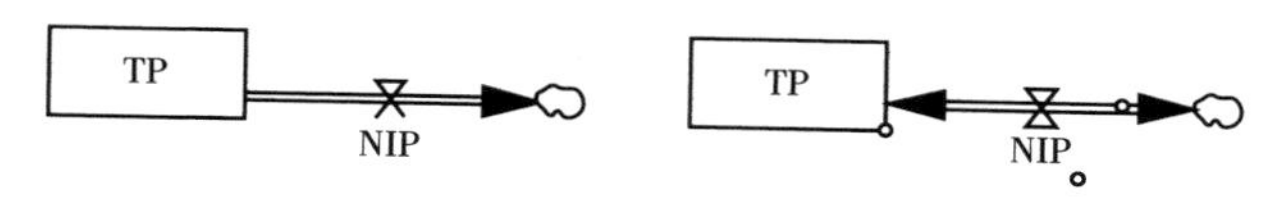

图 8-13　状态变量与速率变量

（3）辅助变量。辅助变量的添加与绘制因果关系图类似：在工具栏上单击变量按钮（Variable）添加辅助变量，然后单击箭头按钮建立各变量之间的联系，如图 8-14 所示。根据此操作完成案例中城镇化率 UR、出生人口 BP 等变量的创建。

3. 为变量输入公式。模型绘制完毕后，在图 8 - 15 的基础上为各变量添加相应的公式。我们根据式（8 - 16）~ 式（8 - 44）共 29 个状态方程，建立海洋资源承载力的系统动力学模型。其中，状态变量初始值和常数参数取值的确定参照表 8 - 2。

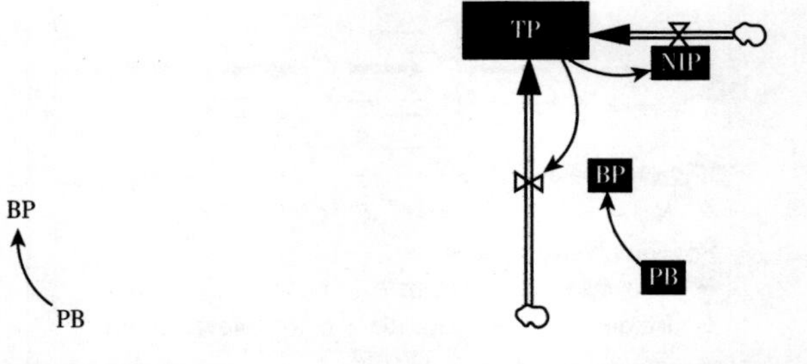

图 8 - 14　添加辅助变量　　　　**图 8 - 15　待设置公式的模型**

为变量输入公式的具体操作方法为：单击公式按钮，所有未设置公式的变量将以反色显示，如图 8 - 16 所示。将鼠标指针移动到待设置的变量上并单击（这里为 BP），弹出如图 8 - 17 所示对话框，在对话框中设置变量公式。

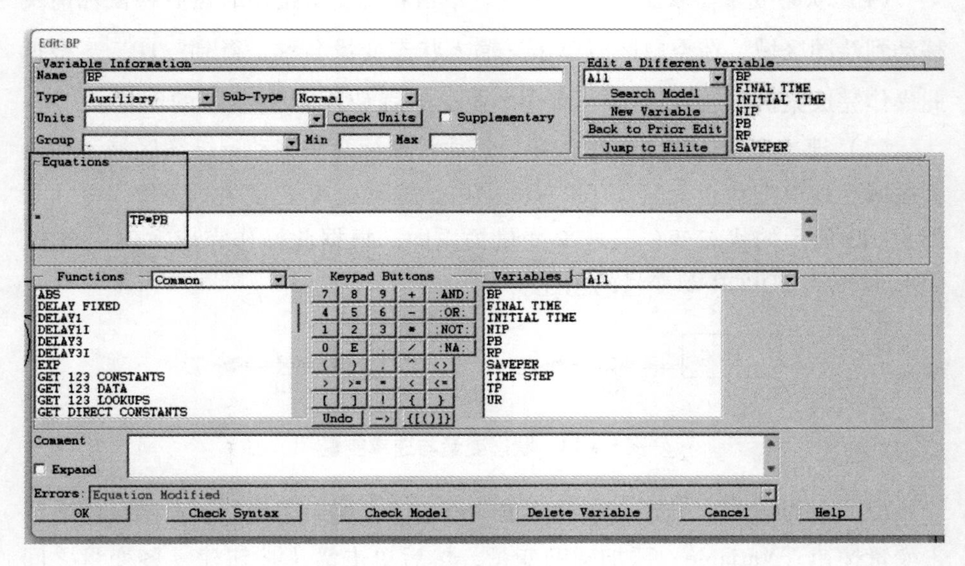

图 8 - 16　变量公式设置

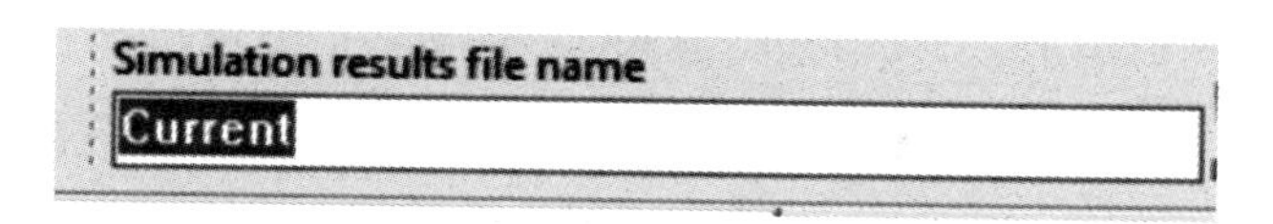

图 8－17　运行名称对话框

所有变量设置完后，单击图 8－16 中的 Check Model 按钮，初步检查模型设置，如果弹出提示框显示“Model is OK”，则表明可以用于模拟，将模型保存起来。

二、模型仿真

接下来，我们根据建立海洋资源承载力的系统动力学模型进行模型模拟。设置模拟年限为 2009～2020 年，模拟步长为一年，以 2013 年为基准年，对未来七年进行预测。

打开文件 Workforce2. mdl，在进行模拟前，要单击锁定按钮将模型锁定，使其处于不能修改的状态。

Vensim 可以保存多次运行结果并进行对比，该案例中的五个方案则要运行五次。首先要设定运行的名称。双击图 8－17 中的运行名称编辑框 Current，输入第一次运行名称 experiment1。单击综合仿真按钮，Vensim 将按照综合仿真（SyntheSim）模式运行。

在综合仿真模式下，每个变量要么叠加了一个曲线图形，要么在下方出现了一个滑动条。滑动条出现在常数的下方，而其他变量上叠加了一个小的曲线图。如果将鼠标移动到变量上，则会出现一个较大的曲线图。

双击运行名称编辑框，将运行名称改为 experiment2。则在 experiment2 下运行的数据集将不会改变 experiment1 中的运行数据集。用鼠标前后拖动变量下的滑动条，变量上叠加的蓝色曲线会随着仿真运算动态变化，而 experiment1 的运行结果则以红线显示并保持不变。将鼠标指针移动到变量上时，所弹出的曲线图可以显示两次运行的结果。以此类推，分别对五种方案进行系统动力学模拟。

选中变量 GDP、GDP、COD、氨氮排放量、废水排放量等，单击图形按钮（Graph），得到图 8－3～图 8－7 的输出结果，其中，线段 1～5 依次代表方案 1 ~5 的模拟结果。单击表格（Table）按钮，汇总得到表 8 – 5 ~ 表 8 – 7 所示的数据比较。

本章小结

本章在探讨海洋生态承载力的内涵和特征的基础上，梳理了海洋资源承载力的评估方法，包括指标体系法、资源供需平衡法、系统模型法，利用其中的系统动力学方法，建立了海洋承载力的系统动力学模型。在案例分析中，以青岛市为例构建了青岛市海洋承载力的系统动力学模型，对 TERE 模型中的 30 个变量建立了 29 个方程，并在此基础上，分别提出人口控制型、污染控制型、渔业控制型、经济增长型和现状延续型等五种方案，然后分别验证不同的决策方式对未来五年青岛市的经济发展与污染排放的影响，从而为政府关于区域海洋管理和海洋开发提供科学依据和决策支持。

| 第九章 |

海洋经济周期波动预警指数编制

海洋经济周期波动监测预警，是海洋经济运行的晴雨表和警报器。它是通过对海洋经济统计数据的系统、规范与科学化整理，运用经济景气监测预警技术，对海洋经济活动过程中的一系列指标变化进行实时、动态、监测、预测和仿真，及时对未来海洋经济波动进行科学、准确判断及预警的复合系统。

中国海洋经济周期波动监测预警，通过编制海洋经济扩散指数、合成指数、景气指数等指数体系，编制了动态马尔科夫（Markov）转移因子的中国海洋经济景气指数。同时，利用熵值法、灰色关联、AHP 等权重设计方法以及 3δ 法、落点概率法、专家经验法等，设计编制了中国海洋经济周期波动预警指数及其临界值区间，进行了海洋经济周期波动转折点确定和周期波动区间划分。对于系统、准确、实时地把握中国海洋经济周期波动规律和趋势，科学揭示中国海洋经济景气波动特征，制定海洋经济发展战略，检验海洋经济政策效果，具有重要的现实指导意义和重要的参考价值。

第一节　海洋经济周期波动景气指标选取

一、海洋经济周期波动景气指标选取原则

在海洋经济景气指标的选取中，主要是依据 NBER 给出的四个原则。

（1）一致性。一致性是指单项指标与海洋经济总体运行具有方向上的一致变化趋势。如果某个指标与海洋经济周期波动具有正向的一致变化趋势，表明该指标在海洋总体经济活动的扩张阶段上升，收缩阶段下降。一致性一般表现在三个方面：一是指标的周期波动与总体经济波动产生一致性的阶段占总体经济周期波动的比重；二是在具体经济波动中所表现出来的反常周期波动数；三是所选择的指标在波动幅度上具有一致性。

（2）重要性。重要性是指被选取的指标与海洋经济发展具有高度关联的重要指标，能够综合、全面反映和体现海洋经济总体运行的总量特征、协调特征以及结构特征，并在海洋经济中占据较大的比重。

（3）灵敏性。灵敏性是指能够比较灵敏地反映海洋经济波动的实时状况。灵敏性主要衡量指标数据统计周期的长短和反映经济波动所存在的滞后时间。一般而言，月度数据相对于季度数据和年度数据，由于本身的周期比较短，所以灵敏性更强。

（4）稳定性。稳定性主要体现在两个方面：一是以被选取指标变化幅度为依据所进行的状态划分，有相对稳定的划分标准；二是所选取指标波动的时间、振幅以及指标之间的关联等，是比较均匀的形态波动。

二、海洋经济周期波动景气基准指标选取

景气指数是通过经济变量间的时差关系来指示经济景气动向的，而基准指标是确定时差关系参照物的基础环节。基准指标类似于物理中判断运动和静止的参照物，基准指标的选取不同，经济景气循环的分析结论可能就会大相径庭。

一般来说，基准指标确定的方法有三种：以工业总产值等重要经济指标的波动为初始基准循环，然后根据其波动状况确定循环之间的转折点；依据专家评分意见确定；根据经济循环年表或者经济大事记确定基准指标等。国内生产总值、社会总产值、国民收入等都是比较理想的宏观经济基准指标，因为这些指标可以全面、综合地反映国民经济总体运行状况和发展水平，适合对经济周期波动进行度量。

根据经济周期波动理论的分析经验，主要海洋产业总产值、主要海洋产

业增加值、海洋生产总值等指标都能够反映我国海洋经济的整体运行状况。其中，海洋生产总值是指一定时期内海洋经济活动按市场价格计算的最终成果。其结构关系如图9－1所示。

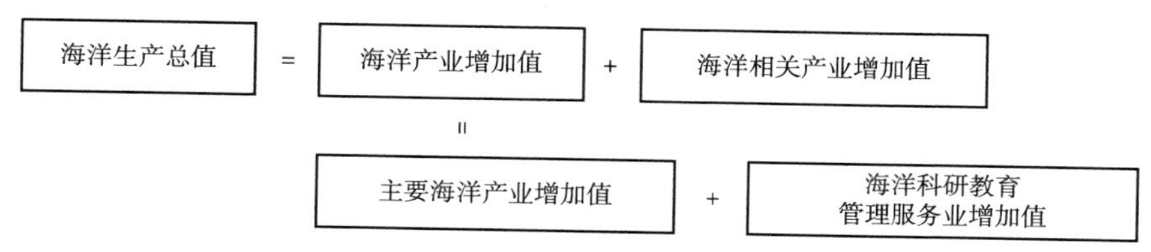

图9－1　海洋生产总值计算公式

中国海洋经济中的大部分指标在保持总量增长的同时，其增长率有着明显的周期波动性趋势。借鉴宏观经济景气研究经验，中国海洋生产总值增长率的周期性波动，能够反映中国海洋经济的景气波动状态（见图9－2）。因此，研究中通常选择中国海洋生产总值增长率作为中国海洋经济周期波动的基准指标。通过对备选指标与基准指标进行对比分析，判断海洋经济周期波动的先行指标、同步指标和滞后指标。

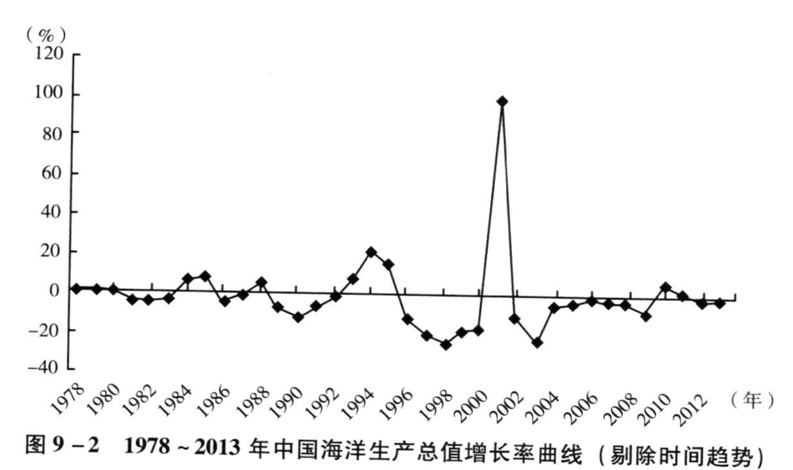

图9－2　1978～2013年中国海洋生产总值增长率曲线（剔除时间趋势）

资料来源：《中国海洋统计年鉴2021》《中国海洋经济统计公报2013》。

三、海洋经济周期波动景气基准日期确定

一般来说，基准日期的确定是综合考虑了专家的意见、经济周期年表以

及历史扩散指数（historical diffusion index，HDI）得到的。HDI 的制定过程中，一般选择与经济周期波动比较一致的 5～10 个具有重要经济意义的时间序列，并通过对该时间序列进行预处理之后，再对其峰谷日期（转折点日期）进行确定。

由于中国海洋经济统计数据及其周期波动相关领域的研究还没有成熟的海洋经济周期年表，同时也缺乏海洋经济周期研究的历史数据。因此，中国海洋经济周期指标体系基准日期的确定，主要是参考专家意见以及基准波动系数，结合我国海洋经济统计数据的波动特征并借鉴我国宏观经济波动的基准日期确定方法来完成的。基准波动系数公式为：

$$HCT(t) = \sum_{i=1}^{N} d_i(t) / \sum_{i=1}^{N} W_i \tag{9-1}$$

其中，$d_i(t)$ 为第 i 个指标 t 时刻取值，W_i为权数，N 为指标总数。

根据数据的可得性，选取我国沿海地区生产总值增长率、主要海洋产业增加值增长率以及海洋生产总值增长率，计算中国海洋经济基准波动系数。经季节调整后，得到中国海洋经济基准波动系数的波动曲线，如图 9－3 所示。

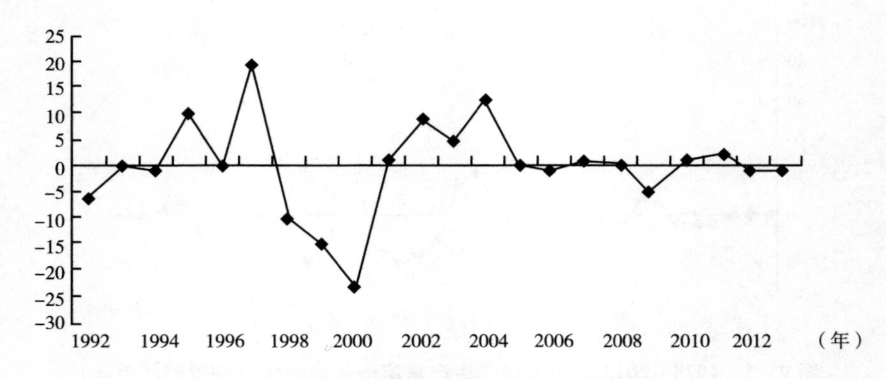

图 9－3　中国海洋经济基准波动系数波动曲线

通过对中国海洋经济基准波动系数波动曲线的分析，发现 1992～2000～2013 年，中国海洋经济基准波动系数具有相对比较完整的波谷—波峰—波谷的循环过程。2000 年以来，我国海洋经济一直处于快速平稳发展状态。同时，我国海洋经济周期波动与我国宏观经济周期波动极具相似性和滞后性。如果从中国海洋经济统计数据的完整性、可比性及其时间序列的可得性等方面，综合考虑时间序列的样本区间，并结合我国海洋经济周期的峰谷变化，2000 年的基准波动系数达到极小值，2000 年的波谷可以作为我国海洋经济周期波动的基准日期。另外，在中国海洋经济数据的统计口径变化过程中，2006 年是我国海洋经济数据统计口径参照宏观经济数据统计口径变化的首次尝试，并于 2007 年正式调整中国海洋经济数据的统计口径。因此，2007 年也可以确定为中国海洋经济监测指标体系的基准日期。综上所述，从理论上讲，2000 年和 2007 年都可以确定为中国海洋经济监测指标体系的基准日期。通过中国海洋经济基准波动系数的计算，并咨询专家意见、参考国内外有关基准日期确定的经验，确定中国海洋经济监测指标体系的基准日期为 2000 年。

四、海洋经济周期波动景气指标的选取及释义

根据经济景气指标选取原则，借鉴国际国内有关宏观经济景气指标的结构组成和成功经验，结合中国海洋经济的特点，利用解释结构模型将海洋经济周期波动的影响因素分解为沿海地区经济发展水平、海洋经济总量、海洋经济结构、海洋经济效益、海洋产业发展水平以及海洋经济生态环境六大类指标。

1. 海洋经济景气指标设计。

沿海地区经济发展水平具体包括沿海地区生产总值、沿海地区物价水平、沿海地区财政支出、沿海地区本币存款余额、沿海地区人均可支配收入、沿海地区固定资产投资密度、涉海产品价格指数。

海洋经济总量指标包括主要海洋产业总产值增长速度、科研机构从业人员、海洋货物吞吐量（外贸）增速、全国主要海洋产业就业人数。

海洋经济结构指标包括主要海洋产业就业人数/沿海地区就业人数、海洋生产总值/沿海地区生产总值、主要海洋产业增加值/沿海地区生产总值、海洋产品及服务出口总额/沿海地区生产总值、海洋第二产业比重、海洋第三产业比重。

海洋经济效益指标包括海洋高新技术投入比率、海洋全员劳动生产率、主要海洋产业增加值/沿海地区固定资产投资总额。

海洋产业发展水平包括海洋渔业增加值、滨海旅游业增加值、海洋交通运输业增加值、海洋船舶业增加值、海洋油气业增加值。

海洋经济生态环境包括海洋灾害损失占海洋生产总值的比重、沿海地区工业废水排放达标率、工业废水直接入海量与海岸线长度的比重。

2. 海洋经济景气指标筛选。因为海洋经济统计指标纷繁复杂，波动特点、波动趋势和关联程度各有不同。因此，在选取构建海洋经济周期波动景气指标体系时，需要对指标进行归类分析。同时，由于原始统计指标，监测指标，尤其是总量指标等，大多都具有时间性趋势，这类指标的景气性质难以判断。因此，需要对所有备选指标进行平稳性检验和关联关系检验，根据备选指标与基准指标的相关系数检验结果，筛选了28个景气指标。如表9-1和表9-2所示。

表9-1　　总量指标与增速指标的平稳性检验

总量指标	ADF	P值	结论	增速指标	ADF	P值	结论
沿海地区生产总值	5.082	1.000	不平稳	沿海地区生产总值增速	-2.969	0.076	平稳
沿海地区财政支出	14.919	0.999	不平稳	沿海地区财政支出增速	-2.820	0.090	平稳
沿海地区本币存款余额	3.120	0.999	不平稳	沿海地区本币存款余额增速	-3.346	0.041	平稳
科研机构从业人员	1.597	0.997	不平稳	科研机构从业人员增速	-3.215	0.049	平稳
海洋渔业增加值	1.513	0.997	不平稳	海洋渔业增加值增速	-6.487	0.001	平稳
海洋油气业增加值	0.368	0.967	不平稳	海洋油气业增加值增速	-5.591	0.002	平稳
海洋船舶业增加值	-0.509	0.851	不平稳	海洋船舶业增加值增速	-3.761	0.022	平稳
海洋交通运输业增加值	-1.294	0.588	不平稳	海洋交通运输业增加值增速	-3.195	0.051	平稳
滨海旅游业增加值	0.705	0.985	不平稳	滨海旅游业增加值增速	-7.365	0.000	平稳

通过总量指标的平稳性检验结果，发现总量指标的增速指标都是平稳的。因此，在筛选构建中国海洋经济周期波动景气指标体系时，对总量指标进行了技术处理，都以增长率作为景气指标。中国海洋经济周期波动景气指标体系筛选结果如表9-2所示。

表 9－2　　中国海洋经济周期波动景气指标体系

一级指标	二级指标	指标代码	相关系数	滞后期
沿海地区经济发展水平	沿海地区生产总值增速	X_1	－0.757	－4
	沿海地区物价水平	X_2	－0.644	0
	沿海地区财政支出增速	X_3	－0.617	－2
	沿海地区本币存款余额增速	X_4	－0.731	＋4
	沿海地区人均可支配收入增速	X_5	－0.686	－1
	沿海地区固定资产投资密度	X_6	－0.874	－3
	涉海产品价格指数	X_7	－0.669	－4
海洋经济结构	主要海洋产业就业人数/沿海地区就业人数	X_8	0.962	＋3
	海洋生产总值/沿海地区生产总值	X_9	－0.866	－1
	主要海洋产业增加值/沿海地区生产总值	X_{10}	0.718	0
	海洋产品及服务出口总额/沿海地区生产总值	X_{11}	0.613	＋1
	海洋第二产业比重	X_{12}	－0.973	－1
	海洋第三产业比重	X_{13}	－0.978	－1
海洋经济效益	海洋高新技术投入比率	X_{14}	0.677	－4
	海洋全员劳动生产率	X_{15}	0.676	－1
	主要海洋产业增加值/沿海地区固定资产投资总额	X_{16}	0.684	0
海洋经济总量	主要海洋产业总产值增长速度	X_{17}	0.863	0
	科研机构从业人员增速	X_{18}	－0.872	－2
	海洋货物吞吐量（外贸）增速	X_{19}	0.764	＋2
	全国主要海洋产业就业人数增速	X_{20}	0.633	0
海洋产业发展水平	海洋渔业增加值增速	X_{21}	－0.902	0
	海洋油气业增加值增速	X_{22}	0.648	－2
	海洋船舶业增加值增速	X_{23}	－0.659	0
	海洋交通运输业增加值增速	X_{24}	0.991	＋3
	滨海旅游业增加值增速	X_{25}	0.941	0
海洋经济生态环境	海洋灾害损失占海洋生产总值的比重	X_{26}	0.849	＋4
	沿海地区工业废水排放达标率	X_{27}	－0.856	－1
	工业废水直接入海量与海岸线长度的比重	X_{28}	－0.699	＋2

注：相关系数是指景气指标与基准指标的相关系数；滞后期为“－”，表示景气指标滞后；滞后期为“＋”，表示基准指标滞后。

3. 海洋经济景气指标释义。

沿海地区生产总值是沿海地区所有常驻单位在一定时期内生产活动的最终成果，反映了海洋产品服务的出口对沿海地区生产发展的贡献。

沿海地区物价水平是指整个经济的物价，而不是某物品或某类别物品的价格。

沿海地区本币存款余额是沿海地区使用本币为面额的存款总量。

沿海地区固定资产投资密度是沿海地区固定资产投资与占地面积的比值。

涉海产品价格指数采用拉式物价指数计算方法对主要海洋产业产品价格进行计算，通过编制得到。

主要海洋产业就业人数/沿海地区就业人数为沿海地区从事海洋产业的人员数量占总就业人数的比重。

主要海洋产业增加值/沿海地区固定资产投资总额为主要海洋产业增加值与沿海地区固定资产投资总额的比例，反映固定资产投资对海洋产业增长的影响。

全国主要海洋产业就业人数增速即在全国主要海洋产业部门从事工作的人员数量的增长速度。

全国海洋产业总产值增长速度为海洋各产业部门所生产产品产值和的增长速度。

主要海洋产业总产量增长速度为主要海洋产业所生产的产品产值之和的增长速度。

海洋灾害损失占海洋生产总值的比重为受海洋灾害影响所造成的经济损失与海洋生产总值的比重。

沿海地区工业废水排放达标率是指沿海地区的工业废水排放量中达到工业废水排放标准的废水排放量占工业废水排放量的比率。

工业废水直接入海量与海岸线长度的比重即单位长度海岸线的工业废水直接入海量比海岸线长度。

第二节　海洋经济周期波动景气指标分类与检验

一、海洋经济周期波动景气指标分类标准

经济周期波动理论认为，经济波动变化具有一定的规律性，其波动变化一般都呈现为繁荣、衰退、萧条、复苏四个阶段，而且会通过不同的经济指标变化先后反映出来。一般来说，一个标准经济周期具有扩张和收缩两个时期。海洋经济波动也不例外，海洋经济景气循环中，各景气指标之间也存在时差关系和先后顺序，具体就是海洋经济景气的先行指标、同步指标和滞后指标。

（1）先行指标（超前指标或领先指标）。先行指标是指能够预示未来经济状况和可能出现的商业周期变化的指标。这类指标波动的低谷或者高峰出现在海洋经济波动的低谷或高峰之前。利用先行指标先于海洋经济波动而波动的特性，可以及时准确地监测、预测海洋经济的波动状况。实际的宏观经济中，订单数量、股票价格指数、许可证金额、投资额、存货数量等上游经济活动领域的变量均属于先行指标。

（2）同步指标（一致指标）。同步指标是指与经济活动同时到达顶峰和谷底的指标。这类指标波动的低谷或高峰与海洋经济波动的低谷或高峰同步，或者出现的时间比较一致。其主要是对海洋经济的总体运行状况进行描述，并通过其自身波动的低谷或高峰反映海洋经济波动的低谷或者高峰。

（3）滞后指标。滞后指标是指到达峰谷时间滞后于总体经济波动峰谷的指标。滞后指标可以验证对波动周期结束状态的判断，并预测下一循环周期的变化趋势，同时还可以确认和验证周期波动的状态。宏观经济中，固定资产投资、财政收支、零售物价总指数、消费品价格指数、职工工资总额等变量均属于滞后指标。

二、海洋经济周期波动景气指标分类方法

目前，国内外对指标进行分类的方法，主要有 K－L 信息量法、峰谷法、

马场法、时差相关分析等传统方法，以及灰色关联法、B－P 神经网络、模糊聚类等现代新方法。下面分别以传统方法中的 K－L 信息量法和现代新方法中的灰色关联法为例说明如何对中国海洋经济周期波动景气指标进行分类。

为了对两个概率分布的接近程度进行判定，库尔贝克和莱布勒于 20 世纪中叶提出了著名的 K－L 信息量法。K－L 信息量法以备选指标作为样本分布，以基准序列作为理论分布，对备选指标与基准序列的时差变化进行分析，然后计算 K－L 信息量。当 K－L 信息量最小时，将其对应的时差数作为备选指标的最终时差。

设基准指标为 $x=(x_1,x_2,\cdots,x_n)$，满足 $p_i\geqslant 0$，$\sum p_i=1$ 的序列 p 具有某一随机概率分布。因此基准指标序列需要标准化，标准化后的指标序列记为 p，则有：

$$p_t = x_t / \sum_{j=1}^{n} x_j \quad (t=1,2,\cdots,n) \tag{9-2}$$

设备选指标为 $y=(y_1,y_2,\cdots,y_n)$，同样对其做标准化处理，处理后的指标序列记为 q，则 $q_t = y_t / \sum_{j=1}^{n} y_j \quad (t=1,2,\cdots,n)$。K－L 信息量为：

$$k_l = \sum_{t=1}^{n_l} p_t \cdot \ln(p_t / q_{t+l}) \quad (l = 0, \pm 1, \cdots, \pm L) \tag{9-3}$$

其中，l 为时差或延迟数，L 为最大延迟数，nl 为数据取齐后的数据个数。l 取正数表示滞后，取负数时表示超前。通过变化备选指标与基准序列的时差，计算 K－L 信息量。选取一个最小的 k_l 作为备选指标最适当的超前或滞后时间（月数、季度数）。K－L 信息量越小，表明真实概率分布与模型概率分布越接近，备选指标与基准指标就越接近，该 K－L 信息量所对应的移动时间即为该指标相应的延迟时间。

通过应用 K－L 信息量法，进行中国海洋经济景气指标的时差分析，以确定中国海洋经济周期波动监测预警的先行指标、同步指标和滞后指标。

以海洋生产总值增长率作为中国海洋经济周期波动的基准指标，并作为分析其他海洋经济景气指标时滞关系的参照系。利用 K－L 信息量法，先计算备选海洋经济景气指标与海洋生产总值增长率的 K－L 信息量，然后计算28个备选海洋经济景气指标在时间轴上不同时滞的K－L信息量（见表9－3）。

表9－3　　　　　备选海洋经济景气指标K－L信息量分析结果

备选海洋经济景气指标	－3	－2	－1	0	1	2	3
沿海地区生产总值增速	0.044	0.003	0.870	0.813	0.645	0.519	0.388
沿海地区物价水平	0.207	0.322	0.231	0.106	0.785	0.872	0.262
沿海地区财政支出增速	0.016	0.010	0.659	0.467	1.033	0.428	0.443
沿海地区本币存款余额增速	0.191	0.190	0.995	0.829	0.109	0.001	0.378
沿海地区人均可支配收入增速	0.098	0.119	1.019	0.772	0.275	0.114	0.625
沿海地区固定资产投资密度	0.269	0.348	1.315	0.896	0.350	0.526	0.435
涉海产品价格指数	0.022	0.319	0.293	0.062	1.016	1.004	0.251
主要海洋产业就业人数/沿海地区就业人数	0.259	0.363	0.291	0.173	0.610	0.798	0.167
海洋生产总值/沿海地区生产总值	0.120	0.194	0.512	0.054	0.528	0.710	0.184
主要海洋产业增加值/沿海地区生产总值	0.204	0.304	0.233	0.103	0.653	0.823	0.202
海洋产品及服务出口总额/沿海地区生产总值	0.124	0.164	0.860	0.840	0.093	1.130	0.901
海洋第二产业比重	0.153	0.197	0.033	0.665	0.697	0.714	0.238
海洋第三产业比重	0.116	0.298	0.369	0.122	0.755	0.900	0.269
海洋高新技术投入比率	0.080	0.225	0.416	0.164	0.133	0.253	0.136
海洋全员劳动生产率	0.140	0.102	1.074	0.389	0.440	0.585	0.103
主要海洋产业增加值/沿海地区固定资产投资总额	0.323	0.415	1.057	0.215	0.197	1.072	0.334
主要海洋产业总产值增长速度	0.199	0.251	1.195	0.126	2.027	1.292	0.667
科研机构从业人员增速	1.454	1.425	1.810	2.389	1.681	1.502	1.833
海洋货物吞吐量（外贸）增速	0.065	0.440	0.034	0.721	1.059	0.211	0.575
全国主要海洋产业就业人数增速	0.728	0.205	1.231	0.170	0.372	0.682	1.115
海洋渔业增加值增速	0.379	0.229	1.226	0.132	1.122	1.282	0.735
海洋油气业增加值增速	1.094	0.493	1.038	1.446	0.823	0.545	0.835

续表

备选海洋经济景气指标	-3	-2	-1	0	1	2	3
海洋船舶业增加值增速	1.093	1.427	3.339	1.892	0.549	0.510	1.453
海洋交通运输业增加值增速	1.079	1.266	3.191	2.151	2.772	0.472	0.179
滨海旅游业增加值增速	0.147	0.093	0.971	0.079	0.917	1.790	1.034
海洋灾害损失占海洋生产总值的比重	0.236	0.450	0.149	0.509	0.598	0.820	0.099
沿海地区工业废水排放达标率	0.198	0.307	0.274	0.090	0.063	0.189	0.254
工业废水直接入海量与海岸线长度的比重	0.741	0.172	0.509	0.133	0.520	0.041	0.193

表9-3中，左移年份为负值，右移年份为正值，移动步长即延迟值记为L。通过对备选海洋经济景气指标K-L信息量绝对值大小的排序，分析并选择K-L信息量绝对值最小的L值，确定先行指标和滞后指标的时滞期（见表9-4）。

表9-4　先行指标、同步指标和滞后指标分类

先行指标	同步指标	滞后指标
沿海地区生产总值增速 沿海地区财政支出增速 沿海地区人均可支配收入增速 沿海地区固定资产投资密度 涉海产品价格指数 海洋第二产业比重 海洋第三产业比重 海洋高新技术投入比率 海洋全员劳动生产率 科研机构从业人员增速 海洋货物吞吐量（外贸）增速 海洋油气业增加值增速	沿海地区物价水平 海洋生产总值/沿海地区生产总值 主要海洋产业增加值/沿海地区生产总值 主要海洋产业总产值增长速度 全国主要海洋产业就业人数增速 海洋渔业增加值增速 滨海旅游业增加值增速	沿海地区本币存款余额 主要海洋产业就业人数/沿海地区就业人数 海洋产品及服务出口总额/沿海地区生产总值 主要海洋产业增加值/沿海地区固定资产投资总额 海洋船舶业增加值增速 海洋交通运输业增加值增速 海洋灾害损失占海洋GDP的比重 沿海地区工业废水排放达标率 工业废水直接入海量与海岸线长度的比重

通过K-L信息量绝对值大小的排序，在备选的中国海洋经济景气指标中，先行指标有12个，同步指标有7个，滞后指标有9个。

使用灰色关联法在中国海洋经济景气指标分类过程中对28个备选海洋经济景气指标进行无量纲化数据预处理。经过数据预处理后的海洋生产总值

增长率为基准序列 $Y_0(t)=\{Y_0(1),Y_0(2),\cdots,Y_0(n)\}$，其他 28 个经过数据预处理后的备选指标序列为 $Y_i(t)=\{Y_i(1),Y_i(2),\cdots,Y_i(n)\}$。构造比较序列，计算比较序列的关联系数与关联度。备选海洋经济景气指标灰色关联分析结果如表 9－5 所示。

表 9－5　　　　备选海洋经济景气指标灰色关联分析结果

备选海洋经济景气指标	－3	－2	－1	0	1	2	3
沿海地区生产总值增速	0.578	0.626	0.777	0.618	0.677	0.760	0.716
沿海地区物价水平	0.582	0.674	0.500	0.699	0.512	0.612	0.697
沿海地区财政支出增速	0.548	0.525	0.509	0.613	0.673	0.689	0.646
沿海地区本币存款余额增速	0.758	0.695	0.709	0.660	0.683	0.794	0.690
沿海地区人均可支配收入增速	0.661	0.765	0.726	0.656	0.650	0.737	0.674
沿海地区固定资产投资密度	0.663	0.783	0.682	0.717	0.755	0.681	0.708
涉海产品价格指数	0.729	0.694	0.665	0.654	0.635	0.710	0.724
主要海洋产业就业人数/沿海地区就业人数	0.685	0.594	0.608	0.676	0.684	0.621	0.695
海洋生产总值/沿海地区生产总值	0.732	0.645	0.718	0.766	0.657	0.724	0.686
主要海洋产业增加值/沿海地区生产总值	0.662	0.628	0.630	0.786	0.761	0.763	0.751
海洋产品及服务出口总额/沿海地区生产总值	0.719	0.645	0.679	0.737	0.698	0.777	0.730
海洋第二产业比重	0.749	0.706	0.878	0.776	0.789	0.810	0.726
海洋第三产业比重	0.808	0.645	0.722	0.653	0.671	0.654	0.671
海洋高新技术投入比率	0.694	0.811	0.726	0.760	0.760	0.689	0.730
海洋全员劳动生产率	0.665	0.720	0.629	0.618	0.562	0.696	0.584
主要海洋产业增加值/沿海地区固定资产投资总额	0.654	0.638	0.710	0.800	0.887	0.723	0.672
主要海洋产业总产值增长速度	0.769	0.721	0.779	0.795	0.759	0.686	0.681
科研机构从业人员增速	0.882	0.783	0.763	0.789	0.795	0.754	0.736
海洋货物吞吐量（外贸）增速	0.751	0.851	0.698	0.710	0.649	0.743	0.790
全国主要海洋产业就业人数增速	0.623	0.601	0.594	0.786	0.722	0.747	0.649

续表

备选海洋经济景气指标	-3	-2	-1	0	1	2	3
海洋渔业增加值增速	0.823	0.773	0.738	0.831	0.740	0.612	0.629
海洋油气业增加值增速	0.627	0.664	0.737	0.651	0.607	0.634	0.673
海洋船舶业增加值增速	0.712	0.803	0.834	0.760	0.806	0.742	0.767
海洋交通运输业增加值增速	0.806	0.823	0.798	0.825	0.844	0.803	0.816
滨海旅游业增加值增速	0.753	0.762	0.812	0.852	0.813	0.775	0.711
海洋灾害损失占海洋 GDP 的比重	0.652	0.698	0.655	0.773	0.697	0.799	0.689
沿海地区工业废水排放达标率	0.744	0.792	0.804	0.716	0.680	0.590	0.841
工业废水直接入海量与海岸线长度的比重	0.686	0.624	0.628	0.658	0.696	0.672	0.679

令时滞期 k 取值为（0，±1，±2，±3），表示同期、先行或滞后 1 期、2 期、3 期。计算不同延迟数的灰色关联度，确定最大灰色关联度对应的 k 值为时滞期数。先行指标，同步指标、滞后指标分类如表 9-6 所示。

表 9-6　　先行指标、同步指标、滞后指标分类

先行指标	同步指标	滞后指标
沿海地区生产总值增速 沿海地区人均可支配收入增速 沿海地区固定资产投资密度 涉海产品价格指数 海洋第二产业比重 海洋第三产业比重 海洋高新技术投入比率 海洋全员劳动生产率 科研机构从业人员增速 海洋货物吞吐量（外贸）增速 海洋油气业增加值增速 海洋船舶业增加值增速	沿海地区物价水平 海洋生产总值/沿海地区生产总值 主要海洋产业增加值/沿海地区生产总值 主要海洋产业总产值增长速度 全国主要海洋产业就业人数增速 海洋渔业增加值增速 滨海旅游业增加值增速	沿海地区财政支出增速 沿海地区本币存款余额增速 主要海洋产业就业人数/沿海地区就业人数 海洋产品及服务出口总额/沿海地区生产总值 主要海洋产业增加值/沿海地区固定资产投资总额 海洋交通运输业增加值增速 海洋灾害损失占海洋生产总值的比重 沿海地区工业废水排放达标率 工业废水直接入海量与海岸线长度的比重

通过灰色关联度大小的排序，作为备选指标的先行和滞后分类依据，在备选的中国海洋经济景气指标中，先行指标有 12 个，同步指标有 7 个，滞后指标有 9 个。

三、海洋经济周期波动景气指标分类检验

为了确保海洋经济周期波动景气指标的最终分类结果的科学性、准确性，需要利用 ADF 平稳性检验、格兰杰因果检验、多元逐步回归法等进行检验、验证、筛选和预测。下面以 ADF 平稳性检验为例，对海洋经济周期波动景气指标的分类检验进行说明。

一般而言，经济数据大多都是时间序列数据，多少都具有一定的时间性趋势。时间序列的单位根检验就是一种判断指标序列平稳性的方法。单位根检验的方法主要有 PP 检验、ADF 检验和 NP 检验等。

各指标单位根检验结果如表 9-7 所示，在 10% 的显著水平之下，基准指标序列 D 是平稳的，同步指标序列除 S_1 之外是平稳的，先行指标序列 B_3、B_5、B_6、B_8 以外的先行指标均是平稳的，滞后指标序列中除 A_3、A_4、A_5 和 A_9 外均为平稳。而不平稳指标经过一阶或二阶差分变换后，也是平稳的。

表 9-7　　中国海洋经济周期波动景气指标单位根检验结果

指标分类	代码	指标名称	单位根检验			稳定性差分阶数变换
			ADF	P	结论	
基准指标	D	海洋生产总值增长速度	-15.830	0.0000	平稳	
先行指标（12 个）	B1	沿海地区生产总值增速	-2.969	0.0755	平稳	
	B2	沿海地区人均可支配收入增速	-2.968	0.0799	平稳	
	B3	沿海地区固定资产投资密度	-3.435	0.0398	平稳	二阶差分
	B4	涉海产品价格指数	-3.691	0.0245	平稳	
	B5	海洋第二产业比重	-30.742	0.0001	平稳	一阶差分
	B6	海洋第三产业比重	-16.895	0.0000	平稳	一阶差分
	B7	海洋高新技术投入比率	-3.014	0.0674	平稳	
	B8	海洋全员劳动生产率	-3.185	0.0556	平稳	一阶差分
	B9	科研机构从业人员增速	-3.215	0.0498	平稳	
	B10	海洋货物吞吐量（外贸）增速	-3.540	0.0306	平稳	
	B11	海洋油气业增加值增速	-5.591	0.0017	平稳	
	B12	海洋船舶业增加值增速	-3.761	0.0220	平稳	

续表

指标分类	代码	指标名称	单位根检验			稳定性差分阶数变换
			ADF	P	结论	
同步指标（7个）	S1	沿海地区物价水平	-5.458	0.0146	平稳	一阶差分
	S2	海洋生产总值/沿海地区生产总值	-4.849	0.0046	平稳	
	S3	主要海洋产业增加值/沿海地区生产总值	-3.520	0.0316	平稳	
	S4	主要海洋产业总产值增长速度	-5.429	0.0028	平稳	
	S5	全国主要海洋产业就业人数增速	-3.648	0.0261	平稳	
	S6	海洋渔业增加值增速	-6.487	0.0008	平稳	
	S7	滨海旅游业增加值增速	-7.365	0.0003	平稳	
滞后指标（9个）	A1	沿海地区财政支出增速	-2.820	0.0898	平稳	
	A2	沿海地区本币存款余额增速	-3.346	0.0410	平稳	
	A3	主要海洋产业就业人数/沿海地区就业人数	-4.118	0.0178	平稳	一阶差分
	A4	海洋产品及服务出口总额/沿海地区生产总值	-4.186	0.0137	平稳	一阶差分
	A5	主要海洋产业增加值/沿海地区固定资产投资总额	-7.052	0.0007	平稳	一阶差分
	A6	海洋交通运输业增加值增速	-3.195	0.0513	平稳	
	A7	海洋灾害损失占海洋生产总值的比重	-3.573	0.0292	平稳	
	A8	沿海地区工业废水排放达标率	-4.149	0.0124	平稳	
	A9	工业废水直接入海量与海岸线长度的比重	-3.309	0.0466	平稳	一阶差分

注：ADF 检验中的滞后阶数依据 SIC 准则进行选择，表中 P 值为相伴概率。

第三节　海洋经济扩散指数编制

扩散指数是1950年由美国经济研究所（NBER）经济统计学家摩尔（G. H. Moore）提出的，选取具有代表性的21个指标，构建了扩散指数（diffusion index，DI），用“平均”的思想来测定经济周期波动的模式。标志着宏观经济景气监测预警系统步入了官方应用阶段。扩散指数是指经济系统循环波动在某一时点上的扩散变量的加权百分比，又称为扩张率。

一、海洋经济扩散指数的功能

扩散指数可以反映经济繁荣或衰退的程度，进而能够准确判断和分析经济波动情况。它又分为先行扩散指数、同步扩散指数、滞后扩散指数三类。先行扩散指数可以对宏观经济形势及早进行动态监测预测，滞后扩散指数可以判断经济景气或萧条是否处于开始或结束状态。当扩散指数 DI 的值在 0 到 100 之间变动时，经济周期的波长由两个相邻的谷底决定。与单一的变量不同，扩散指数是由许多规律变化的经济变量综合而成，因而相对于任何一个单一指标更加可靠和权威。

经济景气扩散指数分析如图 9－4 所示，有一条转折线和两个转折点。扩散指数 DI 等于 50 的水平线称为经济景气的转折线，当扩散指数的值增大超过 50 时，经济波动由不景气空间进入景气空间，则称 A 点为景气上转点；当扩散指数的值下降小于 50 时，经济波动由景气空间进入不景气空间，则称 B 点为景气下转点。

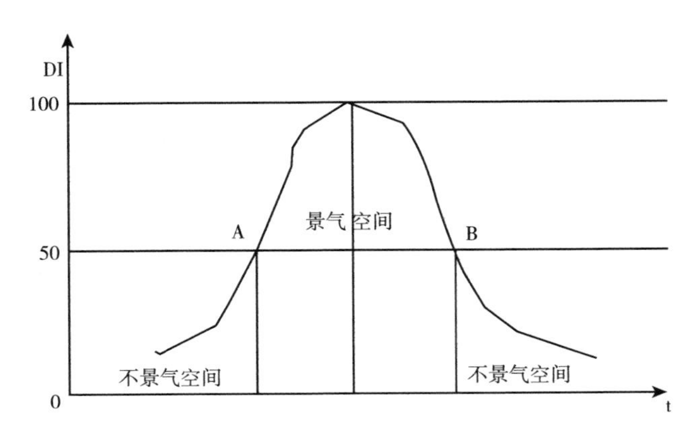

图 9－4　扩散指数分析

根据扩散指数的变化情况和图 9－4 中的转折线、转折点关系，可以将经济周期波动划分为两个空间四个阶段：

空间 1：扩散指数 DI 处于 0 到 50 的区间，这个区间表示经济处于不景气空间状态，又分为两个阶段。阶段 1 为不景气空间初期。该阶段特征表现为扩散指数 DI 处于 50 到 0 之间，DI 的值不断减小，下降的指标数量逐渐多于上升的指标数量，此时的经济发展逐渐进入萧条阶段，经济形势进入不景气空间。阶段2为不景气空间后期。该阶段特征表现为扩散指数DI处于0到50之间。DI的值不断增大，虽然上升的指标数量还较少，但由于经济收缩因素的不断减弱以及经济扩张因素的不断增强，下降的指标数量不断减少，上升的指标数量不断增多，经济即将进入复苏阶段。

空间2：扩散指数DI处于50到100的区间，这个区间表示经济处于景气空间状态，也分为两个阶段。阶段1为景气空间初期。该阶段特征表现为扩散指数DI处于50到100之间。DI的值不断增大，此时上升的指标数量多于下降的指标数量，并且上升的指标数量越来越多，下降的指标数量越来越少，随着DI值不断接近峰值，经济逐渐进入繁荣时期。阶段2为景气空间后期。该阶段特征表现为扩散指数DI处于100到50之间。DI的值不断减小，此时虽然上升的指标数量多于下降的指标数量，但上升的指标数量越来越少，下降的指标数量越来越多，随着DI值不断减小，经济逐渐进入衰退时期。

二、海洋经济扩散指数的编制方法

通过借鉴宏观经济景气分析中的扩散指数计算方法，中国海洋经济景气分析的综合扩散指数计算公式为：

$$DI_t = \frac{\text{上升的指标数目}}{\text{指标总数}} \times 100 + \frac{\text{持平的指标数目}}{\text{指标总数}} \times 50 \qquad (9-4)$$

其中，DI_t为t时刻的综合扩散指数。

综合扩散指数是通过将指标按照其变化趋势，分为上升型指标、持平型指标和下降型指标三类并分别进行赋权，上升型指标赋权为100，持平型指标赋权为50，下降型指标赋权为0。扩散指数可以分为先行扩散指数、同步扩散指数和滞后扩散指数，主要区别于选取指标的标准不同。

三、中国海洋经济扩散指数的测算

通过我国海洋经济景气的先行指标、同步指标和滞后指标分析，结合扩散指数的计算公式，测算得到我国海洋经济景气的各种扩散指数。

（1）中国海洋经济景气扩散指数。根据《中国海洋统计年鉴》《中国海洋统计公报》《中国统计年鉴》等的数据资料，2000～2011 年我国海洋经济景气的先行扩散指数、同步扩散指数以及滞后扩散指数计算结果如表 9－8 所示。

表 9－8　　2000～2011 年中国海洋经济景气扩散指数

项目	2000年	2001年	2002年	2003年	2004年	2005年	2006年	2007年	2008年	2009年	2010年	2011年
先行扩散指数	72.50	67.08	47.92	63.25	58.58	68.33	71.88	57.92	47.92	38.33	86.25	74.75
同步扩散指数	80.00	82.14	57.50	49.29	66.13	71.88	88.57	76.14	49.29	32.86	97.75	75.67
滞后扩散指数	67.50	76.67	76.67	43.13	38.75	63.89	76.67	79.45	51.11	43.13	71.88	57.50

2000～2011 年我国海洋经济景气的先行扩散指数、同步扩散指数以及滞后扩散指数计算数据不能清晰地反映中国海洋经济景气扩散指数的变化趋势。因此根据中国海洋经济景气扩散指数数据，绘制中国海洋经济景气扩散指数曲线（见图 9－5）。

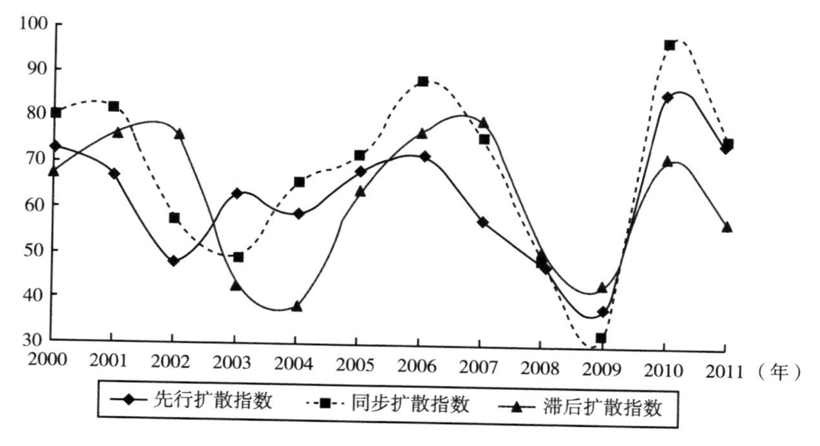

图 9－5　2000～2011 年中国海洋经济景气扩散指数曲线

（2）中国海洋经济景气综合扩散指数。根据先行扩散指数、同步扩散指数以及滞后扩散指数，计算得到2000～2011年我国海洋经济景气的综合扩散指数，并绘制2000～2011年我国海洋经济景气的综合扩散指数曲线，如图9－6所示。

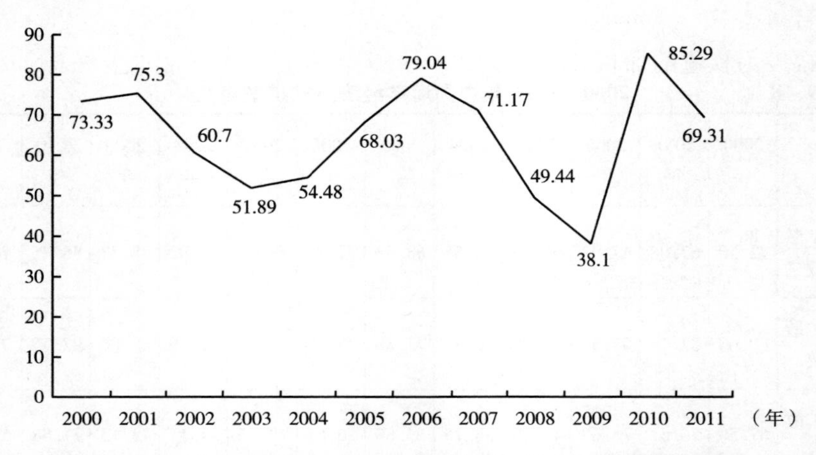

图9－6　2000～2011年中国海洋经济景气综合扩散指数曲线图

综合扩散指数DI的标准值为50，当DI大于标准值50时，经济活动处于扩张状态。反之，当DI小于标准值50时，经济活动处于收缩状态。如图9－6所示，2000～2011年，我国海洋经济景气综合扩散指数，只有2008年与2009年小于50，其他年份都大于50，表明我国海洋经济波动基本上一直都处于景气空间状态。

中国海洋经济景气的综合扩散指数曲线有三个波峰，分别是2001年、2006年和2010年；有两个波谷，分别是2003年和2009年。由于2003年国内非典疫情的影响和海湾战争导致的国际油价波动，加上国内外宏观经济不景气的关联效应，我国海洋经济受到的冲击影响较大，2003年，我国海洋经济景气综合扩散指数下降到51.89。2008年开始的美国次贷危机及其随后的欧洲主权信用危机，对国际国内的海洋渔业、滨海旅游业、海洋运输业等影响巨大。2009年，我国海洋经济景气综合扩散指数下降到了历史最低点38.10。

第四节　海洋经济合成指数编制

合成指数（composite index，CI）又称为景气综合指数，是以特征指标变化幅度为权重的加权综合平均数。1960 年代美国学者希尔金（J. Shiskin）为弥补扩散指数在衡量经济波动幅度上的不足，编制并提出了合成指数的概念。合成指数弥补了扩散指数的不足，考察了经济变动的强度和拐点，是对宏观经济波动周期监测理论的进一步丰富和完善，与扩散指数一同成为经济监测的经典方法和有效工具。根据指标类型，合成指数也分为先行合成指数、同步合成指数和滞后合成指数。

一、海洋经济合成指数的功能

合成指数在反映指标波动状态的同时，主要是描述经济波动的幅度。先行合成指数能够预示未来经济运行轨迹的变动趋势，同步合成指数能够反映当前经济的运行方向和力度，滞后合成指数可以最终判断经济循环的转折点和经济运行的初始状态。此外，合成指数还能够预示经济波动的转折点。

二、海洋经济合成指数的编制方法

在借鉴美国商务部关于合成指数计算方法的基础上，参考国内外有关合成指数编制的相关文献以及我国宏观经济景气波动的监测方法，对我国海洋经济景气合成指数进行编制。编制过程分为四个步骤：

第一，对数据进行标准化处理，计算单个指标的对称变化率 $C_i(t)$。

$$C_i(t)=\begin{cases}200[d_i(t)-d_i(t-1)]/[d_i(t)+d_i(t-1)], d_i(t)>0\\ d_i(t)-d_i(t-1), d_i(t)<0\end{cases} \tag{9-5}$$

其中，$C_i(t)$ 表示第 i 个指标序列 t 时刻的对称变化率数值，$d_i(t)$ 表示经过季节调整后的指标序列。

第二，对上一步中求得的单个指标序列的对称变化率 $C_i(t)$ 进行标准化处理，目的是避免个别指标的异常波动对整体指数大小的影响。

① 计算 $d_i(t)$ 指标序列的标准化因子 A_i。

$$A_i = \sum_{i=1}^{n} |C_i(t)| / (N-1) \tag{9-6}$$

其中，N 表示标准化期间的时间长度。

② 利用标准化因子 A_i 对单个指标序列的对称变化率 $C_i(t)$ 进行标准化处理，得到标准化变化率 $S_i(t)$。

$$S_i(t) = C_i(t) / A_i \tag{9-7}$$

③ 计算所有指标序列的平均变化率 R(t)。

$$R(t) = \sum_{i=1}^{K} S_i(t) \cdot W_i / \sum_{i=1}^{K} W_i \tag{9-8}$$

其中，W_i 表示指标序列的权重，K 表示指标序列个数。

第三，计算初始综合指标 I(t)。

$$I(t) = I(t-1)[200 + R(t)/200 - R(t)], I(1) = 100 \tag{9-9}$$

第四，计算合成指数。

$$CI(t) = 100 \times I(t)/\bar{I}(0) \tag{9-10}$$

其中，$\bar{I}(0)$ 表示基准日期合成指数的平均值，一般假定基准日期合成指数为 100。

三、中国海洋经济合成指数的测算

通过我国海洋经济景气的先行指标、同步指标和滞后指标分析，结合合成指数的计算公式，测算得到我国海洋经济景气的各种合成指数。

(1) 中国海洋经济景气合成指数。根据《中国海洋统计年鉴》《中国海洋统计公报》《中国统计年鉴》等数据资料，运用 Matlab 软件编程，得到 2000 ~ 2011 年我国海洋经济景气的先行合成指数、同步合成指数以及滞后合成指数计算结果，如表 9 - 9 所示。

表 9-9　　2000~2011 年中国海洋经济景气先行合成指数

项目	2000年	2001年	2002年	2003年	2004年	2005年	2006年	2007年	2008年	2009年	2010年	2011年
先行合成指数	100.00	101.26	98.60	103.25	103.07	103.95	104.48	104.60	105.15	102.01	105.27	105.80
同步合成指数	100.00	101.66	100.39	98.58	102.69	104.19	103.69	103.94	103.20	99.64	103.61	104.39
滞后合成指数	100.00	103.06	103.23	95.89	102.69	101.60	100.65	101.06	101.82	102.66	99.82	103.43

基准日期的合成指数为 100，2001~2011 年我国海洋经济景气的先行合成指数、同步合成指数、之后合成指数大多处于 100 以上，表明海洋经济活动基本都处于扩张状态，但是 2003 年和 2009 年我国海洋经济景气同步合成指数小于 100，表明这两年我国海洋经济景气波动一度有衰退的迹象。

2000~2011 年我国海洋经济景气的合成指数数据不能清晰地反映中国海洋经济景气合成指数的变化趋势。因此，根据中国海洋经济景气合成指数数据绘制中国海洋经济景气合成指数曲线（见图 9-7）。

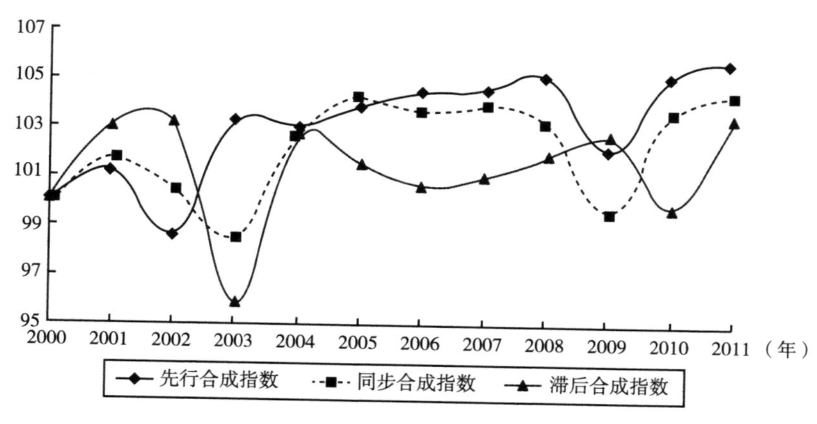

图 9-7　2000~2011 年中国海洋经济景气合成指数曲线

中国海洋经济景气的先行合成指数曲线、同步合成指数曲线基本处于小幅波动上扬的趋势。而滞后合成指数曲线在 2000~2003 年有一次大的波动之后，2003 ~2011 年也处于小幅波动快速上扬的趋势。目前，从中国海洋经济景气合成指数曲线的变化趋势看，中国海洋经济景气波动有过热的趋势。

（2）中国海洋经济景气综合合成指数。根据先行合成指数、同步合成指数以及滞后合成指数，计算得到 2000 ~2011 年我国海洋经济景气的综合合成指数，综合合成指数 CI 同样是以 100 作为基准值进行测算的。2000 ~2011 年中国海洋经济景气的综合合成指数曲线显示了中国海洋经济景气的周期性波动变化趋势的强弱，如图 9 –8 所示。

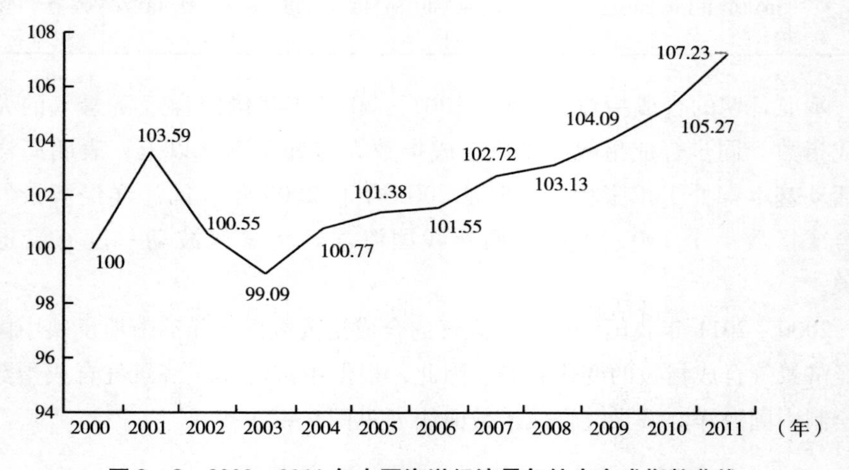

图 9 –8　2000 ~2011 年中国海洋经济景气综合合成指数曲线

中国海洋经济景气的综合合成指数曲线有三个波峰：2001 年、2005 年和 2008 年，两个波谷：2003 年和 2009 年。由于 2003 年国内非典的影响和海湾战争导致的国际油价波动，加上国内外宏观经济不景气的关联效应，我国海洋经济受到的冲击影响较大，2003 年，我国海洋经济景气综合合成指数下降到 99. 09，随后一直呈现上升趋势，但是 2008 年开始的美国次贷危机及其随后的欧洲主权信用危机对我国海洋经济景气综合合成指数也产生了巨大影响，导致 2009 年综合合成指数出现了一定幅度的下降，但是，2010 年以后再度呈现快速上扬的态势，喻示着中国海洋经济景气波动有过热的趋势。

第五节　海洋经济景气指数编制

对经济景气状态的分析最早可追溯到19世纪末，1888年法国经济学家阿尔弗雷德·福伊尔（Alfred Fourille）在巴黎统计学大会上用黑、灰、淡红和大红几种颜色描述了1877~1881年法国经济的波动，由此揭开了经济景气研究的序幕。20世纪初，世界各国纷纷开展了经济景气度量的研究。1909年，美国Babson统计公司发布了最早的景气指数——巴布森经济活动指数，用以反映美国宏观经济波动情况。1917年，哈佛大学经济研究委员会在珀森斯（W. M. Persons）教授带领下，编制了影响深远的哈佛指数，用以判断经济周期的波动方向并预测其转折点。1920~1925年，欧洲国家分别编制了英国商业循环指数、瑞典商情指数以及德国商情指数等。

景气是反映经济活跃程度一种综合性指标，景气分析多是通过景气指数（prosperity index，PI）进行的。景气指数又称景气度，是综合反映宏观经济波动所处的状态或未来发展趋势的一种定量分析工具。不同学者对于景气指数有着不同的定义，景气指数在不同的分类标准下也有着不同的分类。景气指数是在进行景气指标筛选的基础上，经过数据预处理后用于描述经济的运行状态（扩张或收缩）、预测经济发展状态与趋势转折点的一种数量分析工具，也称为景气动向指数。经济景气指数根据景气指标的不同也分为先行景气指数、同步景气指数和滞后景气指数。

一、海洋经济景气指数的功能

所谓经济景气，是指宏观经济表现出扩张、繁荣的景气状态，不景气是指宏观经济下滑收缩、疲软萧条的现象。经济景气指数最早来源于对企业的景气状况调查分析。是通过定期的问卷调查，根据企业家的经营状况及其对宏观经济的判断预期，编制的一类反映宏观经济运行状况及其未来发展变化趋势的统计数据。景气指数不仅可以对经济运行情况进行分析，而且景气指数曲线可以直观地识别和分析经济增长的周期循环波动，同时还可以帮助政府部门和经济学家进行短期经济波动预测或预警。

二、海洋经济景气指数的编制方法

目前，国际上通用的经济景气指数测定方法以传统经典的景气指数测定方法为主，主要包括前文介绍的扩散指数 DI 方法、合成指数 CI 方法，同时也有利用主成分方法合成景气指数的。但是许多学者认为传统景气指数法过于主观并缺乏统计支撑，他们更倾向于利用数理统计方法以及更严密的计量经济模型研究经济周期波动现象。常见的主要包括多变量时间序列方差分解模型（MTV 模型）、状态空间和卡尔曼滤波模型、多变量动态 Markov 转移因子模型、谱分析方法以及小波分析方法等。下面以多变量动态 Markov 转移因子为例构建中国海洋经济景气模型，测算中国海洋经济景气指数。

斯道克和沃特森（J. H. Stock & M. Watson，1988）认为状态空间—卡尔曼滤波模型以及动态马尔可夫转移因子模型都可以对宏观经济周期景气指数进行测算和分析。斯道克和沃特森（1989，1991，2003）提出并构造了动态因子模型（DF 模型）合成指数，揭示了经济变量间的协同变化。汉密尔顿（Hamilton，1989）利用 Markov 转移机制模型（MS 模型）对美国宏观经济周期波动机制进行了分析。迪博尔德和鲁德布施（Diebold & Rudebusch，1996）将转移机制模型与动态因子模型结合，构造了多变量动态因子模型（DMSF 模型），同时分析经济系统协同运动与非对称性的两大特征，但这样的模型很复杂，模型求解极其困难。动态因子模型中参数具有机制转移的性质，因此不能直接运用标准的 Kalman 滤波进行求解。吉姆（Kim，1994）将 Kalman 滤波和 Hamilton 滤波进行叠加，提出了 Kim 滤波。通过分析样本区间的全部观测值和估计参数值，还能推断出各个时点处于衰退状态的概率 $p(s_t=0)$，如果 $p>0.5$，认为当前经济状态位于收缩期；否则，认为当前经济状态位于扩张期。DMSF 模型既可以进行景气指数 C_t 计算，也能描述经济的动态行为，还能揭示经济扩张与收缩的非对称特性。

（1）动态 Markov 转移模型。斯道克和沃特森（1991）对景气变动的影响因素进行扩充，并认为影响经济景气的指标变动背后存在着一个单一的、不可观测的、代表总经济状态的共同因素，其波动代表真正的景气波动，该因素被称为 Stock – Waston 景气指数，简称 SWI 景气指数，含有该不可观测因素的模型称为 UC 模型。动态因子模型的状态空间形式如下：

$$y_{it} = (\varphi_{i0} + \varphi_{i1} \cdot L + \cdots + \varphi_{ir_i} \cdot L^{r_i}) \cdot \Delta c_t + z_{it}$$

$$\Delta c_t = \mu + \phi(1 - \phi_1 \cdot L - \cdots - \phi_p \cdot L^p)^{-1} \cdot v_t, v_t \sim i.i.d.\ N(0, \sigma^2)$$

$$\Delta y_{it} = \gamma_i(L)\Delta c_t + \mu_{it} \quad i = 1, 2, \cdots, n \tag{9-11}$$

$$\varnothing(L)\Delta c_t = \varepsilon_t \tag{9-12}$$

$$\psi_i(L)u_{it} = v_{it} \tag{9-13}$$

其中，$\varnothing(L)$、$\gamma_i(L)$、$\psi_i(L)$ 为滞后算子多项式，Δy_{it}为第 i 个同步指标的差分序列与均值之差，即 $\Delta y_{it} = \Delta y - \Delta y_{it}$。

由于该模型包含不可观测变量 C_t，因此无法利用普通的回归方程进行拟合，适合利用状态空间模型求解。状态空间模型一般由式（9 – 11）、式（9 – 12）、式（9 – 13）的量测方程和状态方程组成。通过 Kalman 滤波实现对不可观测变量的推断，即基于 t 时刻的可观测信息，进行不可观测状态变量的估计。由于将每个指标的特殊成分 u_{it}也作为状态变量，因此量测方程中不含随机扰动项。

（2）动态马尔科夫转移因子模型。经济系统随着时间的推移会呈现收缩—扩张—再收缩的规律性变化。在动态因子模型中，经济的扩张和收缩两种状态下 Δc_t的生成机制都可能有变化，因此将式（9 – 12）改写成具有状态转移的时间序列模型形式：

$$\phi(L)(\Delta c_t - \mu_{s_t}) = \varepsilon_t \tag{9-14}$$

其中，s_t为代表经济状态的离散变量，当 s_t取 1 时，表示经济处于扩张状态；当 s_t取 0 时，表示经济处于收缩状态。两种状态下的稳态值分别为 μ_1、μ_0，即：

$$u_{s_t} = u_0(1 - s_t) + u_1 s_t, u_0 < u_1 \tag{9-15}$$

这意味着 Δc_t在不同状态下会呈现不同特征，设 μ_0为经济系统收缩下的稳态值，μ_1为经济扩张下的稳态值，则有 $\mu_0 < \mu_1$。

由于 s_t 不能直接观测得出，因此 s_t 可以由一阶 Markov Chain 描述为：

$$P(s_t = 0 \mid s_{t-1} = 0) = p_{00}$$
$$P(s_t = 1 \mid s_{t-1} = 0) = p_{01}$$
$$P(s_t = 0 \mid s_{t-1} = 1) = p_{10}$$
$$P(s_t = 1 \mid s_{t-1} = 1) = p_{11}$$

状态转移概率的约束条件为 $p_{00} + p_{01} = p_{10} + p_{11} = 1$

用式（9－14）替换式（9－12），与式（9－11）和式（9－13）共同组成的模型，称为动态马尔科夫转移因子模型。对于这种模型的估计，首先要通过 Kalman 滤波对状态空间中不可观测的共同成分 Δc_t 和特殊成分 u_{it} 进行推断，之后再对不可观测的离散变量 s_t 进行推断。

采用 1989 年汉密尔顿提出的非线性滤波方法进行推断，同时得到可观测变量的似然函数，并通过极大化似然函数迭代方法估计模型参数。模型需要估计的参数包括变量系数、随机误差项的方差以及转移概率 p_{00} 和 p_{11} 在两个状态下的稳态值 μ_0 和 μ_1。

三、中国海洋经济景气指数模型设计

1. 指标选取与数据预处理。建立中国海洋经济景气的动态 Markov 转移模型，筛选能够反映海洋经济波动和运行态势的指标。根据景气指数模型及其假设条件的要求和中国海洋经济周期波动景气指标体系，按照相互独立、系统全面、同步联动的原则，从中国海洋经济景气指标体系中筛选了五个具有典型代表性的指标：涉海产品价格指数（B_4）、海洋全员劳动生产率（B_8）、主要海洋产业增加值占沿海地区生产总值的比重（S_3）、全国主要海洋产业就业人数增速（S_5）、海洋灾害损失占海洋 GDP 的比重（A_7）。中国海洋经济景气的动态 Markov 转移模型指标数据分析见表 9－10。

对表 9－10 中五个指标的原始数据进行 HP 滤波处理以剔除时间趋势项，得到剔除时间趋势后的序列 b_4、b_8、s_3、s_5、a_7，进一步对剔除时间趋势后的指标序列数据进行差分处理得到一阶差分序列，并分别对二者进行 ADF 单位根检验，检验结果表明五个指标的一阶差分序列都是平稳的，如表 9－11 所示。

表 9-10 中国海洋经济景气的动态 Markov 转移模型指标数据分析

单位：%

年份	原始序列					剔除时间趋势序列					一阶差分序列				
	B_4	B_8	S_3	S_5	A_7	b_4	b_8	s_3	s_5	a_7	Δb_4	Δb_8	Δs_3	Δs_5	Δa_7
2000	93.58	2.47	2.88	15.03	2.90	-2.51	-0.59	-1.02	-9.16	1.09	—	—	—	—	—
2001	95.63	2.88	4.02	69.02	1.20	-2.01	-0.70	-0.31	46.63	-0.41	0.50	-0.11	0.71	55.78	-1.50
2002	97.37	4.02	4.48	-41.67	0.70	-1.80	-0.07	-0.27	-62.18	-0.72	0.21	0.63	0.04	-108.80	-0.31
2003	106.67	4.48	6.07	12.83	0.75	6.04	-0.10	0.92	-6.08	-0.49	7.84	-0.03	1.19	56.10	0.22
2004	102.22	6.07	6.18	32.96	0.41	0.27	1.03	0.68	15.62	-0.68	-5.77	1.13	-0.25	21.70	-0.18
2005	107.12	6.18	6.24	50.86	1.97	3.98	0.73	0.43	35.36	1.03	3.71	-0.30	-0.25	19.74	1.71
2006	101.68	6.24	6.52	6.06	1.20	-2.51	0.43	0.44	-7.18	0.40	-6.49	-0.30	0.02	-42.54	-0.62
2007	103.64	6.52	6.55	6.80	0.35	-1.50	0.40	0.25	-3.96	-0.30	1.01	-0.03	-0.19	3.22	-0.70
2008	120.35	6.55	6.49	2.03	0.65	14.34	0.16	0.00	-6.15	0.15	15.84	-0.24	-0.25	-2.19	0.45
2009	89.45	6.49	6.19	1.64	0.27	-17.35	-0.14	-0.46	-3.97	-0.09	-31.69	-0.30	-0.47	2.19	-0.23
2010	107.78	6.19	6.58	2.44	0.17	0.14	-0.66	-0.23	-0.62	-0.04	17.48	-0.52	0.23	3.35	0.05
2011	111.44	6.58	6.53	2.22	0.11	2.92	-0.49	-0.43	1.69	0.05	2.78	0.17	-0.20	2.31	0.09

表 9-11 指标序列 ADF 检验结果

指标序列	原始序列数据					剔除时间趋势序列数据					一阶差分序列数据				
	B_4	B_8	S_3	S_5	A_7	b_4	b_8	s_3	s_5	a_7	Δb_4	Δb_8	Δs_3	Δs_5	Δa_7
T 统计量	-3.283	-1.049	-2.098	-3.786	-3.581	-3.633	-1.484	-2.298	-5.971	-3.669	-6.415	-4.623	-3.907	-5.734	-3.671
P 值	0.126	0.889	0.491	0.019	0.026	0.081	0.504	0.402	0.006	0.072	0.004	0.023	0.057	0.006	0.077
结论	不平稳	不平稳	不平稳	平稳	平稳	不平稳	平稳	平稳	平稳	平稳	平稳	平稳	平稳	平稳	平稳

2. 景气指数模型构建。通过借鉴国际国内有关经济周期波动景气指数测算的方法，参考国际国内有关文献，构建了中国海洋经济周期波动景气的多变量动态 Markov 转移因子模型。

基于多变量动态 Markov 转移因子模型，假定海洋经济景气指标之间存在联动变化的趋势成分，即公共因子。

用 ΔY_{it} 表示第 i 个海洋经济景气指标的增长率在 $t \in \{1, \cdots, T\}$ 期的变动，用 Δy_{it} 表示 ΔY_{it} 对其均值的偏离，即 $\Delta y_{it} = \Delta Y_{it} - \overline{\Delta Y_{it}}$，用 Δc_t 和 z_{it} 分别表示第 i 个海洋经济景气指标的公共因子和异质因子，则第 i 个海洋经济景气指标可以描述为：

$$y_{it} = (\phi_{i0} + \phi_{i1} \cdot L + \cdots \phi_{ir_t} \cdot L^{r_i}) \cdot \Delta c_t + z_{it} \tag{9-16}$$

$$\Delta c_t = \mu + \phi(1 - \phi_1 \cdot L - \cdots - \phi_p \cdot L^p)^{-1} \cdot v_t,$$
$$v_t \sim i.i.d.\ N(0, \sigma^2) \tag{9-17}$$

$$z_{it} = (1 - \psi_{i1} \cdot L - \cdots - \psi_{iq_i} \cdot L^{q_i})^{-1} \cdot e_{it},$$
$$e_{it} \sim i.i.d.\ N(0, \sigma_i^2) \tag{9-18}$$

其中，L 为滞后算子。该过程实质是将海洋经济景气指标用两个自回归过程来描述，分别称为公共因子和异质因子。由于模型中包含不可观测变量 c_t，因此无法利用普通的回归方程进行拟合，适合利用状态空间模型求解。

假设公共因子中 μ 和 σ 的取值依赖于不可观测的二值状态变量 $s_t \in \{0,1\}$，用 s_t 的取值表示海洋经济景气在 t 期的状态，s_t 取值 0 和 1 分别表示当前期的海洋经济景气处于收缩和扩张状态，于是不同景气状态下的 μ 和 σ 不同，分别用 μ_{s_t} 和 σ_{s_t} 表示，将式（9－12）改写为带有状态转移因子的形式：

$$\Delta c_t = \mu_{s_t} + \phi(L)^{-1} \cdot v_t, v_t \sim i.i.d.\ N(0, \sigma_{s_t}) \tag{9-19}$$

假设 s_t 服从一阶 Markov 过程，那么状态转移概率 p_{ij} 就可表示为 $P(s_t = j \mid s_{t-1} = i) = p_{ij}$，$\sum_{k=0}^{1} = 1$。如果各期的状态 $S^T = (s_1, \cdots, s_T)$ 已知，则通过极大似然估计，利用 Kalman 滤波进行模型估计。然而因为 s_t 是不可观测的，只能通过 Hamilton 滤波并利用 y_t 信息的条件密度对 s_t 推断。采用吉姆（1994）提出的 Kim 滤波进行处理。即将式（9－19）改写为（9－20）的截距转移形式，再进行 Hamilton 滤波处理。

$$\phi(L)\cdot\Delta c_t=\mu_{s_t}+v_t, v_t\sim i.i.d.N(0,1) \tag{9-20}$$

通过分析样本区间的全部观测值和估计参数值，还能推断出各个时点处于衰退状态的概率 p（$s_t=0$），如果 $p>0.5$，认为当前海洋经济状态位于收缩期；否则，认为当前海洋经济状态位于扩张期。

3. 景气指数模型的参数选择。海洋经济动态 Markov 转移因子模型的延迟构造主要是指式（9-16）、式（9-18）、式（9-20）中的 r、p 以及 q，确定方法主要是根据 BIC 准则，同时参考 AIC 准则和对数似然函数值的大小来决定的，即：

$$BIC=-2\log L(f(r,p,q))+n\log(nT)$$

其中，n 是参数个数，T 是样本区间长度，$\log L(f(r,p,q))$ 是参数（r,p,q）设定下的对数似然函数值。如表 9-12 所示，计算了不同参数（r,p,q）下模型的 BIC 准则大小，根据 BIC 最小的原则选定海洋经济动态 Markov 转移因子模型的参数（r,p,q）为（2,1,2）。

表 9-12　模型不同延迟构造的 BIC 值

参数（r,p,q）	(1,1,1)	(1,1,2)	(1,2,2)	(1,2,1)	(2,1,1)	(2,1,2)	(2,2,2)	(2,2,1)
BIC 值	-10.74	-26.82	-31.13	-16.86	-22.42	-40.38	-35.58	-27.98

根据上面构建的中国海洋经济多变量动态 Markov 转移因子模型原理和计算方法，结合中国海洋经济 2001~2011 年的时间序列数据，运用 Stata 软件编写中国海洋经济动态 Markov 转移因子模型求解程序，得到模型的参数拟合结果如表 9-13 所示。

四、中国海洋经济景气指数测算

根据中国海洋经济动态 Markov 转移因子模型的拟合结果，得到模型中公共因子 Δc_t 序列，即基于动态 Markov 转移因子模型的中国海洋经济周期波动景气指数。根据动态 Markov 转移因子模型测算得到的中国海洋经济景气指数位于区间 [-1, 1]，该景气指数的标准值为 0，当景气指数大于零时，经济活动处于扩张状态；反之，当景气指数小于零时，经济活动处于收缩状态。中国海洋经济景气指数曲线清晰地反映了中国海洋经济景气指数的变化趋势，如图 9 - 9 所示。

表 9 - 13　中国海洋经济动态 Markov 转移因子模型参数拟合结果

Sample：2000 - 2011　　Number of obs = 12

Wald chi2 (3) = 22.93

Log likelihood = 75.4325　　Prob > chi2 = 0.0001

	Coef.	OIM Std. Err.	z	P > | z |	[95% Conf.	Interval]
f |						
f | L2. |	-0.3878673	0.5529732	-0.70	0.483	-1.471675	0.6959403
D. x1 f |	0.0166824	0.004072	4.10	0.000	0.0087014	0.0246635
D. x2 | f |	0.009896	0.0022686	4.36	0.000	0.0054497	0.0143423
Variance |						
De. x1 |	0.000021	9.40e - 06	2.24	0.013	2.60e - 06	0.0000394
De. x2 |	6.94e - 17	.	.	.	.	.

Note：Tests of variances against zero are one sided，and the two - sided confidence intervals are truncated at zero.

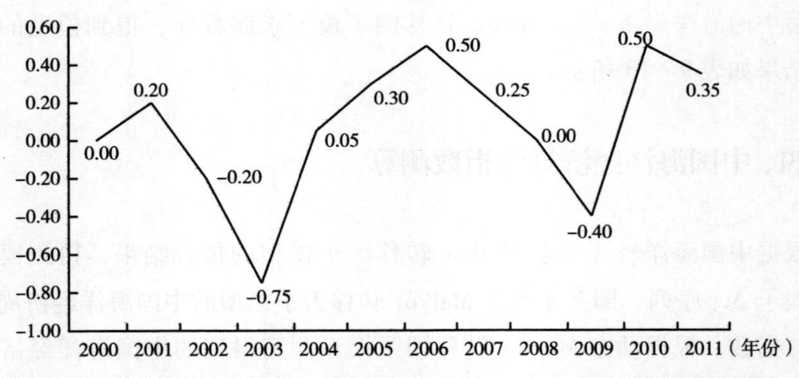

图 9 - 9　中国海洋经济景气指数曲线（基于动态 Markov 转移因子模型）

基于动态 Markov 转移因子模型的中国海洋经济景气指数曲线有三个波峰分别是2001年、2006年和2010年，有两个波谷分别是2003年和2009年。曲线显示了2000～2011年我国海洋经济景气指数景气波动状况。2002～2003年、2008～2009年处于不景气状态，2001年、2005～2007年、2010～2011年则处于景气状态。

2000年，我国加入世界贸易组织（WTO）对我国海洋经济产生了巨大的推动作用，中国作为海洋产业大国，在渔业、油气业、船舶业等领域的生产经营中获得了更多的机遇，同时沿海地区对外投资政策与环境都得到了极大的改善。2001年，联合国正式提出“21世纪是海洋的世纪”，海洋经济发展进入了新阶段，景气指数达到波峰位置；2003年，源于国内非典疫情对国民经济的冲击以及海湾战争对国际油价的影响，海洋经济景气指数下降到波谷位置。2003年《全国海洋经济发展规划纲要》标志着海洋开发利用进入一个新阶段，海洋经济景气指数再次出现回升；2006年作为我国“十一五”规划实施的第一年，沿海各级政府不断推进海洋经济的持续发展，海洋经济景气指数再度达到波峰位置；2007～2009年受全球金融危机影响，海洋经济景气指数再度出现下滑，并于2009年下降到波谷；2010年，“十二五”规划提出了“发展海洋经济”的百字方针，对海洋资源利用、海洋产业发展作出了明确要求，海洋经济景气指数又有了新的变化。

五、中国海洋经济景气指数波动特征分析

为了验证基于动态 Markov 转移因子模型测算的中国海洋经济景气指数的合理性，选取全国海洋生产总值增长速度指标序列、中国海洋经济综合扩散指数以及中国宏观经济景气指数进行对比分析。由于景气指数的变动已经归一化到［-1,1］区间，因此将全国海洋生产总值增长速度序列、中国海洋经济综合扩散指数、中国宏观经济景气指数也归一化到［-1,1］区间。利用 Matlab 软件中的 Mapminmax 函数实现增长率序列的归一化处理，如图9-10、图9-11所示。

中国海洋经济景气指数曲线与归一化后的全国海洋生产总值序列曲线、

归一化后的中国海洋经济综合扩散指数具有比较一致的波动特征，并且都在2003年、2009年达到波谷位置，2006年、2010年达到波峰位置，相比之下，基于动态Markov转移因子模型的中国海洋经济景气指数曲线更平稳。

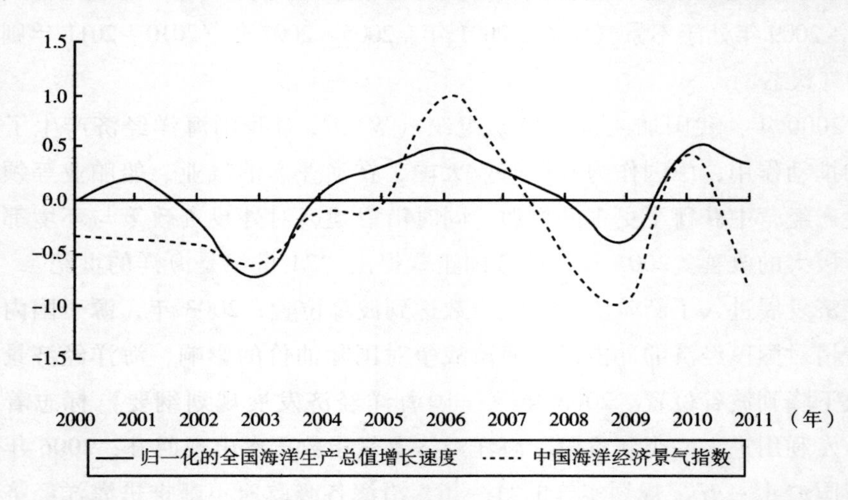

图9－10　中国海洋经济景气指数与全国海洋生产总值增长速度波动曲线

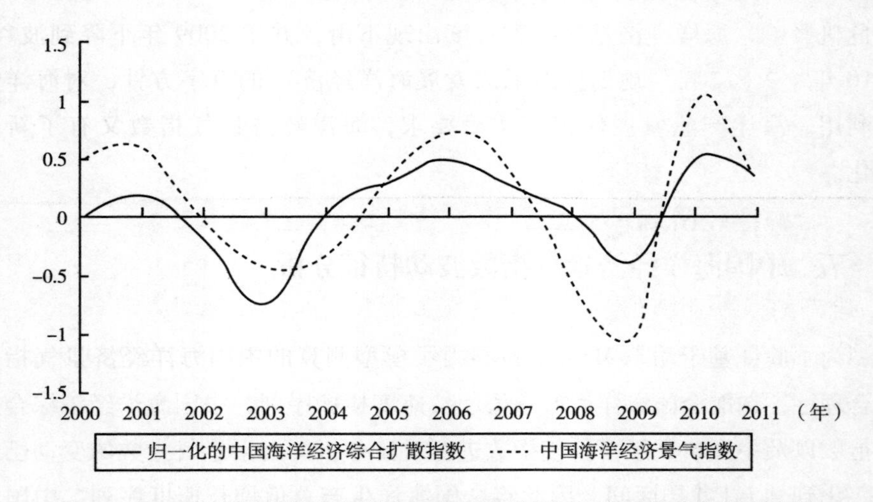

图9－11　中国海洋经济景气指数与中国海洋经济综合扩散指数波动曲线

另外，利用SPSS软件计算中国海洋经济景气指数与中国宏观经济景气指数的相关系数，发现两个景气指数序列具有很高的相关性，如图9－12所示。

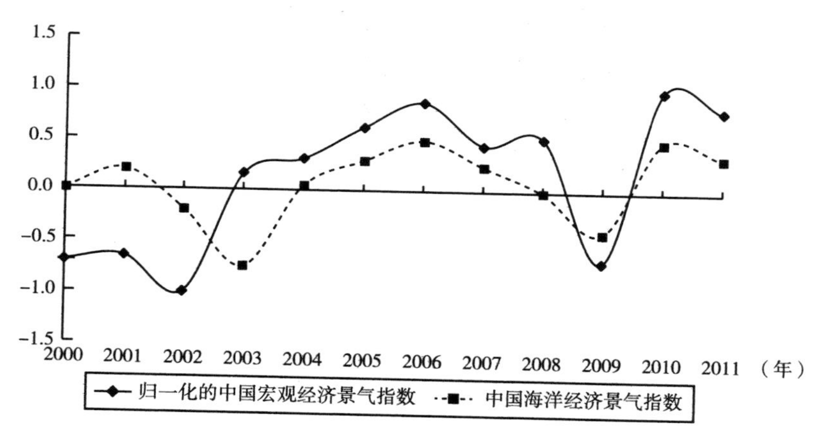

图 9－12 中国海洋经济景气指数与中国宏观经济景气指数波动曲线

将中国海洋经济景气指数与归一化后的中国宏观经济景气指数进行比对，发现二者有着类似的波动特征，都在 2006 年、2010 年达到波峰，2009 年达到波谷。这在一定程度上说明中国海洋经济景气指数与宏观经济景气指数之间存在很强的关联效应。

第六节 海洋经济周期波动预警指数编制

一、海洋经济周期波动监测预警指标的选择

准确测算中国海洋经济周期波动预警指数，建立成熟的预警信号系统反映海洋经济的发展状况，要求监测预警指标必须具有高度的灵敏性、极好的稳定性、重要的影响力和可靠的操作性。通过分析借鉴国内外成熟的宏观经济监测预警指标体系，结合中国海洋经济景气指数、合成指数、扩散指数的波动特征，以及我国海洋经济发展的特点，利用主客观分析及解释结构模型等方法，确定了海洋经济总量、结构、效益以及可持续性监测预警的四个一级指标，进一步结合景气指标与基准指标的相关系数，兼顾指标体系的全面性、科学性以及完备性，设计构建了中国海洋经济周期波动的监测预警指标体系，其中有 4 个一级指标，11 个二级指标，如表 9－14 所示。

表 9－14　　　　　中国海洋经济周期波动监测预警指标体系

海洋经济总量监测	反映海洋经济增长速度	全国海洋生产总值增长速度
	反映海洋经济推动力	沿海地区固定资产投资密度
海洋经济结构监测	反映海洋经济结构	海洋第二产业生产总值/全国海洋生产总值
		海洋第三产业生产总值/全国海洋生产总值
	反映涉海就业情况	主要海洋产业就业人数增长速度
海洋经济效益监测	反映海洋产业竞争力	海洋全员劳动生产率
	反映海洋科技进步	海洋高新技术投入比率
	反映经济社会效益	全国海洋生产总值/沿海地区固定资产投资总额
		沿海地区人均可支配收入增速
海洋经济可持续性监测	反映生态环境保护	工业废水直接入海量与海岸线长度的比重
		海洋灾害损失占海洋生产总值的比重

二、海洋经济周期波动监测预警指标权重确定

因为每个监测预警指标所具有的功能和反映的经济现象不同，因而其描述的海洋经济周期波动程度就存在差异。如何全面、客观、科学地利用指标隐含的信息，准确、及时地揭示经济周期波动的趋势特征，一直是监测预警体系的重要研究内容。加权方法是一种实用、简洁、科学的综合评价方法，而对于指标权重的设计，国际、国内也有成熟的经验方法。通过借用熵值法、因子分析法、灰色关联分析法和层次分析法等主观与客观相结合的通用方法，设计并确定了中国海洋经济监测预警指标的权重。

利用 SPSS 软件对我国海洋经济周期波动的监测预警指标进行因子分析，具体操作步骤为 Analyze→Data Reduction→Factor，得到因子分析的结果如表 9－15 所示。采用正交因子旋转，可以构造七个主成分因子，得到七个因子的累计方差贡献度可以达到 99.15%。中国海洋经济周期波动监测预警指标因子碎石图如图 9－13 所示。

利用因子分析法确定的我国海洋经济周期波动监测预警指标权重结果如表 9－16 所示。

表 9-15　中国海洋经济周期波动监测预警指标因子分析

构成	初始特征根			被提取的载荷平方和		
	总数	方差	累计	总数	方差	累计
1	6.205	56.407	56.407	6.205	56.407	56.407
2	1.586	14.418	70.825	1.586	14.418	70.825
3	1.135	10.318	81.142	1.135	10.318	81.142
4	0.826	7.508	88.650	0.826	7.508	88.650
5	0.628	5.710	94.359	0.628	5.710	94.359
6	0.400	3.633	97.992	0.400	3.633	97.992
7	0.127	1.159	99.151	0.127	1.159	99.151
8	0.070	0.633	99.783			
9	0.020	0.186	99.969			
10	0.003	0.031	100.000			
11	0.000	0.000	100.000			

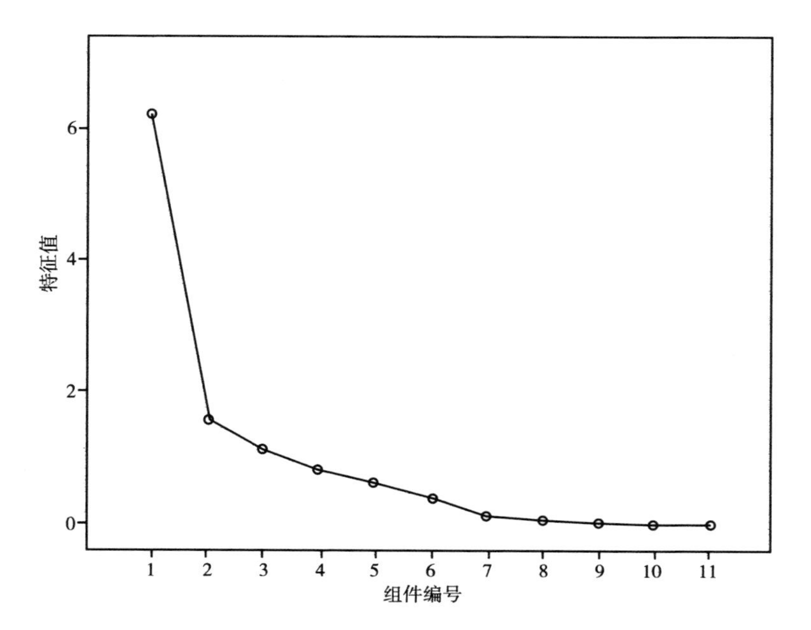

图 9-13　中国海洋经济周期波动监测预警指标因子碎石图

表 9-16　　中国海洋经济周期波动监测预警指标因子分析权重

指标	因子 1	因子 2	因子 3	因子 4	因子 5	因子 6	因子 7	系数平方和	权重
全国海洋生产总值增长速度	0.304	0.227	-0.033	0.900	-0.110	0.172	-0.036	0.997	0.091
沿海地区固定资产投资密度	0.140	0.080	0.929	-0.020	0.209	0.176	0.188	0.999	0.092
海洋第二产业生产总值/全国海洋生产总值	0.887	0.265	0.192	0.135	0.145	0.176	0.182	0.996	0.091
海洋第三产业生产总值/全国海洋生产总值	0.954	0.112	-0.006	0.182	0.132	0.027	0.139	0.994	0.091
主要海洋产业就业人数增长速度	-0.221	-0.492	-0.337	-0.282	-0.132	-0.664	0.169	0.971	0.089
海洋全员劳动生产率	0.388	0.890	-0.007	0.000	0.018	0.176	0.126	0.990	0.091
海洋高新技术投入比率	0.167	0.055	0.186	-0.079	0.956	0.057	0.096	0.999	0.092
全国 GOP/沿海地区固定资产投资总额	0.641	0.342	0.283	0.323	0.047	0.482	0.204	0.989	0.091
沿海地区人均可支配收入增速	0.083	0.882	0.146	0.367	0.071	0.148	0.158	0.992	0.091
工业废水直接入海量占海岸线长度的比重	0.641	0.342	0.283	0.323	0.047	0.482	0.204	0.989	0.091
海洋灾害损失占海洋生产总值的比重	-0.442	-0.251	-0.283	0.036	-0.162	0.028	-0.790	0.991	0.091

根据熵权法、因子分析法、灰色关联分析法、层次分析法设计中国海洋经济周期波动监测预警指标的权重，设计结果如表 9-17 所示。

表 9-17　　中国海洋经济周期波动监测预警指标权重设计

项目	熵值法	因子分析法	灰色关联分析法	层次分析法
全国海洋生产总值增长速度	0.097	0.091	0.092	0.081
沿海地区固定资产投资密度	0.097	0.092	0.090	0.132
海洋第二产业生产总值/全国海洋生产总值	0.100	0.091	0.093	0.089

续表

项目	熵值法	因子分析法	灰色关联分析法	层次分析法
海洋第三产业生产总值/全国海洋生产总值	0.089	0.091	0.082	0.071
主要海洋产业就业人数增长速度	0.092	0.089	0.080	0.071
海洋全员劳动生产率	0.092	0.091	0.102	0.112
海洋高新技术投入比率	0.090	0.092	0.089	0.099
全国海洋生产总值/沿海地区固定资产投资总额	0.099	0.091	0.093	0.114
沿海地区人均可支配收入增速	0.088	0.091	0.097	0.084
工业废水直接入海量与海岸线长度的比重	0.083	0.091	0.099	0.076
海洋灾害损失占海洋生产总值的比重	0.083	0.091	0.083	0.071

不同的指标权重计算方法，因为其测算的权重大小取值区间不同，其计算结果会存在差异。为了检验这种差异是否显著，通过 Kendall 一致性检验方法进行了权重测算结果的一致性检验，检验结果表明四种方法的权重测算结果具有显著的一致性（见表 9－18）。因此，通过熵值法、因子分析法、灰色关联分析法和层次分析法，完全可以对中国海洋经济周期波动监测预警指标的权重进行设计。

表 9－18　　四种权重设计方法的 Kendall 一致性检验

样本数（N）	T 值	Chi－Square	自由度	P 值	是否通过检验
4	0.492	19.670	10	0.033	是

三、海洋经济周期波动监测预警指标临界值设计

预警指标临界值的确定在预警指数测算和预警信号编制系统中起着关键作用。科学正确地设计预警指标临界值，对于准确把握海洋经济监测预警指标的波动以及准确判断海洋经济运行态势影响巨大。在对监测预警指标体系及其权重设计的基础上，通过借鉴 Probit、Plucking、Markov 等模型方法，利用数理统计方法和经验分析法，进行了预警指数临界值的设计。

1. 监测预警指标临界值确定方法。

(1) 3δ 数理统计方法。根据误差理论及正态分布原理，用于判断指标正常或异常的参考值不是一个固定值，而是分布在中心值附近的值。离中心值近的概率大，偏离中心值的概率小。根据偏离中心值超过 1 倍标准差 (1δ)、2 倍标准差 (2δ) 和 3 倍标准差 (3δ) 的可能性概率分别为 31.74%、4.55% 和 0.27%。δ 的倍数越大，说明偏离中心值的程度越大，偏离的可能性概率就越小。因此，严格的、一般的和宽松的质量控制分别选择 1 倍 δ、2 倍 δ 和 3 倍 δ 标准差作为异常与否的参考值，这就是 3δ 数理统计方法。

$$p(|X-\mu|<k\sigma)=\Phi(k)-\Phi(-k)=\begin{cases}0.6826, & k=1\\0.9545, & k=2\\0.9973, & k=3\end{cases} \quad (9-21)$$

正常情况下，经济波动数据不会大幅度偏离其稳定值。根据国际国内成熟的临界值设计方法，参考相关文献，结合海洋经济数据的连续性和波动性等特点，选取 2 倍 δ 标准差作为异常与否的临界参考值。具体是指偏离中心值 2 倍 δ 标准差以上的区间属于异常区间，即区间 $[-\infty, x-2\delta]$ 和 $[x+2\delta, \infty]$，分别定义为指标的过冷区间和过热区间。偏离中心值 1 倍 δ 到 2 倍 δ 标准差的区间属于基本正常区间，即 $[x-2\delta, x-\delta]$ 和 $[x+\delta, x+2\delta]$，分别定义为指标的偏冷区间和偏热区间。偏离中心值 1 倍 δ 标准差以内的区间属于正常区间，即 $[x-\delta, x+\delta]$。3δ 统计方法的临界区间和预警状态划分如表 9-19 所示。

表 9-19　3δ 统计方法的临界区间和预警状态划分

预警状态	过冷	偏冷	正常	偏热	过热
临界区间	$[-\infty, x-2\delta]$	$[x-2\delta, x-\delta]$	$[x-\delta, x+\delta]$	$[x+\delta, x+2\delta]$	$[x+2\delta, \infty]$

(2) 国际国内公认标准或经验划分。借鉴国际国内公认的标准或者经验方法，结合我国海洋经济历史数据，设计确定监测预警指标的临界值。借鉴我国宏观经济周期波动监测预警指标临界值设计方法，同时考虑到海洋经济系统的复杂性，以及我国海洋经济统计数据的缺失性和滞后性等因

素，采用落点概率法确定中国海洋经济周期波动监测预警指标的临界预警区域。

（3）落点概率法。落点概率法是依据时间序列分布在不同区域的概率或百分比，对预警区间进行划分的方法。落点概率法是根据监测预警指标的历史数据的落点区间，设计监测预警指标波动的区域中心，然后根据概率要求确定临界点，划分指标的临界区域。

首先，“正常”区域居中原则，落点概率控制在40%，即预警中心±20%的区域。

其次，“偏冷”和“偏热”区域为相对稳定区域，落点概率控制20%，“偏冷”区域是预警中心－40%和预警中心－20%的区间。“偏热”区域是预警中心+20%和预警中心+40%的区间。

最后，“过冷”和“过热”区域为极端区域，“过冷”区域落在偏冷区域临界线以外，“过热”区域落在偏热区域临界线以外。

2. 监测预警指标临界值设计。

（1）全国海洋生产总值增长速度预警临界值设计。图9－14给出了2001～2013年间我国海洋生产总值，以及按照不变价格计算得到的我国海洋生产总值增长速度。

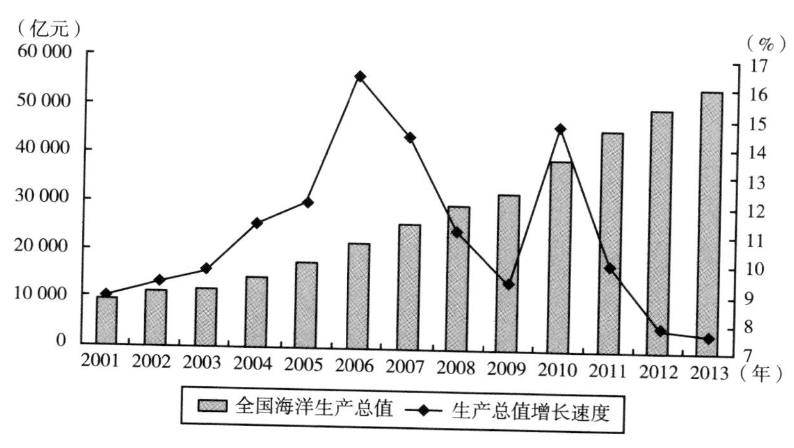

图9－14　2001～2013年中国海洋生产总值与生产总值增长速度

资料来源：《2012年中国海洋统计年鉴》《2012年中国海洋经济统计公报》。

由于《中国海洋统计年鉴》的统计口径在2006年发生变化，为避免由于统计口径的不同对预警指数实证测算造成的影响，利用3δ方法设计中国海洋经济周期波动监测预警指标临界值时，采用的指标平均值和标准差均为去除最大值和最小值后计算得到的。全国海洋生产总值增长速度指标11年间的算术平均值为10.71，标准差为2.20。

根据3δ方法和落点概率法的临界区间划分方法，对全国海洋生产总值增长速度的临界区间和预警状态进行划分，对两种方法得到的临界区间进行算术平均处理，得到加权调整的临界区间。全国海洋生产总值增长速度的临界区间和预警状态划分结果如表9-20所示。

表9-20　中国海洋生产总值增长速度的临界区间和预警状态划分

预警指标	方法	过冷	偏冷	正常	偏热	过热
全国海洋生产总值增长速度	3δ方法	<6.31	6.31~8.51	8.51~11.91	12.91~15.11	>15.11
	落点概率法	<8.47	8.47~10.21	10.21~12.68	13.68~15.42	>15.42
	加权调整	<7.39	7.39~9.82	9.82~12.29	12.29~15.27	>15.27

（2）海洋第二产业生产总值、第三产业生产总值占全国海洋生产总值比重预警临界值设计。经济增长和产业结构是相互促进的统一体。经济增长拉动产业结构升级，产业结构升级促进了经济的快速增长，产业结构水平影响资源的配置效果和经济增长质量，经济的可持续发展主要依靠高速增长的新兴产业来支撑。1999~2013年我国海洋第二产业、海洋第三产业生产总值占全国海洋生产总值比重情况见表9-21。

表9-21　1999~2013年我国海洋第二、第三产业生产总值占全国海洋生产总值比重

单位：%

指标	1999年	2000年	2001年	2002年	2003年	2004年	2005年	2006年	2007年	2008年	2009年	2010年	2011年	2012年	2013年
海洋第二产业比重	20.0	17.0	43.6	43.2	44.9	45.4	45.6	45.6	45.3	47.3	47.1	47.8	47.7	45.9	45.8
海洋第三产业比重	35.0	33.0	49.6	50.3	48.7	48.8	48.7	48.6	49.2	47.3	47.0	47.1	47.1	48.8	48.8

资料来源：历年《中国海洋统计年鉴》《2013中国海洋经济统计公报》。

同样根据3δ方法和落点概率法的临界区间划分，计算得到我国海洋第二产业比重和海洋第三产业比重的临界区间和预警状态划分结果，对两种方法得到的临界区间进行算术平均处理，得到加权调整的临界区间。我国海洋第二、第三产业比重的临界区间和预警状态划分结果，见表9－22。

表9－22　我国海洋第二产业、第三产业比重临界区间和预警状态划分

预警指标	方法	过冷	偏冷	正常	偏热	过热
海洋第二产业生产总值/全国海洋生产总值	3δ方法	<28.44	28.44～35.98	35.95～50.97	50.97～58.48	>58.48
	落点概率法	<20.08	20.08～26.24	26.24～38.56	38.56～44.72	>44.72
	加权调整	<24.26	24.26～31.11	31.11～47.77	47.77～51.60	>51.60
海洋第三产业生产总值/全国海洋生产总值	3δ方法	<39.69	39.69～43.22	43.22～52.02	52.02～55.03	>55.03
	落点概率法	<34.93	34.93～38.19	38.19～46.04	46.04～48.57	>48.57
	加权调整	<37.31	37.32～40.71	40.71～49.03	49.03～51.80	>51.80

3. 中国海洋经济周期波动监测预警指标预警临界值设计。根据3δ方法和落点概率法的临界区间划分方法，得到中国海洋经济周期波动监测预警指标的临界区间和预警状态划分结果如表9－23所示。

表9－23　中国海洋经济周期波动监测预警指标临界区间和预警状态划分

指标	方法	过冷	偏冷	正常	偏热	过热
全国海洋生产总值增长速度（%）	3δ方法	<6.31	6.31～8.51	8.51～11.91	12.91～15.11	>15.11
	落点概率法	<8.47	8.47～10.21	10.21～12.68	13.68～15.42	>15.42
	加权调整	<7.39	7.39～9.82	9.82～12.29	12.29～15.27	>15.27
沿海地区固定资产投资密度（亿元/万公顷）	3δ方法	<－5.10	－5.10～3.13	3.13～19.61	19.61～27.85	>27.85
	落点概率法	<3.00	3.00～5.50	5.00～16.60	16.60～29.00	>29.00
	加权调整	<－1.05	－1.05～1.19	1.19～18.11	18.11～28.43	>28.43
海洋第二产业生产总值/全国海洋生产总值（%）	3δ方法	<28.44	28.44～35.98	35.95～50.97	50.97～58.48	>58.48
	落点概率法	<20.08	20.08～26.24	26.24～38.56	38.56～44.72	>44.72
	加权调整	<24.26	24.26～31.11	31.11～47.77	47.77～51.60	>51.60

续表

指标	方法	过冷	偏冷	正常	偏热	过热
海洋第三产业生产总值/全国海洋生产总值（%）	3δ 方法	<39.69	39.69～43.22	43.22～52.02	52.02～55.03	>55.03
	落点概率法	<34.93	34.93～38.19	38.19～46.04	46.04～48.57	>48.57
	加权调整	<37.31	37.32～40.71	40.71～49.03	49.03～51.80	>51.80
主要海洋产业就业人数增长速度	3δ 方法	<－0.09	－0.09～0.30	－0.30～0.34	0.34～0.56	>0.56
	落点概率法	<－0.30	－0.30～0.05	－0.05～0.42	0.42～0.66	>0.66
	加权调整	<－0.19	－0.19～0.17	－0.17～0.38	0.38～0.61	>0.61
海洋全员劳动生产率（万元/人）	3δ 方法	<1.31	1.31～9.87	9.87～27.00	27.00～35.56	>35.56
	落点概率法	<8.71	8.71～14.48	14.48～26.00	26.00～31.77	>37.77
	加权调整	<5.01	5.01～12.18	12.18～26.50	26.50～33.67	>33.67
海洋高新技术投入比率	3δ 方法	<0.65	0.65－0.72	0.72～0.85	0.85～0.92	>0.92
	落点概率法	<0.70	0.70～0.74	0.74～0.83	0.83～0.87	>0.87
	加权调整	<0.67	0.67～0.73	0.73～0.84	0.84～0.89	>0.89
全国海洋生产总值/沿海地区固定资产投资总额	3δ 方法	<0.02	0.02～0.04	0.04～0.07	0.07～0.08	>0.08
	落点概率法	<0.03	0.03～0.04	0.04～0.05	0.05～0.06	>0.06
	加权调整	<0.03	0.03～0.04	0.04～0.06	0.06～0.07	>0.07
沿海地区人均可支配收入增速（%）	3δ 方法	<6.10	6.10～8.42	8.42～13.05	13.05～15.36	>15.36
	落点概率法	<6.20	6.20～8.56	8.56～14.02	14.02～15.76	>15.76
	加权调整	<6.15	6.15～8.49	8.49～13.54	13.54～15.56	>15.56
工业废水直接入海量与海岸线长度的比重（万吨/千米）	3δ 方法	<3.05	3.05～4.69	4.69～7.96	7.96～9.60	>9.60
	落点概率法	<4.38	4.38～5.35	5.35～7.28	7.28～8.72	>8.72
	加权调整	<3.72	3.72～5.02	5.02～7.62	7.62～9.16	>9.16
海洋灾害损失占海洋生产总值的比重（%）	3δ 方法	<－0.44	－0.44～0.61	0.61～1.72	1.72～2.55	>2.55
	落点概率法	<0.49	0.49～0.95	0.95～2.06	2.06～2.62	>2.62
	加权调整	<0.03	0.03～0.78	0.78～1.89	1.89～2.58	>2.58

四、海洋经济周期波动监测预警指数编制

利用熵值法、因子分析法、灰色关联分析法和层次分析法得到的我国海洋经济周期波动监测预警指标权重，对我国海洋经济周期波动监测预警指标进行综合评价，按照式（9－22）通过加权算法分别测算四种方法下中国海洋经济周期波动的预警指数1如表9－24所示。

$$EWI = \sum_{i=1}^{n} W_i X_{ij} \tag{9-22}$$

其中，EWI表示中国海洋经济周期波动预警指数，W_i表示第i个指标的权重，n表示指标个数，X_{ij}表示经过无量纲处理的指标数据，需要注意的是不同类型指标无量纲化的方式不同。

表9－24　　1999～2011年中国海洋经济周期波动预警指数1

项目	1999年	2000年	2001年	2002年	2003年	2004年	2005年	2006年	2007年	2008年	2009年	2010年	2011年
熵值法	29.72	27.25	37.10	33.31	29.18	34.45	36.24	36.46	33.75	32.26	29.55	37.08	36.97
因子分析法	30.02	25.09	36.62	32.72	29.04	33.54	35.99	36.43	33.57	32.42	30.70	37.85	36.35
灰色关联分析	30.43	26.37	38.40	34.22	30.52	35.27	37.91	38.38	35.37	34.17	32.29	39.86	37.82
层次分析法	29.65	28.35	38.10	34.14	30.92	33.27	36.93	38.79	32.72	32.35	30.81	39.82	37.61

通过Kendall一致性检验方法，对四种方法计算的预警指数计算结果进行一致性检验，检验结果表明四种方法的预警指数测算结果具有显著的一致性，如表9－25所示。

表9－25　　四种权重设计方法的Kendall一致性检验

样本数（N）	T值	Chi-Square	自由度	P值	是否通过检验
4	0.960	49.083	12	0.000	是

对预警指数计算的四种方法，再次使用熵值法和因子分子法分别设计权重，第二次计算我国海洋经济周期波动的预警指数，第二次的计算结果也通

过了 Kendall 一致性检验。对二次熵值法和二次因子分析法的计算结果进行加权处理，计算得到中国海洋经济周期波动预警指数 2 如表 9－26 所示。

表 9－26　　1999～2011 年中国海洋经济周期波动预警指数 2

年份	1999年	2000年	2001年	2002年	2003年	2004年	2005年	2006年	2007年	2008年	2009年	2010年	2011年
二次熵值法	29.93	26.90	37.58	33.63	29.96	34.11	36.76	37.57	33.78	32.76	30.79	38.68	37.40
二次因子分析法	29.96	26.76	37.55	33.60	29.91	34.14	36.76	37.51	33.86	32.80	30.84	38.65	37.28
预警指数	29.95	26.84	37.57	33.62	29.94	34.13	36.76	37.54	33.83	32.78	30.82	38.67	37.47

五、海洋经济周期波动监测预警曲线

分别根据熵值法、因子分析法、灰色关联分析法和层次分析法得到的预警指数，绘制中国海洋经济周期波动预警指数曲线如图 9－15 所示。

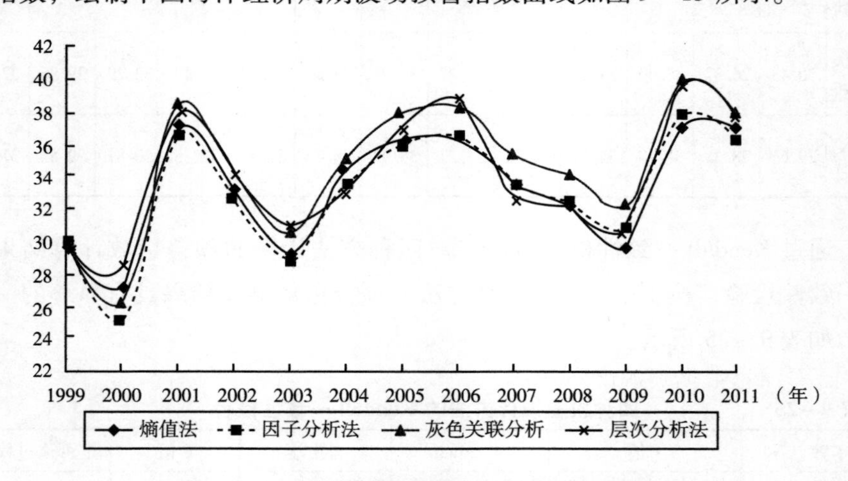

图 9－15　中国海洋经济周期波动预警指数曲线

根据二次熵值法和二次因子分析法得到的预警指数，绘制的中国海洋经济周期波动监测预警曲线如图 9－16 所示。

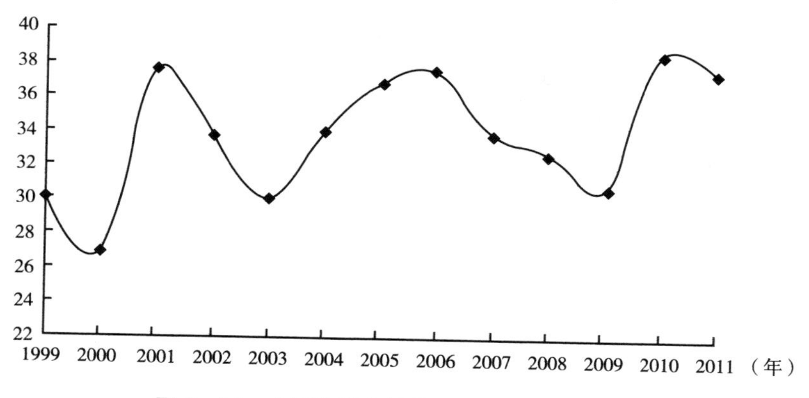

图 9－16　中国海洋经济周期波动监测预警曲线

图 9－15 和图 9－16 显示，中国海洋经济周期波动预警指数发生了两次较大的波动。1999～2003 年发生了剧烈波动，其余波持续到 2005 年；2007～2009 年也是一次较大的波动。2000 年，中国加入 WTO，沿海地区遇到了一个重大战略机遇期，“入世”后的减税和免税政策，为沿海地区创造了极好的投资环境，海洋港口和运输业、滨海旅游业以及海上石油开采等海洋产业高速发展。同时，海洋高新技术产业快速兴起，涉海上市企业陆续壮大。但是，沿海地区的海洋经济生态环境却不断恶化，海洋灾害如风暴潮、赤潮灾害等频繁带来破坏，海洋经济发展趋同现象和对外依赖度日甚。2002～2003 年、2008～2009 年的国际国内经济、政治等形势突变等，都给中国海洋经济周期波动预警指数造成了严重冲击。

本章小结

随着信息数据资源的大规模出现和宏观经济景气研究的不断进展，国内外有关经济周期的统计方法及统计体系不断得到完善，由此也形成了分门别类的庞大经济指标体系。现代经济景气指标的设计，是一项十分复杂的系统性工作，不仅数据资料庞大、影响因素复杂，而且分析方法手段多样，如美国的先行、一致、滞后景气指标就是从近千个经济指标中筛选出来的，我国宏观经济景气指标的筛选与确定过程也是如此。

中国海洋经济周期波动景气指标设计，主要是针对中国海洋经济的波动特点和波动规律，通过借鉴宏观经济周期波动的分析技术方法，运用 K - L 信息量法、协整检验等方法，对景气指标进行筛选、分类、综合、设计与检验，选取并建立了反映中国海洋经济景气变化的综合指标体系。而中国海洋经济周期波动监测预警则是在此基础上设计和编制海洋经济周期波动预警指数和临界值区间，以实现对中国海洋经济周期波动规律和趋势的系统、准确和实时的把握。

除海洋经济周期波动监测预警指数外，海洋经济发展常用的指数还有海洋经济安全指数、海洋经济保障能力指数、海洋资源环境承载力指数、海洋科技支撑能力指数和海洋实务调控管理能力指数等，有兴趣的读者可以自行探索。

| 第十章 |

海洋生态安全监测预警

随着世界范围内生态安全威胁的日益加剧，生态安全受到的关注与日俱增。其中，海洋生态安全作为中国国民经济发展的新动能，是中国经济社会实现平稳健康发展的重要内涵与关键所在。

海洋生态安全是指一定的时空范围内，海洋生态系统能够保持其结构和功能不受破坏或少受破坏，并为保障人类生态、经济和社会的可持续发展提供均衡稳定的自然资源的均衡状态。广义的海洋生态安全包括海洋生态与海洋经济共生关系的安全、海洋生态安全和海洋经济安全这三方面内容。第一方面是后两方面的安全动因，第二方面又为第三方面提供了生态服务的安全保障。

当前，海洋生态恶化不容忽略，海洋生态安全的监测预警可以保证中国海洋资源环境的健康与稳定。海洋生态安全是综合性问题，涉及海洋经济、海洋社会、海洋环境、海洋科技等多方面内容。20 世纪 20 年代，美国生态学家洛特卡（Lotka）和意大利数学家沃尔泰拉（Volterra）对逻辑斯蒂模型进行拓展，构建了 Lotka – Volterra 模型（以下简称 L – V 模型），本章将 L – V 模型引入海洋生态安全领域，从生态经济共生的角度进行海洋生态安全预警，力图找出中国海洋生态安全的关键制约因素。

第一节 L – V 模型的基本原理

L – V 模型对现代生态学理论与共生理论的发展产生了重大的影响，基本形式如下：

$$\begin{cases} \dfrac{dN_1(t)}{dt} = r_1N_1(t)\dfrac{K_1 - N_1(t) - \alpha N_2(t)}{K_1} \\ \dfrac{dN_2(t)}{dt} = r_2N_1(t)\dfrac{K_2 - N_2(t) - \beta N_1(t)}{K_2} \end{cases} \tag{10-1}$$

其中，$N_1(t)$，$N_2(t)$ 分别为某区域内物种 S_1 和 S_2 种群的个体数量，K_1，K_2 分别为该区域内物种 S_1 和 S_2 种群所依赖的环境容纳量，r_1，r_2 分别为物种 S_1 和 S_2 种群的增长率，α 为该区域内物种 S_2 对 S_1 的竞争系数，β 为该区域内物种 S_1 对 S_2 的竞争系数，t 为时间。

L-V 模型自提出以来，理论方面不断得到完善与拓展，同时也较为广泛地应用于实证研究中，学者一般用来验证产业间耦合关系、能源产业间竞争、经济增长与能源消耗关系和系统间耦合关系。目前，运用 L-V 模型处理现实问题，主要有两种方法：一是从理论角度研究 L-V 模型的持久性、渐进性、稳定性、解的存在性等；二是从实证角度利用样本数据构建经验模型，量化种群间的内在竞合关系，以及测度研究对象内部的现实运行关系，理论研究与实证研究都较为丰富。

第二节　海洋 L-V 共生模型构建

海洋 L-V 共生模型构建需经过模型建立、指标构建、相关指数测算这几个步骤，下面分别对这些步骤进行阐述。

一、模型建立

考虑到在海洋生态—经济复合系统中，生态和经济子系统都依赖于海洋资源环境的容纳量，两个子系统具有资源性竞争特性，一方的发展水平会受到另一方发展的制约，同时两个子系统的运动和变化又会反向作用于海洋资源环境的容纳量，并进一步反向作用于两者的共生状况，总体原理符合式（10-1）所描述的系统规律。因此本节将 L-V 模型应用到了海洋生态安全领域，以探索海洋生态子系统与经济子系统的动态共生关系。

海洋生态—经济复合系统的 L–V 共生模型可表示为：

$$\frac{dI(t)}{dt}=r_I(k)I(t)\frac{C(k)-I(t)-\alpha(k)E(t)}{C(k)}$$

$$\frac{dE(t)}{dt}=r_E(k)E(t)\frac{C(k)-E(t)-\beta(k)I(t)}{C(k)} \tag{10-2}$$

其中，$I(t)$ 为中国海洋生态—经济复合系统中经济子系统的经济水平指数，$E(t)$ 为该复合系统中海洋生态子系统的生态水平指数，$C(k)$ 为该复合系统中经济子系统与海洋生态子系统共同赖以生存的海洋资源环境第 k 年的环境容纳量指数，$r_I(k)$ 为第 k 年经济水平的增长率，$r_E(k)$ 为第 k 年海洋生态水平的增长率，$\alpha(k)$ 为第 k 年海洋生态对经济水平的竞争系数，$\beta(k)$ 为第 k 年经济水平对海洋生态的竞争系数，t 为第 k 年附近的时间变量。该公式中，经济水平指数 I、生态水平指数 E 和环境容量指数 C 统称为海洋 L–V 共生模型的基本指数。

二、指标构建

1. 指标构建原则。

（1）全面性与政策性原则。海洋生态安全评价指标具有较强的综合性，涵盖范围广泛，涉及社会、经济、生态环境等多个系统，同时涉及资源与环境经济学等多门学科，因此在选择指标时应尽可能全面，以满足评价的科学性。同时，评价指标应围绕着海洋环境保护相应政策来确定，若指标的选择与政策相脱节将很难对海洋生态安全的有效管理采取相应的行动。

（2）动态性与可操作性原则。海洋生态安全评价的相关研究是一个长期的动态过程，其指标的设立应具有时代特性，一方面要具有先进性，另一方面要具有阶段性。同时，选择的指标需要有可靠的数据来源，以确保数据质量和处理方法对专家或非专业人员均具有说服力。

（3）导向性与前瞻性原则。海洋生态安全评价不仅仅是为了衡量各海域生态环境的治理成效，更重要的是在于通过评价，发现问题并及时进行调控和改善。前瞻性是要求指标设立时要放眼全球，借鉴国际上前沿的研究成果，再结合本地区的实际情况，进行综合评价。

2. 指标构建方法。海洋生态安全作为协同社会经济发展与海洋资源环境健康的重要衡量尺度，不仅是中国海洋生命系统正常运行的重要保障，更是中国海洋经济可持续发展的重要支撑。其内含的整体性、不可逆性、长期性等基本属性，使得其监测预警研究势在必行。现阶段的海洋生态安全测度方法主要可以分为指标体系法和特征指数法两种，两者各有利弊。

（1）指标体系法。海洋生态安全预警的指标选取要结合其自身特点，不仅要考虑海洋的生态环境现状，还要综合反映对海洋生态安全有潜在影响的重要因素以及人类活动的影响，是一项探索性很强、复杂度很高的工作。为了测算海洋 L－V 共生模型的三个基本指数，需要构建测评海洋生态—经济复合系统的经济水平指数 I、生态水平指数 E 与环境容纳量指数 C 的指标体系。为保证所构建指标体系的科学性与合理性，且充分凸显海洋生态安全这一研究核心，与 L－V 模型的指标构建要求相匹配，采用经典的 PSR 模型，即压力—状态—响应模型，进行指标体系的构建。

压力—状态—响应（PSR）模型是由经济合作与开发组织和联合国环境规划署共同开发，用于评价人类活动对生态环境的影响程度，是较为成熟的评价指标体系。此模型中，P 代表系统受到的外部压力，S 代表资源的变动情况，R 代表人类为改善不良影响而采取的保护措施。借助 PSR 模型构建海洋生态安全评价体系可衡量社会经济发展给海洋生态安全施加的压力，描述当前状况下的经济发展、资源利用和海洋环境质量等海洋生态安全水平，分析海洋生态系统对压力的适应能力以及环境保护措施和治理手段的成效性。压力、响应、状态之间相互制约、相互影响。基于以上分析，海洋生态安全模型框架如图 10－1 所示。

这种方法具有明确清晰的框架结构和系统有机的内容整体，且其单项指标具有明确的生态经济意义，便于分析导致海洋生态安全问题的原因。其缺点是经过无量纲标准化处理以及加权求和后，所得到的综合指数值将失去生态经济意义，不便于理解和运用。

（2）特征指数法。优点是特征指数（如生态足迹）具有总体的生态经济意义，得到的评价值便于理解。其缺点是将单项指标转化成特征指数时，误差较大，且失去了原指标本身的生态经济意义，在具体的原因分析等方面

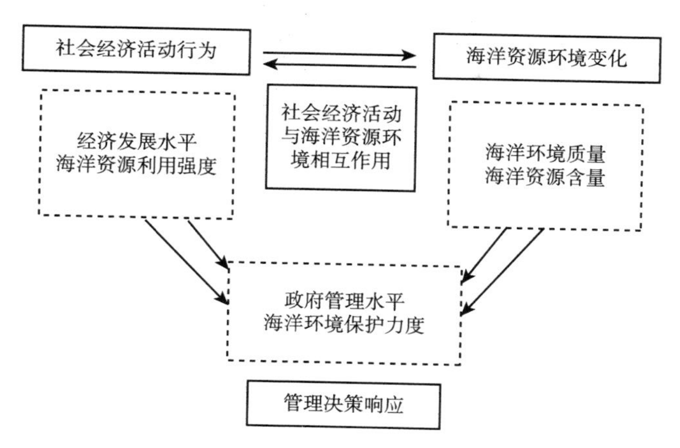

图 10－1 海洋生态安全模型框架示意图

存在较大的困难。而且，现有的相关特征指数并不能够确切反映海洋生态安全现状，因此，本节试图创建海洋生态—经济复合系统的共生模型，实现指标体系和特征指数的优势互补。

三、基本指数测算

1. 标准化处理。由于所选取指标的量纲不同，无法直接对原始数据直接进行计算，因此需要对数据进行标准化处理，由于采用标准化处理的数据有部分数据为零，在此类数据的处理结果后需加上一个略大于零的正数，采用加 0.001 进行处理，可以避免赋值数的无意义。

$$p_{ij}=\frac{x_{ij}-\min(x_{ij})}{\max(x_{ij})-\min(x_{ij})}+0.001$$

$$p_{ij}=\frac{\max(x_{ij})-x_{ij}}{\max(x_{ij})-\min(x_{ij})}+0.001$$

其中，p_{ij}（$i=1,2,\cdots,n$；$j=1,2,\cdots,m$）为无量纲化处理后的指标系数，x_{ij} 为第 i 个评价地区第 j 个指标的实际数值，$\max(x_{ij})$ 为指标系列的最大值，$\min(x_{ij})$ 为指标系列最小值。

2. 权重系数计算。指标的权重的大小是相对于所有评价指标中的其他指标而言的，当一个指标因子的权重大时，表明该指标在所有评价指标中处在相对重要的地位；当一个指标因子的权重小时，表明其在所有评价指标中的相对地位较低。客观正确地对评价指标赋权对评价结果具有重要的意义。熵值法具有客观赋权的特征，在权重的确定过程中可以尽量减少人为影响。

熵的概念最初是在物理学当中的热力学中提出的，其作用主要是对系统的混乱程度进行度量。在由 n 个待评方案、m 个评价指标所构成的指标数据矩阵 $X = \{x_{ij}\}_{n*m}$中，若数据之间的数值差异较大，则信息熵提供的信息量则较多，表明该指标所携带的信息对综合评价的影响较大，其对应的权重也应较大；反之，数据之间的数值差异较小，则其携带的信息量则较少，说明该指标对综合评价的影响较小，所对应的权重亦应较小。熵值法不仅具有确定权重的客观性，而且还可以有效地克服多指标变量间信息重叠的问题。其计算步骤如下：

（1）计算第 i 个评价地区第 j 项指标值的比重：$y_{ij} = x_{ij}/\sum_{i=1}^{m} x_{ij}$

（2）计算指标的信息熵：$e_j = -k\sum_{i=1}^{m}(y_{ij} \times \ln y_{ij})$

（3）计算信息熵冗余度：$d_j = 1 - e_j$

（4）计算指标权重：$w_j = d_j/\sum_{j=1}^{n} d_j$

其中：x_{ij}表示第 i 个评价地区第 j 项标准化后的评价指标的数值。

熵值法的尺软件实现如图 10－2 所示。

```
x<-read.table("clipboard",header=T)      #读入数据
n<-nrow(x)
m<-ncol(x)
y<-matrix(0,n,m)
for(j in 1:m){
  y[,j]=x[,j]/sum(x[,j])
}
E=-1/log(n)*colSums(y*log(y))            #计算指标的信息熵
lamda<-(1-E)/sum(1-E)                    #计算指标权重
lamda                                    #指标权重计算完毕
write.csv(lamda,"D:/quanshu.csv")
```

图 10－2　熵值法的 R 软件实现

得到了各指标的标准化值以及权重系数后，便可以得到经济水平指数 I、

生态水平指数 E 与环境容纳量指数 C 三个基本指数。本节还将研究如何对基本指数进行耦合，构造出具有生态经济意义的海洋生态安全指数，为此，首先需要通过已经求得的三个基本指数，计算出海洋共生 L－V 模型中另外两个重要参数——竞争系数 $\alpha(k)$和 $\beta(k)$，它们也是海洋生态安全测度的两个关键的特征指数。

四、竞争系数估算

对于 L－V 模型的求解问题，可以利用系统稳定条件下的平衡点来求取竞争系数 α 和 β。即假设当 $t\to\infty$时，系统达到稳定状态，$I(t)$ 和 $E(t)$ 达到平衡点 I^* 和 E^*。于是，$dI(t)/dt=0$，$dE(t)/dt=0$，因此，由式（10－2）可以解得：

$$\alpha=(C-I^*)/E^*,\beta=(C-E^*)/I^* \tag{10-3}$$

但是，对于 L－V 模型，平衡点以及环境容纳量 C 难以取得，这是因为对于海洋生态经济复合系统而言，各指数等总是处于变动状态，所以，借助稳定条件下的平衡点计算竞争系数是不可取的。为了解决这一问题，本部分对式（10－2）进行离散化处理，离散化时间变量仍取年份 k。经离散化处理后解得竞争系数结果如下：

$$\alpha(k)=[\varphi_I(k)C(k)-I(k)]/E(k) \tag{10-4}$$

$$\beta(k)=[\varphi_E(k)C(k)-E(k)]/I(k) \tag{10-5}$$

五、由竞争系数向共生受力系数转变

依据 L－V 模型中竞争系数的含义，建立海洋生态—经济复合系统的竞争系数 $\alpha(k)$和 $\beta(k)$与共生模式的对应关系如表 10－1 所示。

由表 10－1 可知，共生作用的受力方向与竞争系数的符号相反，由此，定义海洋生态—经济复合系统的共生受力系数为：

$$S_I(k)=-\alpha(k)=-[\varphi_I(k)C(k)-I(k)]/E(k) \tag{10-6}$$

$$S_E(k)=-\beta(k)=-[\varphi_E(k)C(k)-E(k)]/I(k) \tag{10-7}$$

其中，$S_I(k)$ 为经济子系统受到生态子系统共生作用的受力系数，简称经济共生受力系数或经济受力系数；$S_E(k)$ 为生态子系统受到经济子系统共生作用的受力系数，简称生态共生受力系数或生态受力系数。若 $S_I(k)$，$S_E(k)>0$，则意味着该子系统的发展得到促进作用；反之，则为抑制作用。

$\varphi_I(k)$ 和 $\varphi_E(k)$ 分别代表经济子系统和生态子系统的稳定系数，反映子系统达到稳定状态的程度。

$$\varphi_I(k)=1-\frac{I(k+1)-I(k)}{I(k)}\times\frac{I(k-1)}{I(k)-I(k-1)}=1-\frac{r_I(k+1)}{r_I(k)} \tag{10-8}$$

$$\varphi_E(k)=1-\frac{E(k+1)-E(k)}{E(k)}\times\frac{E(k-1)}{E(k)-E(k-1)}=1-\frac{r_E(k+1)}{r_E(k)} \tag{10-9}$$

表 10-1　　海洋生态—经济复合系统共生模式与竞争系数关系

<table>
<tr><td rowspan="8">生态与经济的关系模式</td><td rowspan="3">共生模式
（正作用）</td><td rowspan="2">偏利共生模式
（一者获利，一者无碍）</td><td>生态偏利模式
（生态获利，经济无碍）</td></tr>
<tr><td>经济偏利模式
（经济获利，生态无碍）</td></tr>
<tr><td>互利共生模式
（相互促进，双赢）</td><td></td></tr>
<tr><td rowspan="5">非共生模式
（负作用）</td><td rowspan="2">偏害模式
（一者受损，一者无利）</td><td>生态偏害模式
（生态受损，经济无利）</td></tr>
<tr><td>经济偏害模式
（经济受损，生态无利）</td></tr>
<tr><td rowspan="2">单利（单害）模式
（一者受损，一者获利）</td><td>生态单害模式
（生态受损，经济获利）</td></tr>
<tr><td>经济单害模式
（生态获利，经济受损）</td></tr>
<tr><td>互害（竞争）模式
（相互抑制，双亏）</td><td></td></tr>
</table>

六、由共生受力系数构造共生度指数

根据共生受力系数的正负号可以判断出生态与经济子系统共生关系的模式，但是还是无法从数量上判断某种模式下共生关系的优劣程度。为了便于定量测度海洋生态安全，我们利用共生受力系数构造出海洋生态—经济复合系统的共生度指数 $S(k)$，作为海洋生态安全的综合特征指数，即：

$$S(k)=\frac{S_I(k)+S_E(k)}{\sqrt{S_I^2(k)+S_E^2(k)}} \tag{10-10}$$

$S_I(k)$ 和 $S_E(k)$ 不同时为 0，根据算数平均数与几何平均值不等式可得：

$$|S_I(k)+S_E(k)|/2\leqslant\sqrt{S_I^2(k)+S_E^2(k)}/\sqrt{2} \tag{10-11}$$

等号只当 $S_I(k)=S_E(k)$ 时成立，由此可知：

$$|S(k)|=\frac{|S_I(k)+S_E(k)|}{\sqrt{S_I^2(k)+S_E^2(k)}}\leqslant\sqrt{2} \tag{10-12}$$

$S_I(k)$ 和 $S_E(k)$ 不同时为 0，等号只当 $S_I(k)=S_E(k)$ 时成立。其中，共生度指数 $S(k)$ 具有明确的生态经济意义，反映了生态与经济子系统的共生关系的优劣程度。根据式（10－12），$S(k)$ 的值域为 $[-\sqrt{2},\sqrt{2}]$，数值越大，共生状态越好，越趋于互利共生（又称绿色共生）；数值越小，共生状态越差，越趋于互害（竞争）状态。

由于海洋生态安全所涉及的海洋生态—经济复合系统的高度复杂性，因而我们无法在一个维度上用单一特征指标来简单表述生态安全的状态和趋势。因此，可以选用共生受力系数 S_E 和共生度指数 S 两个特征指数进行综合判断，可将海洋生态安全划分为健康级、亚健康级、康复级、风险级和高风险级、危险级六个等级，具体划分标准如图 10－3 所示。

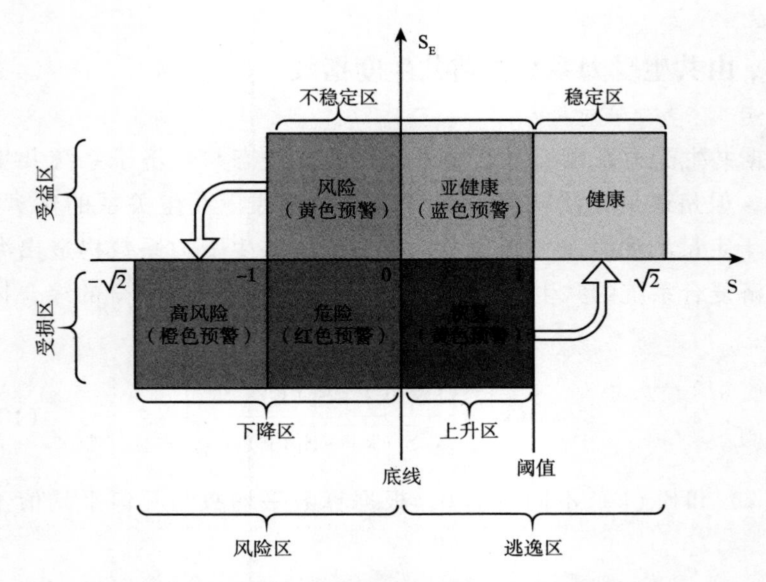

图 10-3　海洋生态安全级别的双特征动态判断矩阵

第三节　L-V 共生模型应用案例

一、海洋生态安全监测预警研究

案例 10-1　海洋生态安全系统预警研究

1. 问题提出。世界经济高速发展的背后，是生态安全问题的日益显著与生态文明的日渐衰退。作为人类经济生产活动的中心所在，陆域资源的开发利用活动已经直接或间接导致了资源迅速枯竭、能源过度消耗以及环境日趋恶化等系列问题。全球生态退化正在迫使人们更加关注生态环境与经济发展之间的可持续关系。海洋是人类生命活动的摇篮，为人类提供了丰富的物质资源与生活空间。作为现代经济发展和社会活动的重要载体，其不仅是生态稳健持续发展的自然基础，更是经济突破创新实现的新增长极与社会发展全局构成的关键内容，但同时也可能转变为制约社会经济发展的瓶颈与隐患所在。随着海洋战略性地位的不断凸显，其生态安全问题愈发重要。

海洋生态安全预警研究可以解决“污染后处理”的困境，降低生态治理的成本，是合理控制海洋环境污染、规避海洋生态安全风险、改善海洋生态环境、促进社会经济可持续发展的关键所在。当前中国的海洋生态安全预警研究存在很大的短板，研究大多集中在生态安全的评价上，并不包含生态安全发展趋势的预测，且更侧重于生态系统内部健康性与完整性的评价与分析，缺乏对经济压力、生态现状与社会响应三者之间时空演化与相互作用的研究，并不足以支撑未来海洋生态安全的合理建设与维护实践。高速发展的社会经济未来究竟是否会威胁到中国的海洋环境质量，不断加强的海洋环境规制力度未来到底能否推动海洋生态的改善，愈发加深的海洋资源环境开发利用程度未来终究可否驱动社会经济的高效发展等诸多系统性问题仍有待解答。

本案例立足于海洋生态安全问题，从社会经济发展与海洋生态共生的视角对中国海洋的生态安全现状进行了分析，基于现阶段应用最为广泛的压力—状态—响应模型进行了指标体系的构建，并依托 L－V 共生模型对中国未来海洋生态安全作出合理预判，进行系统预警。

2. 指标构建。在充分收集和整理了国内外学者研究 PSR 所采用的相关指标的基础之上，通过理论分析、实地调研以及专家咨询等方式，进行了指标的筛选，最终形成了海洋生态安全的评价指标体系，构建了如表 10－2 所示的海洋生态安全的压力—状态—响应评价指标体系。

表 10－2 中的海洋生态安全系统预警指标体系主要由三类指标构成：经济环境压力类指标 MES－P 主要反映社会经济对海洋资源的需求以及社会经济发展对海洋资源与环境所造成的破坏，可用于构建经济水平指数 I 的评价指标体系；资源环境状态类指标 MES－S，主要反映在社会经济压力与社会环境响应下，海洋资源环境的开发、利用与现状，可用于构建生态水平指数 E 的评价指标体系；社会环境响应类的指标 MES－R 主要反映社会为降低海洋生态系统所受到的负面影响或为修复治理海洋生态系统而作出的积极响应，可用于构建环境容纳量指数 C 的评价指标体系。

3. 权重计算。为避免人为因素的干扰，确保所得指标体系能够充分体现出其原始信息，采用熵值法进行赋权。由于熵值法在确定权重过程中应用数学方法，可以在确定过程中尽量减少人为影响因素。信息熵是在 1948

年由香农（Shannon）提出，其是被用来测度系统的信息量的大小的，同时也是可以对信息的有用程度进行表现的一种形式，其优点在于从信息源系统的不确定性出发，采用概率测度和数理统计的方法，来表征系统的无序度，其计算方法是完全依据原始数据计算的，因此客观性强。本节在对所有的指标进行标准化处理之后，最终核算出的三类指标的权重，如表 10－3 所示。

表 10－2　　　　MES-PSR 评价指标体系

目标层	准则层	指标层
海洋生态安全指标	经济环境压力（P）	总人口
		人口增长量
		工业产值
		GDP
		GOP
		人均 GDP
		人均水产品消费量
		工业污水排放量
		COD 直排量
		氨氮直排量
		海洋石油勘探开发污水排放量
		能源消费量
		人均能耗
	资源环境状态（S）	海水水质良好度
		旅游空间容量
		海洋石油储量
		人均滩涂面积
		人均海域面积
		旅游人数
		海水捕捞量
		海洋石油开采量
		海洋天然气开采量
		人均旅游消费

续表

目标层	准则层	指标层
海洋生态安全指标	社会环境响应（R）	工业污水排放系数
		石油工业废水占比
		能源生产总量
		海洋石油开采量增加量
		海洋天然气开采增加量
		环境污染治理投资总额
		能源强度
		海洋科研经费投入
		海洋科研人员数
		海洋科技成果转化率

表 10－3　　　　　　　　　　　指标权重分布表

要素层	指标	属性	权重	要素层	指标	属性	权重
资源环境状态（S）	人均旅游消费	+	0.1855	社会经济响应（R）	能源生产总量	+	0.1868
	旅游空间容量	+	0.1831		石油工业废水占比	−	0.1513
	海洋天然气开采量	+	0.1322		海洋科技成果转化率	+	0.1084
	海洋石油开采量	+	0.1030		海洋石油开采量增加量	+	0.1082
	海洋石油储量	+	0.0851		海洋科研经费投入	+	0.0977
	海水捕捞量	−	0.0798		海洋科研人员数	+	0.0977
	人均滩涂面积	+	0.0693		海洋天然气开采增加量	+	0.0969
	人均海域面积	+	0.0693		环境污染治理投资总额	+	0.0653
	海水水质良好度	+	0.0548		工业污水排放系数	−	0.0527
	旅游人数	+	0.0379		能源强度	−	0.0349
经济环境压力（P）	工业产值	+	0.0998	经济环境压力（P）	工业污水排放量	−	0.0713
	GDP	+	0.0998		人均能耗	−	0.0697
	总人口	+	0.0977		海洋石油勘探开发污水排放量	−	0.0693
	人均水产品消费量	+	0.0948		能源消费量	−	0.0685
	人均 GDP	+	0.0948		COD 直排量	−	0.0363
	GOP	+	0.0901		氨氮直排量	−	0.0363
	人口增长量	+	0.0717				

从表 10 - 3 中可以看出，经济环境压力类指标的权重分布较为平均，其中工业产值和 GDP 两个指标的权重最大，均为 0.0998，说明工业产业与经济总体的产值仍然是经济环境压力最为重要的评价指标。而资源环境状态和社会经济响应两类指标的权重分布则较为集中，其权重排前三的指标所占比重之和均超过了 40%。其中，资源环境状态中影响程度最大的三个指标分别为人均旅游消费、旅游空间容量与海洋天然气开采量，表明海洋旅游产业的发展与海洋能源的开采程度均和海洋资源环境质量息息相关。社会经济响应更具综合性和多面性，涉及诸多的人类行为与产业活动，因而其核心影响因素比较复杂，涉及能源、污染和科技等诸多领域，对其影响最大的三个指标分别为能源生产总量、石油工业废水占比与海洋科技成果转化率。

4. 基本指数核算结果分析。结合理论部分各指标对应的权重以及前期求得的标准化数值，可以求得经济水平指数 I、生态水平指数 E 与环境容纳量指数 C 三个基本指数，为后面的海洋安全预警作出铺垫，具体的核算结果如图 10 - 4 所示。

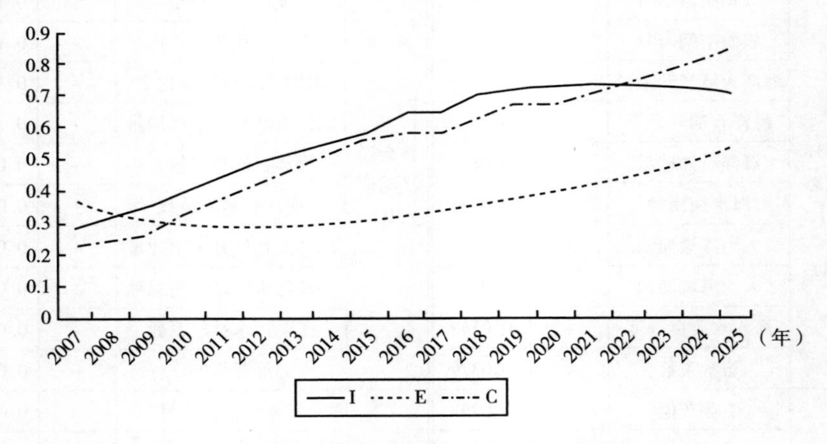

图 10 - 4　海洋 L - V 共生模型基本指数

由图 10 - 4 可知，2007 年以来中国的经济水平指数 I 先是保持了较为稳定的发展速度，以 2016 年为转折点，经济水平指数整体呈现更为稳健，发展速度逐步放缓，直至 2021 年达到峰值。此后，在污水排放、能源消耗等因素的负向作用下，经济水平指数呈现出了小幅度的回落。虽然未来一段时间内的经济水平发展有下降趋势，但是海洋环境容纳量指数 C 却得到了较好的增长，表明在中国政府已经形成了较为完善的环境应对治理机制，但海洋生态水平指数 E 从 0.3613 逐步下降到了 0.2841。2012 年开始，海洋生态环境得到了修复与改善，表面政府的环境规制已初见成效。

5. 共生受力系数核算结果分析。经济水平指数 I、生态水平指数 E 和环境容纳量 C 这三个基本指数虽然能够体现我国的经济发展、海洋生态与海洋环境容量水平，但却无法用于分析经济与海洋生态环境的共生耦合关系。为此，下面我们又分别针对经济共生受力系数 S_I、生态共生受力系数 S_E 与共生度指数 S 这三个更加具有复合性且更能够体现经济与海洋环境之间相关关系的指标进行分析，其具体结果如图 10－5 所示。

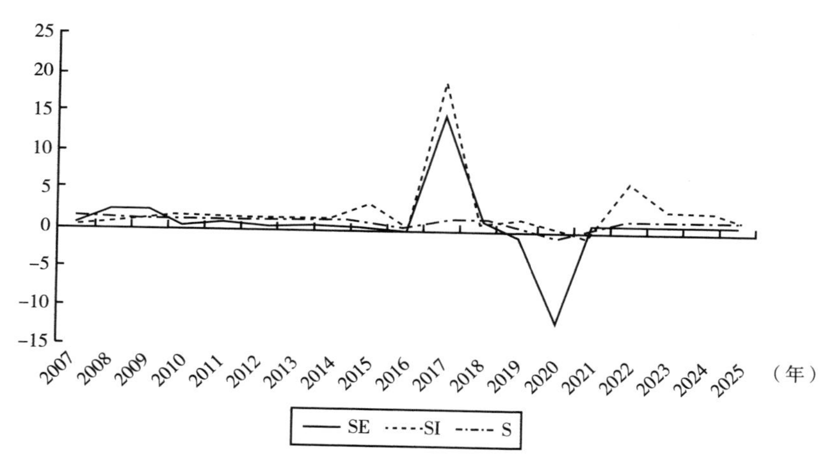

图 10－5　海洋 L－V 共生模型综合特征指数

统计结果显示，海洋资源环境整体上确实可以对经济产生正面的影响，但海洋共生受力系数 S_I 的指标从 2014 年以后呈现出无规律波动状态，并分别在 2017 年和 2022 年达到了局部的峰值，表明现有的海洋开发方式仍相对较为低下，未达到最优利用状态，并没有充分发挥出海洋资源环境的经济驱动作用，海洋生态对于经济的驱动作用仍不稳定。生态共生受力系数 S_E 则受到了负面影响，其分别在 2016 年、2019 年和 2020 年呈现出了负值，尤其在 2020 年生态共生受力系数 S_E 更是下跌到了 －11.7020。而从共生度指数 S 来看，其则分别在 2016 年和 2021 年左右经历了大幅度下跌。

根据图 10－3 的生态风险等级划分标准和前期工作所求得的生态共生受力系数 S_E 与共生度指数 S 的分析得出，2007～2018 年期间中国的生态安全等级整体以健康为主，呈现出了较为良好的生态安全状态，该评价结果也确实符合《中国海洋统计公报》的分析，从侧面证实了研究结果的科学合理性。结果显示，虽然中国在2007~2018年维持了较为良好的海洋生态安全现状，但是该状况在2019年发生了转折。其先是在2019年下降到了康复状态，随之更是生态环境急剧恶化，在2020年跌落到了最差的危险级别，虽然之后又不断恢复，逐步经由风险级别回升到了健康状态，但是却呈现出了非常差的海洋生态安全稳定性与生态安全度质量水平。尽管在政府的大力倡导和严格规制之下，2019年之前的海洋生态安全总体状况较为优秀，但这并不意味着中国的海洋生态安全状况已经足够让人放松警惕，海洋生态安全仍存在高度的不稳定性，经济压力与社会响应依然会对海洋生态安全产生非常大的影响。

资料来源：Wang S., Chen S., Zhang H., Song M. The Model of Early Warning for China's Marine Ecology-Economy Symbiosis Security [J]. Marine Policy, 2021, 128, 104476.

二、甘肃省生态经济系统协调性评价

在中国，生态文明建设迈进了新时代，生态文明建设是功在当代、利在千秋的伟大事业。长远看来，生态文明建设任重道远，道阻且长，既需要科学规划与统筹管理，又需要对建设过程全方位定量测度与监控，在相关理论与实践研究已有一定成效又需进一步探索的背景下，建设过程中产生的诸如生态经济系统运行测度、发展协调度的测度等生态文明建设相关统计测度问题的研究更是需要进一步系统化与规范化。

测度区域生态文明的发展水平是生态文明评价的重要内容，也是生态文明问题由定性分析向定量分析转变的重点。对于区域生态经济系统而言，要想系统得以平稳、有序运行，离不开系统中各个影响因素的共生协调发展，只有各个系统之间保持协调发展、相互促进，才能保证系统的良性循环，走可持续发展道路。

甘肃省既是经济欠发达地区，又是生态环境脆弱区、生态位安全屏障区，在国家生态文明发展战略中地位特殊，其生态文明建设更需要统筹兼顾，多方协调以求保持定力均衡发展。因此，注重其区位发展特征与功能，构建测度甘肃省生态文明建设水平的合理指标体系，进而对区域生态经济系统内部运行进行科学评价，具有重要的现实意义。

在此背景下，本节以国家生态文明建设战略规划为指导，立足于生态经济系统，同时结合系统论和甘肃省发展特征，引入 L－V 模型评价系统运行的共生协调性，对区域各系统发展水平的共生协调性进行研究，有助于了解甘肃省生态文明发展进程中各系统间的协调状况，同时认识到系统之间存在相互制约的、不协调的情况，以期为政府工作提供定量分析的依据。

1. 评价指标构建。为了测算生态经济系统运行的协调性问题，需要构建测评经济社会—生态环境复合系统的经济社会子系统的生态文明综合指数、生态环境子系统的生态水平指数和环境容量指数。为此，依据生态经济系统运行特征，基于压力—状态—影响—响应模型构建指标框架如图 10－6 所示。

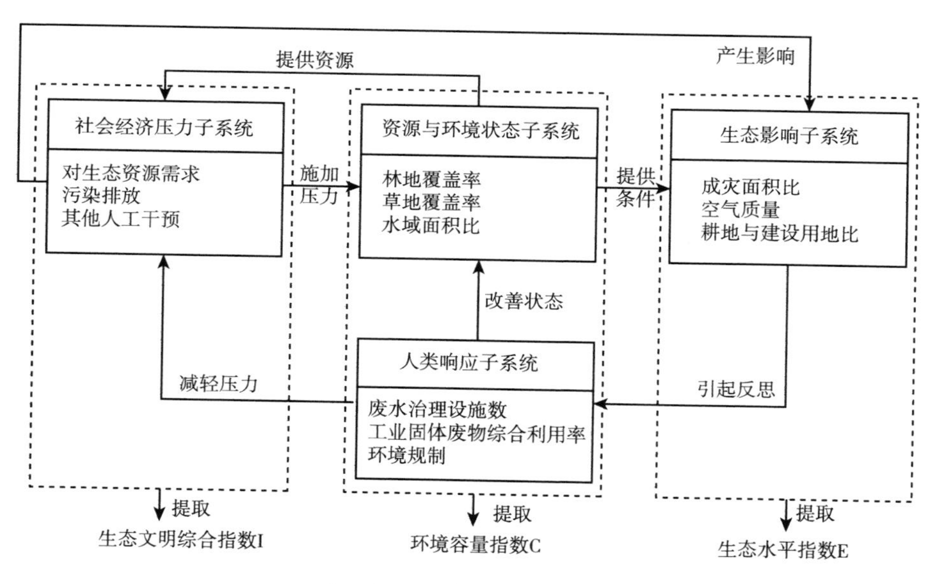

图 10－6　PSIR 结构模型

图 10－6 中的生态文明—PSIR 结构模型主要分为四个子系统：经济社会压力子系统，反映经济社会对自然资源与生态环境造成破坏的压力；资源与环境状态子系统，反映自然资源与自然环境的状态；生态影响子系统，反映在经济社会压力和资源环境状态的作用下生态系统受到的影响；人类响应子系统，反映人类为降低生态系统所受到的负面影响而作出的积极回应。

2. 测度模型。生态文明强调的绿色发展观尊重环境承载能力的发展，是坚持人与自然和谐的发展，换句话说，就是追求生态经济系统协调可持续的发展。因此，对生态文明建设实效评估的一个主要内容就是生态经济系统运行的有序协调性。基于此，本节从系统角度研究甘肃省城市系统内部的协调性，运用L－V模型建立区域生态文明发展体系的竞争演化模型，得到各子系统内部的协调性，以期可以为甘肃省城市生态文明的健康有序运行提供可行的理论依据。

3. 测度结果。由于在计算共生协调性结果时，需要对公式进行离散化处理，涉及进步率问题，2017年的协调共生指数需要涉及2018年的数据。因此，本节只显示2012～2016年的共生协调指数。根据共生度指数公式，定量测得甘肃省14市州生态经济系统的共生协调性，结果如表10－4所示。

表10－4　甘肃省14市州生态经济系统的共生协调性

地区	2012年	2013年	2014年	2015年	2016年
兰州市	1.408	1.291	－1.104	0.947	0.774
嘉峪关市	0.905	0.987	0.205	0.998	－0.986
金昌市	－0.062	0.645	－1.413	1.294	1.333
白银市	1.279	－1.168	－0.836	0.156	0.893
天水市	1.313	0.069	－0.458	－1.382	1.414
武威市	1.278	1.347	0.655	1.239	－0.891
张掖市	－0.613	0.918	－1.065	1.001	1.122
平凉市	－1.410	0.117	0.869	－0.023	－1.152
酒泉市	0.715	1.169	－0.189	－0.239	－0.913
庆阳市	－0.472	－1.352	1.028	1.006	1.175
定西市	1.088	1.023	－1.255	0.790	－0.431
陇南市	1.246	0.116	0.995	1.258	0.581
临夏州	－0.080	0.700	－1.245	1.403	－1.154
甘南州	－0.480	－0.759	－0.746	1.012	0.165

由于生态经济耦合巨系统的复杂性，无法用单一的指数反映生态经济系统的运行特征和所处的状态，根据分析可知，生态经济系统的安全性可以根据生态环境受力指数和共生协调度指数进行综合判断。鉴于此，本节采用生态安全级别双特征动态判断矩阵，将其进行演绎推理，在演绎论证结果符合

生态经济系统运行安全性的前提下，构建甘肃省生态经济系统安全级别的双特征动态判断矩阵。

4. 结果分析。根据以上分析，对甘肃省 14 市州生态环境受力指数和共生协调度指数进行可视化分析，得到 2016 年甘肃省生态经济系统安全级别的双特征动态判断矩阵，如图 10－7 所示。

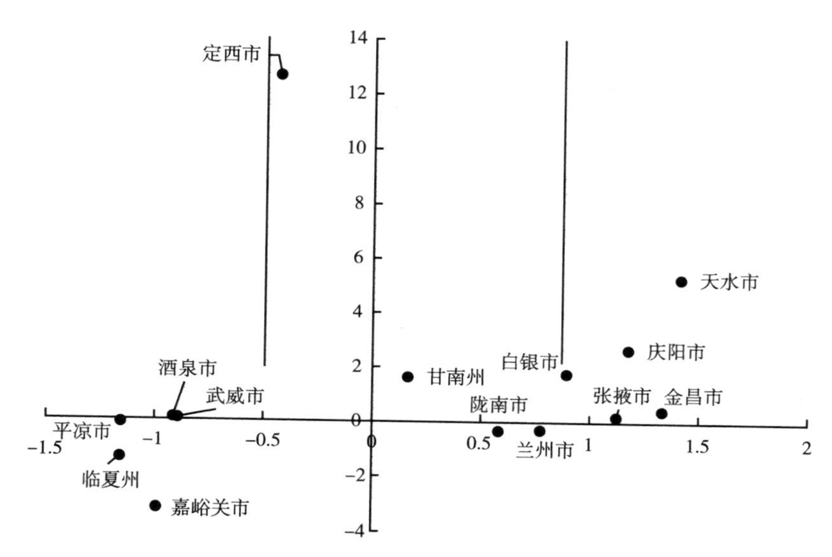

图 10－7　2016 年甘肃省生态经济系统安全级别的双特征动态判断矩阵

2016 年甘肃省各市州生态经济系统安全级别如表 10－5 所示。

表 10－5　2016 年甘肃省各市州所处安全级别

		安全级别	市州分类
生态环境系统获利区	稳定区	健康级	天水市、庆阳市、张掖市、金昌市
	非稳定区	亚健康级	白银市、甘南州
		风险级	酒泉市、武威市、定西市
生态环境系统受害区	下降区	高风险级	平凉市、临夏州
		危险级	嘉峪关市
	转折区	康复级	兰州市、陇南市

2016 年甘肃省生态经济系统安全级别呈现差异性特征，其中，天水市、庆阳市、张掖市和金昌市属于健康级，经济社会系统—生态环境系统互利共

生，趋于双赢状态；白银市与甘南州处于亚健康级，经济社会子系统与生态环境子系统共生协调度指数较健康级别城市小，但仍处于生态环境系统获利区；酒泉市、武威市、定西市处于风险级；平凉市与临夏州处于高风险级，生态经济系统出现橙色预警状态；嘉峪关市处于危险级，生态经济系统处于红色预警状态，生态经济系统的运行较差，生态环境系统处于受害区，若不及时对生态环境加以保护，将会进一步下滑至高风险级，但若该区域高度重视并积极推进生态环境保护，就可能从危险区进入康复区，生态经济系统运行的安全性和有序性将会得到改善；兰州市与陇南市处于康复级，生态经济系统处于转折区，进一步对生态环境系统加以保护，生态经济系统可能达到互利共生的健康状态。

本节借助特征动态判断矩阵对甘肃省各市州生态经济系统的运行特征进行分析，可以得出，2016 年甘肃省生态经济系统安全级别呈现差异性特征，其中，平凉市和临夏州处于高风险级，说明经济社会系统和生态环境系统处于非健康有序状态，并且有可能发展到危险级方向；嘉峪关市处于危险级，说明该地区的生态经济系统很可能进入不可逆转的严重状态。

借助 L – V 理论和协调度函数对甘肃省生态经济系统的共生协调进行测度，同时借助生态经济系统安全级别的双特征动态判断矩阵，可以有效提高对于系统运行平稳性的测控，根据经济社会系统—生态环境系统在共生关系上的差异性，可以区分出二者在生态文明进程中的不同阶段，从而可以预测它们未来不同的演化趋势，以便采取针对性控制措施。因此，生态经济系统运行安全级别的测度方法能够提供更加全面的生态经济系统运行的状态、预警和预测信息，对于甘肃省各市州生态经济系统运行状态的测控具有更加实际的应用价值。

本章小结

通过本章的学习，可以掌握 L – V 模型的基本建模思路。L – V 理论能够预测生态安全的未来走势，克服了“就生态论生态”方法的滞后性。模型的后果性预测作用使得生态经济系统有序运行测控技术取得了实质性提升，同时也极大地提升了该方法的应用价值。

对于同样的生态健康状况和预警级别，本节的方法可以根据它们在生态与经济的共生关系上的差异，区分出它们在演化过程中的不同阶段的不同演化趋势，以便采取针对性更强的措施。当前，L－V 模型已应用于海洋生态安全评价、生物多样性安全监测预警模型与生态经济系统共生协调度评价中。现阶段能否借助计算机模拟的方式求得参数结果是更加值得考虑的问题，同学们可以多加思考。

| 第十一章 |

海洋社会网络统计分析

现实社会中，人们会遇到各种各样的复杂系统，而复杂网络研究正是分析此类问题的有效工具。作为研究复杂系统的一种新兴方法，复杂网络利用节点和边将庞大繁杂的复杂网络抽象成网络，在分析网络拓扑结构信息的基础上，关注网络中个体及其组合的相互作用，即系统的相互作用模式。因此，网络模型构建、网络拓扑结构定量刻画、网络演化及机制分析等内容成为复杂网络研究的重点。

随着网络科学的逐渐兴起，复杂网络分析理论与工具得到极大发展，在交通网络优化、景观生态安全、疾病传播调查、网络信息传播、金融风险扩散等不同领域得到广泛应用。在对海洋经济进行分析时，区域海洋经济发展的空间溢出和关联效应一直都是海洋经济关注的重点。在区域协调发展的背景下，基于网络视角利用网络分析法重新审视区域海洋经济增长、海洋创新、海洋产业集聚等问题具有重要意义。

1960 年，数学家鄂尔多斯（Erdos）提出一种网络构建的新方法——随机图理论。该理论是复杂网络研究的基础理论。但在现实世界中，网络并不是完全规则和随机的，因此针对存在的既不符合规则网络，也不符合随机网络统计特征的网络，复杂网络理论继续向前发展。1998 年，WS 小世界网络模型揭示了复杂网络的小世界特性。1999 年提出的无尺度网络模型，分析了复杂网络的无标度性质，使复杂网络研究进入新阶段。2002 年，通过对复杂网络的聚类特性进行研究，出现了分析网络社团结构的算法，此后网络社团发现问题成为新的研究热点。

第一节　网络分析的基本思想

一、网络分析的简单认识

网络分析法认为网络系统中的每个个体是相互影响的，并且每个个体会对整体网络产生影响。因此，网络分析法本质上是从关系视角出发研究经济社会和自然科学领域的相关问题。有关网络的相关研究最早可以追溯到 1736 年数学家欧拉（Euler）对哥尼斯堡七桥问题的研究。在此后的发展过程中，网络理论研究先后经历了规则网络、随机网络和复杂网络三个阶段，在不同阶段发展的随机网络理论、小世界理论、无尺度网络理论为复杂网络分析奠定了基础。

近年来，复杂网络正逐渐成为研究复杂系统的重要方法。有关复杂网络的研究正受到不同领域学者的关注，复杂网络已经成为一个跨学科的研究热点。基于不同的研究对象，复杂网络可以应用于生物系统网络、信息网络、技术网络、交通网络、社交网络等方面的研究。经济研究方面，复杂网络分析法也被运用于国际贸易、企业交易网络等。总体来说，复杂网络主要在生物等自然科学领域应用居多，该方法更注重从网络整体层面研究网络拓扑结构的特征及其演化规律，比如度分布特性、度连接倾向性、度相关特征、社群结构特征、小世界特征、无标度特征等。

除自然科学领域外，网络分析法也常被应用于社会学领域。作为一种复杂网络，社会网络可以看作社会成员及其相互关系的集合。社会网络分析法主要涉及“六度分隔”“弱关系理论”“嵌入性理论”“结构洞理论”等理论。20 世纪 70 年代以来，以傅译漫（Freeman）为代表的学者初步建立了中心度、中心势等与社会网络研究相关的量化指标体系。社会网络分析主要应用于社会领域，通常以人际关系网络作为研究对象，比如疾病传播网络、商业关系网络、董事关系网络、团队合作网络、婚姻关系网络等，更关注微观层面节点对网络拓扑结构产生的影响。在经济学研究中，社会网络可以用来分析产业集群、基于价值链的专业分工等现象。

二、社会网络的基础概念

社会网络是由作为节点的行动者及其关系构成的集合，也就是说，在一个网络中通常包含节点（行动者）和线（关系）两大要素。点和线也是常见的网络表达形式。网络分析中的节点可以是任何一个社会单位或社会实体，如国家、城市、组织、个体、企业、机构等。网络中的关系反映的是行动者之间的关系。行动者间的关系表现出多类型、多向度，如合作关系、朋友关系、贸易关系等。有时候网络不仅仅存在一种关系，即行动者间可能存在多元关系，如两个城市间可能存在距离关系、贸易关系、文化交流关系等。不同的网络数据类型将关系分为不同的层次，如二分类关系数据、多分类关系数据、定序关系数据、定距关系数据。

了解社会网络的基本概念后，发现现实世界中的许多复杂系统都可以描述为网络的形式，将复杂系统看作由节点和连接节点的边组成的集合。通常用网络节点来表示系统中的个体，用边来表示个体间的具体关联关系，有边相连的两个节点被称作相邻节点，有点相连的两条边被称作相邻边。比如，如果用网络描述不同城市间的高铁开通状况，则可以用节点表示城市，用边表示城市间的高铁联系，由此构建城市的高铁交通网络；如果用网络分析社交关系，则可以用节点表示人，用边表示关注者与被关注者间的社交互动关系，由此构建社交网络；如果用网络描述不同省份的海洋经济增长情况，可以以省市为节点，以各省市间的经济增长联系为边，由此构建海洋经济增长网络等。

三、社会科学的数据类型

（1）属性数据。属性数据指的是行动者在态度、行为等方面的数据，反映其在财富、性质、特点等不同方面的属性。例如，通过调查问卷收集特定群体的某些属性数据，并利用相关分析、回归分析等方法对其进行定量分析。个人学历、某种职业收入等都属于属性数据。

（2）关系数据。关系数据将不同行动者联系在一起，是有关联系、接触等方面的数据，反映的是行动者系统的属性。关系描述了不同行动者间的关联，把多个行动者联系成更大的关系系统。关系是进行网络分析的基础。与传统的定量分析相比，网络分析法在关系数据的处理分析上更加合理。关系数据主要包括行动者—行动者数据（方阵数据）和行动者—事件（长方阵数据）。

（3）观念数据。观念数据主要用于描述意义、动机等。与前两类数据相比，这类数据的分析方法仍在发展。

四、社会网络划分

（1）有向网络与无向网络。根据关系方向分类，可以将网络划分为有向网络和无向网络。无向网络是最基本的网络，节点之间的边只表示连接而没有方向，合作关系、好友关系等都属于这类型的关系；而在有向网络中连接是有方向的，如关注关系、引用关系、投资关系等。在矩阵表达层面，无向网络通常表示为对称矩阵，而有向网络则不一定是对称矩阵。

（2）自我中心网络与整体网络。根据研究群体分类，可以分为自我中心网络和整体网络。自我中心网络是从个体视角来研究社会网络，以特定行动者为研究中心，重点关注该行动者与其他行动者间的关联关系，进而对网络中的个体行为进行考察，主要分析个体成员间关系的异质性、同质性等指标。整体网络主要关注网络整体中角色关系的综合结构或群体中不同角色的关系结构，主要对整体网络进行密度、互惠性、关系传递性、凝聚子群等方面的分析。

（3）1－模网络与2－模网络。根据行动者集合的性质或者节点类型，可以划分为1－模网络和2－模网络。行动者的集合被称为“模”。1－模网络是研究一个行动者集合内部各个行动者之间关系的网络，网络中的行动者可是个人、组织、社区等。2－模网络研究的是两类行动者群体间的关系，是一类行动者集合与另一类行动者集合之间的关系构成的网络，如篮球队和啦啦队的人之间的网络。另外，还存在一种特殊的2－模网络，即隶属网络。隶属网络是由行动者及其所属部门构建的网络，在这类网络中，它的两个集合分别是行动者和事件。

(4) 完备图与非完备网络。根据成员紧密程度，可以分为完备图和非完备图。如果图中任意节点间都存在连线，则认为该网络是完备的；否则，则是非完备的。除此之外，还有很多分类划分，在这里不一一列出。

第二节　社会网络分析的指标构建

一、节点相关指标

中心性分析主要用来考察节点在网络中处于中心的程度，是社会网络分析的研究重点之一。如果一个节点越位于网络的中心位置，则表明其影响力越大。目前主要利用中心度这一指标来对节点在网络中所处的中心位置的程度，也即节点在网络中的重要程度进行衡量。根据测度方法不同，主要分为度数中心度、接近中心度、中介中心度、特征向量中心度等。

(1) 点度中心度。点度中心度，可以用网络中与该节点有直接联系的点的个数，即度数来进行衡量。网络中如果一个节点与其他节点间存在大量的直接联系，则表明这个节点处于网络的中心地位，在网络中具有较大的影响力，是网络中的重要节点。无向图中，点度中心度就是点的度数，而有向图中点度中心度则为点入度和点出度之和，其中点入度表示有向图中直接指向该点的点的数目，而点出度则表示由该点直接指向的点的数目。点度中心度又可以分为绝对中心度和相对中心度。绝对中心度就是前面提到的对点度中心度的最简单的衡量，但绝对中心度只能在同一个图的网络成员或者同等规模的图之间进行比较。相对中心度则克服了绝对中心度的这一缺陷，它由节点的实际度数与图中点的最大可能的度数之比进行衡量。假设网络中存在 n 个节点，相对点度中心度的计算公式具体如下：

无向图相对点度中心度计算公式为：

$$C_{RDi} = (i\text{的度数})/(n-1) \tag{11-1}$$

有向图相对点度中心度计算公式为：

$$C_{RDi} = (\text{点入度} + \text{点出度})/(2n-2) \tag{11-2}$$

（2）中间中心度。中间中心度衡量的是网络中某一节点对资源的控制程度。如果网络中一个节点位于许多其他两个节点之间交往的路径上，这意味着该节点具有控制其他两个节点交往的能力，则认为该节点在网络中居于重要地位，即该节点在网络中承担着重要的“桥梁”角色。如果一个节点位于其他节点的多条最短路径上，那么该节点就具有较大的中介中心性。中间中心度的计算需要确定网络中任意两个节点间的最短路径，并求出所有最短路径中每个中间节点出现的次数。假设节点 j 和节点 k 之间存在 g_{jk} 条路径，而点 j 和点 k 之间存在的经过点 i 的路径数为 $g_{jk}(i)$，点 i 控制两点的交往能力，即点 i 位于两点路径上的概率为 $b_{jk}(i)$，$b_{jk}(i) = g_{jk}(i)/g_{jk}$。中间中心度同样可以分为绝对中间中心度和相对中间中心度。具体公式如下：

绝对中间中心度计算公式为：

$$C_{ABi} = \sum_{j}^{k} \sum_{j}^{k} b_{jk}(i) \tag{11-3}$$

其中，$j \neq k \neq i$，且 $j < k$。

相对中间中心度计算公式为：

$$C_{RBi} = \frac{2C_{ABi}}{n^2 - 3n + 2} \tag{11-4}$$

其中，$0 \leqslant C_{RBi} \leqslant 1$。

（3）接近中心度。接近中心度反映了网络中某一节点与其他节点间的接近程度，衡量的是节点在网络中不受他人控制的能力。如果一个节点到网络中其他节点的最短距离都很小，那么该节点的接近中心性就比较大，即这个节点在传播信息时不容易受制于网络中的其他节点。这说明这个节点是整个网络的重心，对其他节点的依赖性很低。在计算接近中心度的时候，我们关注的是捷径，而不是直接关系。如果一个点通过比较短的路径与许多其他点相连，我们就认为该点具有较高的接近中心性。同样地，接近中心度也可以分为绝对接近中心度和相对接近中心度。

绝对接近中心度计算公式为：

$$C_{APi}^{-1} = \sum_{j=1}^{n} d_{ij} \tag{11-5}$$

其中，d_{ij}为点 i 和点 j 之间的捷径距离。

相对接近中心度计算公式为：

$$C_{RPi}^{-1} = \frac{C_{APi}^{-1}}{n-1} \tag{11-6}$$

其中，n 表示网络中的节点个数。

二、整体网络相关指标

（1）网络密度。网络密度指的是一个网络中各个节点之间联络的紧密程度。固定规模的点之间的连线越多，则该网络的密度就越大，表明网络对其中行动者的行为等产生的影响就越大。假设网络中有 n 个节点，其中包含的实际关系数为 m。当整体网是无向网络时，网络密度用图中实际拥有的关系数 m 与理论上最多可能存在的关系总数之比来进行衡量，表示为 $2m/n(n-1)$。而在有向网络中，其所能包含的最大关系数正好等于它所包含的总对数 $n(n-1)$，其网络密度可表示为 $m/n(n-1)$。

（2）点度中心势。点的中心度主要关注的是网络中节点的特征，而整体网络的中心势则主要关注整个网络或者说整个图的中心趋势，反映整个网络中各个节点的差异性程度。与中心性分析相对应，网络的中心势也分为度数中心势、中间中心势、接近中心势。

中心势刻画的是网络图的整体中心性，其计算思想具体如下：确定图中最大点度中心度的数值，计算其他节点中心度与最大点度中心度间的差值，并对“差值”进行求和，最后用这个总和除以各个“差值”总和的最大可能值。度数中心势计算公式为：

$$C = \frac{\sum_{i=1}^{n}(C_{max} - C_i)}{\max\left[\sum_{i=1}^{n}(C_{max} - C_i)\right]} = \frac{\sum_i (C_{ADmax} - C_{ADi})}{(n-1)(n-2)}$$

$$= \frac{\sum_i (C_{RDmax} - C_{RDi})}{n-2} \tag{11-7}$$

其中，C_{ADi}和C_{RDi}分别表示点 i 的绝对中心度和相对中心度，C_{ADmax}和C_{RDmax}分别表示网络中点的绝对中心度和相对中心度的最大值。

（3）中间中心势。中间中心势反映了网络中中间中心性最高节点的中间中心性与其他节点的中间中心性的差距，用于分析网络整体结构。中间中心势越高，意味着该网络中的节点可能分为多个小团体，而且过于依赖某一个节点传递关系，说明该节点在网络中处于极其重要的地位。中间中心势的计算思想为：首先确定网络中各个点的中间中心度的最大值，其次计算这个最大值与网络中其他点的中间中心度的差值，并对差值进行求和，最后用差值总和除以理论上该差值总和的最大可能值。中间中心势计算公式为：

$$C_B = \frac{\sum_{i=1}^{n}(C_{ABmax} - C_{ABi})}{n^3 - 4n^2 + 5n - 2} = \frac{\sum_{i=1}^{n}(C_{RBmax} - C_{RBi})}{n - 1} \qquad (11-8)$$

其中，C_{ABi}和C_{RBi}分别表示点 i 的绝对中间中心度和相对中间中心度，C_{ABmax}和C_{RBmax}分别表示网络中点的绝对中间中心度和相对中间中心度的最大值。值得注意的是，星形网络的中间中心势为 100%，环形网络的中间中心势为 0。

（4）接近中心势。接近中心势的指标计算思想与前两个中心势指标类似，在此不一一重复。如果一个网络的接近中心势越高，表明网络中节点的差异性越大；反之，则表明网络中节点间的差异越小。与中间中心势类似，星形网络具有 100% 的接近中心趋势，对环形网络这样的网络中任意一点与其他节点距离相同的网络来说，其接近中心势为 0。接近中心势计算公式为：

$$C_c = \frac{\sum_{i=1}^{n}(C'_{RCmax} - C'_{RCi_i})}{(n-2)(n-1)}(2n-3) \qquad (11-9)$$

关联性可以用来考察网络本身的稳健性和脆弱性，其中网络关联度、网络等级度、网络效率是反映网络关联性的重要指标。

（5）网络关联度。网络关联度作为进行网络关联分析的重要指标之一，通常以可达性来进行测度。如果网络中任何两个国家间都可以直接或间接相连，则表明该网络的关联性较好。相反，如果网络中的多个关联关系都只能通过同一个国家相连，则意味着网络对该国家具有较高的依赖性，一旦剔除该国家，网络则存在崩溃的可能，这说明网络是不稳健的。网络关联度的取值范围同样为［0,1］，设网络中不可达的点对数为 M，则相应的网络关联度计算公式为：

$$H = 1 - M/[N \times (N-1)/2] \tag{11-10}$$

（6）网络等级度。网络等级度考察的是网络中不同节点之间在多大程度上非对称可达，反映的是不同节点在网络中的支配地位，即网络中节点的等级结构。网络等级度越大，则表明网络中不同节点间的等级越森严，其取值范围为［0,1］。我们用 V 来表示网络中对称可达的点对数，max（V）则代表网络中可能存在的最大对称可达的点对数，则网络等级度计算公式为：

$$E = 1 - V/\max(V) \tag{11-11}$$

（7）网络效率。网络效率指的是在已知网络中所包含的成分数确定的情况下，网络在多大程度上存在多余的线，反映的是网络中不同节点间的连接效率。网络效率越低，则表明网络中不同节点间存在更多连线。与上述指标类似，网络效率的取值范围同样为［0,1］。我们用 K 来表示网络中多余的线数，max(K）为网络中可能存在的最大的多余线条数，相应的网络效率计算公式为：

$$G = 1 - K/\max(K) \tag{11-12}$$

三、凝聚子群

当网络中某些行动者之间的关系特别紧密，以至于结合成一个次级团体时，网络中的这种团体就被称为凝聚子群。凝聚子群研究主要是为了揭示群体内部的子结构。主要可以从以下四方面对凝聚子群展开分析：关系互惠性、子群成员间的接近性或可达性、子群内部成员间关系的频次（点的度数）、子群内部成员间的关系相对于内外成员间的关系密度。

（1）基于互惠性的凝聚子群。建立在互惠性基础上的凝聚子群主要是派系。派系里成员间的关系是互惠的。无向网络中，要求派系的成员至少保护三个点；要求派系是“完备”的，也就是其中任何两点间都直接相关；要求派系是“最大”的，不能向其中加入新的点。而在有向网络中，则要求行动者间的关系一定是双向互惠的。

（2）基于可达性的凝聚子群。建立在可达性基础上的凝聚子群考虑的是点与点之间的距离，要求成员间的距离不能太大。设定一个临界值 n 作为凝聚子群成员间距离的最大值。n－派系要求任何两点间在总图的距离最大不超过 n。n－宗派则更加严格，要求任何两点间在子图的距离都不超过 n。

（3）基于度数的凝聚子群。k－丛、k－核是通过限制子群中的每个成员的邻点个数而得到的。如果一个凝聚子群的规模为 n，那么只有当该子群中的任何点的度数都不小于 n－k 这个值的时候，我们才称之为 k－丛。如果一个子图中的全部点都至少与该子图中的其他 k 个点邻接，则将这样的子图称为 k－核。

（4）基于子群内外关系的凝聚子群。如果一个图可以分为几个部分，每个部分的内部成员间存在联系，而各个部分之间没有任何联系，我们将这些部分称为成分。如果在一个网络图中拿走其中的某点，那么整个图的结构就分成两个互不关联的成分，这样的点称之为切点。如果一个图分为一些相对独立的子图的话，则称各个子图为“块”，把一个网络中各个行动者按照一定标准划分为几个离散的子集，则称这些子集为“块”“聚类”“位置”。

第三节　社会网络分析的 Python 实现

Networkx 是一个用 Python 语言开发的图论与复杂网络建模工具，内置了常用的图与复杂网络分析算法，可以方便地进行复杂网络数据分析、仿真建模等工作。Networkx 支持创建简单无向图、有向图和多重图；具有极高的灵活性，内置丰富的图论算法，节点可为任意对象；支持任意的边值维度，功能丰富，简单易用。本小节展示如何利用 Networkx 算法绘制网络图和计算基础网络指标，如图 11－1 所示。

```
import networkx as nx
import matplotlib.pyplot as plt
import numpy as np
import pandas as pd                                  #使用库的声明
df = pd.read_csv("edges.csv")
G = nx.from_pandas_edgelist(df, 'from', 'to', create_using=nx.DiGraph())
print(G.nodes())                                     #导入连边数据
pos=nx.circular_layout(G) #设置网络图的不同布局，以circular型为例
nx.draw_networkx_nodes(G,pos,node_size=,node_color="",node_shape='')
#设置节点属性，绘制节点
 nx.draw_networkx_edges(G,pos,edge_size=,edge_color='')
                                                     #设置边属性，绘制边
nx.draw_networkx_labels(G,pos,font_size=)            #设置标签属性，显示标签
plt.show()                                           #图形展示
print("Out degree centrality")
a = nx.out_degree_centrality(G)
for v in G.nodes():
  print(v,a[v])                                      #计算出度中心度
print("In degree centrality")
b = nx.in_degree_centrality(G)
for v in G.nodes():
  print(v,b[v])                                      #计算入度中心度
print("Betweenness centrality")
c = nx.betweenness_centrality(G)
for v in G.nodes():
  print(v,c[v])                                      #计算中间中心度
print("Closeness centrality")
d = nx.closeness_centrality(G)
for v in G.nodes():
  print(v,d[v])                                      #计算接近中心度
```

图 11-1 社会网络分析的 Python 实现

第四节 社会网络分析的应用案例

案例 11-1 国家生物多样性损失转移网络

以测度出来的 45 个国家（地区）的贸易生物多样性损失数据为基础，构建生物多样性损失转移网络。依据国家间生物多样性损失转移流量的大小对全球生物多样性损失转移网络进行筛选（Duan et al.，2018），构建基于门槛值的全球生物多样性损失转移网络。其中，节点代表国家或地区，弧线则代表不同国家或地区间的生物多样性损失转移关系。在生物多样损失转移网络中以生物多样性损失的发生地为起始节点，生物多样性的消费地为目的节

点，而箭头指向则表明生物多样性的转移流向。我们以测算所得的生物多样性损失数据为依据，选取其均值的一半作为门槛，当生物多样性损失转移矩阵中的元素大于该门槛值时，则保留该转移关系，记为1，反之，如果小于该门槛值时，则忽略该关系，记为0。

一、整体网络特征

如图11－2所示，其展示了2006年和2015年45个国家（地区）的生物多样性损失转移网络，可以看出生物多样性损失转移网络具有相对典型的网络结构形态。与2006年相比，2015年生物多样性损失转移网络中国家（地区）间的转移联系变得更加密切，生物多样性损失转移的具体流向也变得更为错综复杂。美日等国家具有较高的网络中心度，位于生物多样性损失转移网络的中心位置，并且考察期内地位变化不大，说明该网络的网络结构较为稳定。整体网络特征可以通过网络关联度、网络等级度、网络效率、网络密度及度数中心势等指标进行刻画。从网络关联性分析角度来看，生物多样性损失转移网络的网络关联度在考察期内始终为1，说明网络通达性较好，各国间生物多样性损失关联密切，存在明显的转移现象。网络等级度在2006～2015年由1下降为0.98，意味着生物多样性损失转移网络中存在等级较为森严的网络结构。网络效率由2006年的0.621下降至2015年的0.538，说明生物多样性损失转移网络中的连线不断增加，网络稳定性逐年提升。

2006～2015年生物多样性损失转移网络的网络密度变动趋势如图11－3所示。由图11－3可知，考察期内生物多样性损失转移的网络密度与空间关联关系总数均表现出明显的上升趋势。空间关联关系数由2006年的403个上升至2015年的482个，整体网络密度由2006年的0.204上升至0.243。这进一步说明世界范围内各国间的生物多样性损失转移关系正变得愈发紧密。综合来看，尽管考察期内整个网络的空间关联关系数逐年增加，但与45个国家间的最大可能关系数相比，2015年整个网络中实际存在的关联数仅为482个，这意味着未来各国间的生物多样性损失转移关系有可能变得更加密切。

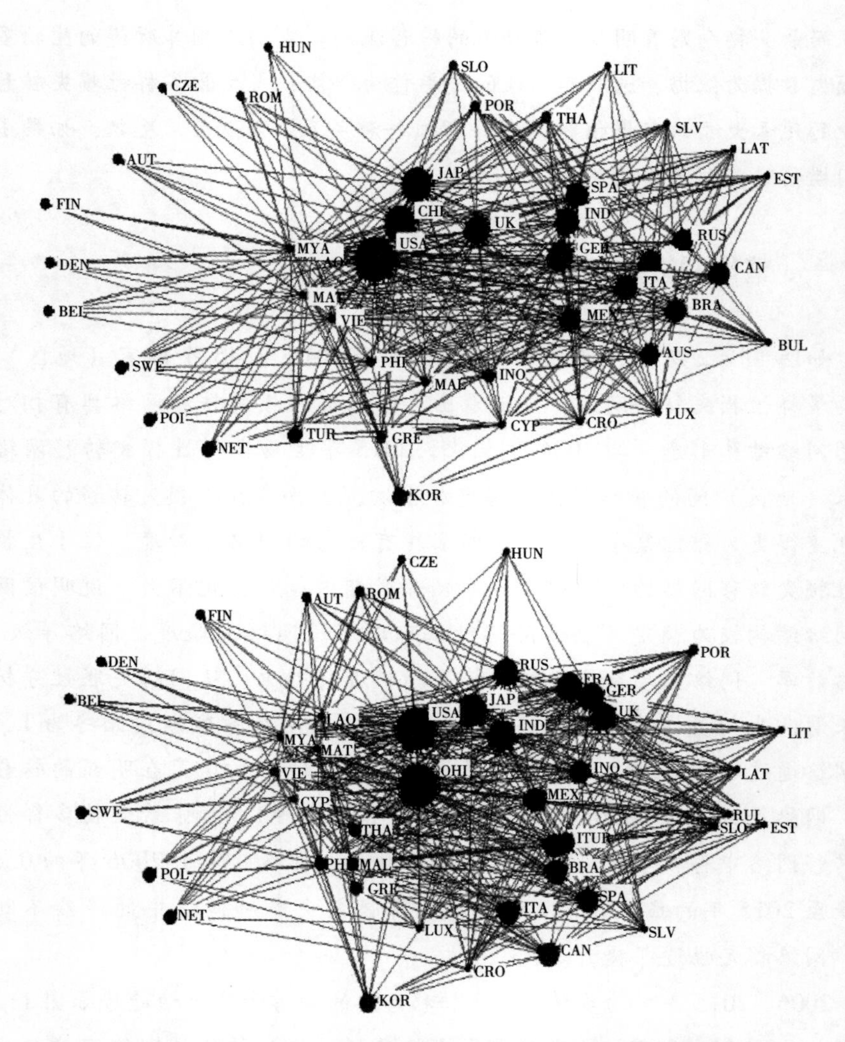

图 11-2　2006 年、2015 年全球生物多样性损失转移网络对比

注：节点大小代表各节点的入度中心度。

进一步选取度数中心势指标对整体网络的中心趋势进行分析。如图 11-4 所示，2006~2015 年入度中心势均在 0.7 以上，相对较高且波动不大，而出度中心势则整体上表现出下降趋势。这表明生物多样性进口主要集中在少数国家并保持相对稳定，同时，随着全球价值链的不断深化，越来越多的边缘国家参与到全球生物多样性损失转移网络中，成为生物多样性出口国。值得注意的是，整个网络的入度中心势始终大于出度中心势，并且两者间的差距在2008年后逐渐扩大，这说明在金融危机的影响下，世界生物多样性面临的威胁越来越大，更多国家成为生物性出口国，为少数国家承担着生物多样性损失。

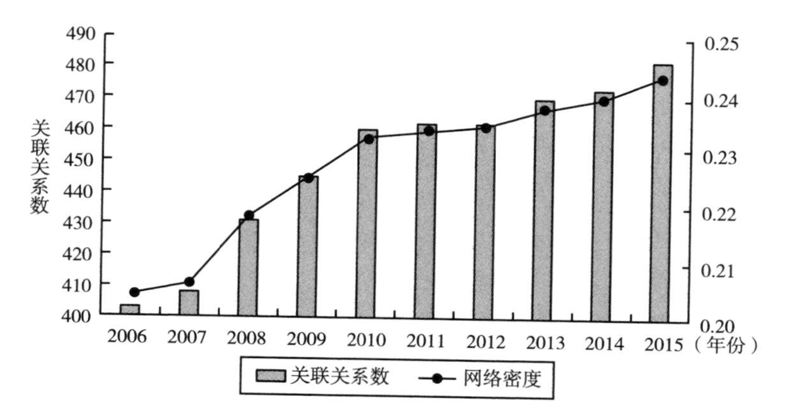

图11－3　空间关联关系与网络密度

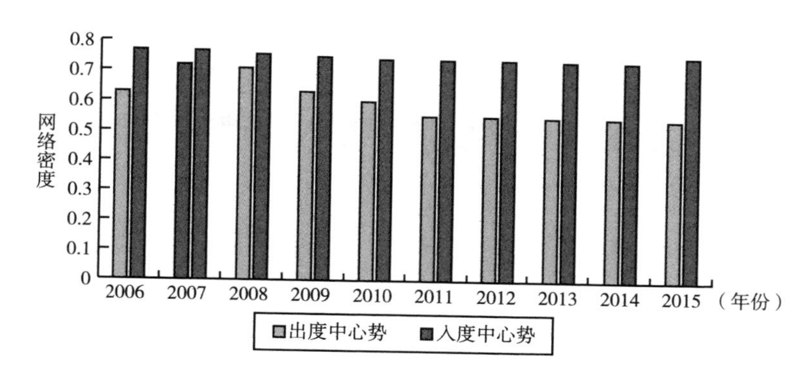

图11－4　整体网络度数中心势变化趋势

二、个体网络结构特征

选取度数中心度指标对生物多样性损失转移网络进行个体网络特征分析。重点展示2006～2015年全球生物多样性损失转移网络中入度中心度和出度中心度排名前八的国家。如表11－1和表11－2所示，考察期内出度中心度和入度中心度的国家排名均变动不大，这表明全球生物多样性损失转移网络具有相对稳定性。度数中心度大，意味该国在生物多样性损失转移网络中与其他国家的转入转出关系较多。从入度中心度来看，排名靠前的八个国家中除中国、印度外，其余均为发达国家。而出度中心度排名靠前的国家则主要为老挝、缅甸、越南等东南亚发展中国家。虽然东南亚国家因其优越的地理位置和气候条件，拥有极为丰富的生物资源，但这些国家主要处于全球价值链分工的低端环节。农业、林业等生产部门的扩张是威胁生物物种的重要因素。可可、橡胶、咖啡等农作物的出口使老挝、越南、马来西亚等国遭受严重的生物多样性损失。而美日等发达国家则通过进口在满足本国最终消费需求的同时，将生物多样性损失转移给东南亚国家。

表 11－1　2006～2015 年全球生物多样性转移网络入度中心度排名

年份	1	2	3	4	5	6	7	8
2006	美国	中国	日本	英国	德国	法国	印度	意大利
2009	美国	中国	日本	德国	法国	印度	英国	意大利
2012	美国	中国	日本	印度	德国	法国	英国	俄罗斯
2015	中国	美国	日本	印度	德国	英国	法国	俄罗斯

表 11－2　2006～2015 年全球生物多样性转移网络出度中心度排名

年份	1	2	3	4	5	6	7	8
2006	老挝	缅甸	马耳他	越南	菲律宾	马来西亚	塞浦路斯	卢森堡
2009	老挝	缅甸	马耳他	越南	塞浦路斯	马来西亚	菲律宾	卢森堡
2012	老挝	缅甸	越南	马耳他	塞浦路斯	菲律宾	马来西亚	卢森堡
2015	老挝	缅甸	越南	马耳他	塞浦路斯	卢森堡	马来西亚	菲律宾

三、块模型分析

以 2015 年的数据为例，利用块模型分析考察不同国家在生物多样性转移网络中的空间聚类特征，结果如表 11－3 所示。

生物多样性损失转移网络中存在 482 个关联关系，板块内部的关联关系有 64 个，板块间的关联关系有 418 个。第一个板块只对板块内部发出关系，即板块内关系数 60 个，接收板块外关系数 336 个，实际内部关系比例大于期望内部关系比例，接收的来自板块外的关系最多，因此该板块为主受益板块。第二板块的接收关系数为46个，发出关系数为23个，其中板块内部关系为零，接收的来自板块外部的生物多样性转移关系远大于溢出关系，因此该板块为净受益板块。第三板块的发出关系数为184个，其中板块内部的关系仅有1个，接收来自其他板块的关系有36个，实际内部关系比例为0.54%，远小于期望内部关系比例，因此该板块可划分为经纪人板块，在网络中发挥“中介”与“桥梁”作用。第四板块仅接收到来自板块内部成员的联系，板块外部接收关系数为零，而该板块对外发出的关系数为212，转出关系远大于转入关系，实际内部关系比例小于期望内部关系比例，因此该板块是典型的净溢出板块。

表11－3　　　　各板块间溢出关系分析

板块类型	主受益板块	净受益板块	经纪人板块	净溢出板块
板块成员	美国、英国、日本、德国、法国、加拿大、澳大利亚、意大利、西班牙、俄罗斯、土耳其、韩国、中国、印度、巴西、墨西哥、印度尼西亚	奥地利、荷兰、比利时、芬兰、丹麦、捷克、瑞典、波兰	希腊、保加利亚、马来西亚、立陶宛、泰国、菲律宾、斯洛伐克、拉脱维亚、爱沙尼亚、罗马尼亚、匈牙利、葡萄牙	缅甸、老挝、越南、卢森堡、马耳他、克罗地亚、塞浦路斯、斯洛文尼亚
总溢出关系个数	60	23	184	215
总流入关系个数	396	46	37	3
内部关系个数	60	0	1	3
期望内部关系比例（%）	36.36	15.91	25	15.91
实际内部关系比例（%）	100	0	0.54	1.39

注：期望内部关系比例＝（板块成员个数－1）/（网络中所有成员个数－1），实际内部关系比例＝板块内部关系个数/板块溢出关系总数。

如表11－4所示，进一步利用网络密度矩阵与像矩阵考察生物多样性损失在各板块间的转移情况。由前文可知，2015年生物多样性转移网络的整体网络密度为0.243。如果板块的网络密度大于整体网络密度，则表明生物多样性损失更集中于该板块。将密度矩阵中网络密度大于0.243的赋值为1，小于0.243的赋值为0，可以得到像矩阵。由表11－4可知，板块一和板块二主要接收来自板块三和板块四的溢出，其中板块一和板块四间的网络密度最大，即主受益板块与净溢出板块间的网络密度高达1。板块三也主要接收来自板块四的发出关系。显而易见，在整个生物多样性损失转移网络中，板块四的溢出效应最为明显，发出了最多的关系，占总关系数的50.71%。板块三紧随其后，是网络中第二大关系发出者，发出关系占总体的43.77%。

表11－4　　生物多样性损失空间关联板块的密度矩阵与像矩阵

板块	密度矩阵				像矩阵			
	板块一	板块二	板块三	板块四	板块一	板块二	板块三	板块四
板块一	0.221	0.000	0.000	0.000	0	0	0	0
板块二	0.169	0.000	0.000	0.000	0	0	0	0
板块三	0.868	0.630	0.008	0.000	1	1	0	0
板块四	1.000	0.625	0.375	0.054	1	1	1	0

本章小结

本章通过梳理复杂网络的发展脉络、介绍网络的表达形式及划分类型对网络分析的基本思想进行简要概述，在此基础上明确网络分析法的基本概念，进而从个体节点、整体网络等不同方面，对网络的中心度、中心势、网络密度、网络等级度等关键指标进行理论分析，并列出网络分析的Python实现代码。同时，利用测度得到的生物多样性损失数据，构建无权二值网络，以生物多样性损失转移网络为例进行社会网络分析。

近年来，网络分析法作为一种针对关系数据的跨学科研究方法在经济学等不同领域均得到广泛应用，其研究的重点在于结构关系分析。但关系数据并不能满足常规统计学意义上的“变量的独立性假设”，故大多数常规的多元统计方法在对关系数据进行分析统计时并不适用。特别是在经济研究方面，与传统的计量方法相比，这种网络分析的方法更能揭示区域经济增长、知识流动等关系间的复杂网络结构性质，为现有研究提供新的研究视角和思路。

| 第十二章 |

海洋经济统计核算

进入21世纪以来，海洋经济成为中国经济发展新增长极。《中华人民共和国国民经济和社会发展第十四个五年规划和2035远景目标纲要》指出“坚持陆海统筹、人海和谐、合作共赢，协同推进海洋生态保护、海洋经济发展和海洋权益维护，加快建设海洋强国”。海洋经济统计核算是我国海洋强国战略的重要资料和技术基础，中国政府高度重视海洋经济统计核算工作。2018年，中共中央、国务院《关于建立更加有效的区域协调发展新机制的意见》中提出“健全海洋经济统计、核算制度，提升海洋经济监测评估能力，强化部门间数据共享，建立海洋经济调查体系”；2020年5月，自然资源部办公厅印发《海洋经济统计调查制度》和《海洋生产总值核算制度》，指出积极探索我国海洋经济核算制度，建立科学、准确的评价指标，全面、系统地反映我国海洋经济、海洋产业发展的基本情况。本书通过梳理海洋经济统计核算的发展历程、统计核算指标体系和方法，以期推进我国海洋经济统计核算体系的完善，强化我国海洋经济治理体系与治理能力现代化建设，以适应我国海洋经济高质量发展的迫切需要。

第一节　国民经济环境下的海洋经济统计核算

一、国民经济统计核算体系的发展历程

新中国成立后，我国于1952年建立统计体系，我国国民经济统计核

算体系的演变经历了由物质产品平衡表体系（MPS）到MPS体系与国民账户体系（SNA）过渡并存再到SNA体系三个阶段，随着生产劳动定义的延伸和对第三产业地位的肯定，统计核算范围不断拓宽，重点核算指标由国民收入转为国内生产总值，体现了计划经济向市场经济转型时期的理论缩影。

20世纪50年代，我国借鉴苏联的国民收入统计理论和方法，对国民收入的生产、分配、消费和积累进行核算，先后编制了社会产品生产、分配与再分配平衡表，国民经济各部门联系平衡表，劳动力资源平衡表和分配平衡表等，逐步形成MPS。20世纪80年代，第三产业和新兴行业迅速发展，只将物质产品生产部门纳入核算范围的MPS体系无法对一国经济总量进行正确合理的估计，为此，我国着手研究SNA，国民经济核算呈现MPS和SNA体系并存的特点。1993年，国家制定了《国内生产总值指标解释及测算方案》，以国民收入指标为代表的MPS核算体系被取消，国内生产总值指标开始成为国民经济核算的重点。《中国国民经济核算体系（2002）》和《中国国民经济核算体系（2016）》是我国根据SNA体系的两次重大修订完善，即1993年版和2008年版作出的符合国情的适当体系调整。目前，我国现行的国民经济核算体系由基本核算和扩展核算组成，基本核算包括国内生产总值核算、投入产出核算、资金流量核算、资产负债核算和国际收支核算；扩展核算包括资源环境核算、人口和劳动力核算、卫生核算、旅游核算和新兴经济核算，如图12－1所示。

二、海洋经济统计核算体系的发展历程

海洋经济产业的发展主要集中于海洋渔业、海盐业、海洋运输业等传统海洋产业，但是新中国于1952年建立的统计体系并未囊括海洋经济统计内容。为了对海洋经济进行全面系统的统计，统计体系前后共经历三次调整。第一次调整是以国家海洋局负责的《全国海洋统计指标体系及指标解释》为基础，对海洋经济统计核算的产业范围进行扩充，奠定了海洋统计核算的研究基础。第二次调整基于国家海洋局发布的《海洋经济统计分类与代码》，对海洋产业进行调整和细化，增加了海洋新兴产业，完善了海洋经济产业种

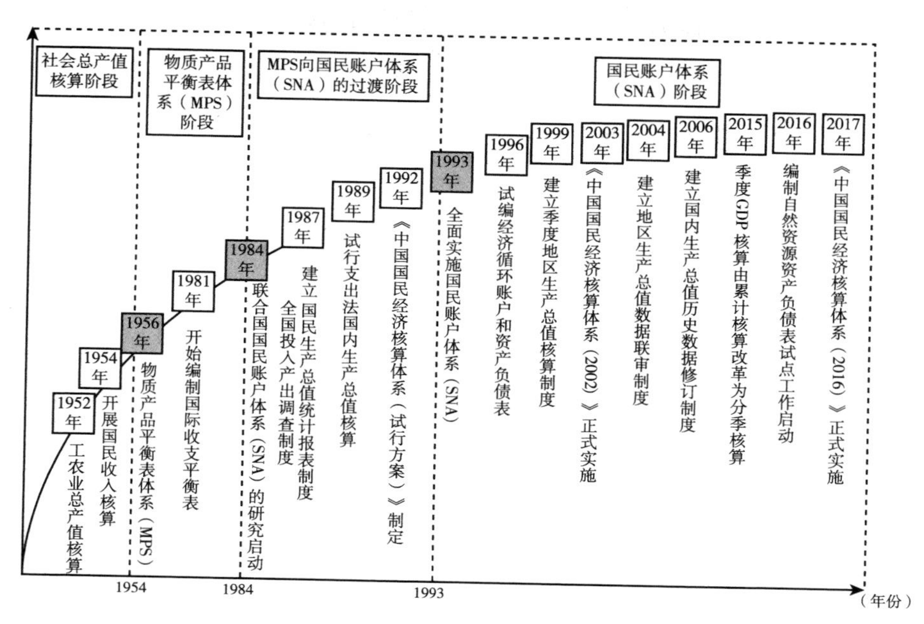

图 12－1　国民经济统计核算的演变

类。第三次调整以国家海洋局《海洋及相关产业分类》为主要内容，重点解决海洋经济统计核算空间层面的交叉重叠以及海洋产业不同层级类别的交叠问题，进一步完善了海洋经济的统计核算范围。

1. 海洋经济统计核算体系的第一次调整。中国海洋经济统计指标核算的第一次调整以1990年国家海洋局发布的《全国海洋统计指标体系及指标解释》为基础展开。1990年，国家海洋局为了开展海洋经济统计研究时有标准可依，颁布了《全国海洋统计指标体系及指标解释》，此次海洋经济统计核算的调整涉及的海洋产业包括海洋交通运输、滨海旅游、海洋水产、海洋矿产、海洋能源、海水利用、海洋盐业以及海洋药物八类。1993年，《中国海洋统计年鉴》中的海洋产业统计范围再次调整，更改为海洋水产、海洋盐业、港口与海运、滨海国际旅游、海洋石油和天然气、海洋科技与教育以及海洋服务七大类。1994年，《中国海洋统计年报》中进一步增加了“海洋造船”产业，并以“海洋交通运输”替代“港口与海运”。1995年，《关于沿海地方开展海洋统计工作的通知》的发布，标志着沿海省市海洋经济统计工作的正式起步。中国海洋经济统计核算体系的第一次调整是国家海洋局负责以来首次制定的海洋经济统计核算体系，在无标准可依的前提下确立了今后我国海洋经济核算的大体框架，扩充了海洋经济统计核算的产业范围，为后续海洋统计核算的完善奠定了基础。

2. 海洋经济统计核算体系的第二次调整。随着经济的发展，原有的海洋经济统计核算体系中，海洋经济产值中占比较大的部分产业和部分影响海洋经济未来发展方向的产业并未统计在内。海洋创新技术逐步应用于海洋产业，不仅带来了海洋产业产值的提升，还带动了新兴海洋产业的发展，然而原有的统计核算体系却忽略了科技带来的产值变化。原有的海洋经济统计核算体系中，存在产业指标概念、分类不明确、产业以及区域划分模糊，存在重复和缺漏等问题。这三点弊端使得原有的海洋经济统计体系无法适应海洋经济产业发展的需要。于是，中国海洋经济统计核算的第二次调整开始，以 1999 年国家海洋局发布的《海洋经济统计分类与代码》为主要内容。

第二次海洋经济统计核算调整首先对地理范围和产业范围进行了明确的界定，明确定义沿海地区和沿海省份，厘清海洋经济统计的范围。其次，为了进一步完善我国海洋经济统计核算体系，1999 年国家统计局实行《海洋统计综合报表制度》，将海洋经济统计核算纳入国家统计核算体系，并根据《国民经济行业分类与代码》，发布了《海洋经济统计分类与代码》，对海洋经济统计核算的行业分类原则和方法进行了调整。最后，按第一二三产业的顺序对海洋经济统计计划分类，扩大海洋经济产业的核算范围，将其增加至 12 类海洋产业，同时对海洋产业做了细微调整。海洋经济统计核算体系的第二次调整对产业分类更加明确，即适应海洋产业发展的需要、完善各项海洋经济产业种类、细化各产业下的分类。

3. 海洋经济统计核算体系的第三次调整。为了全面反映海洋经济的总体发展情况和对国家经济总量的贡献，基于《中国国民经济核算体系(2002)》总体框架、基本原则、计算方法的基础上，参考沿海发达国家海洋经济核算体系，2005 年，我国印发了《海洋经济核算体系实施方案》，初次创建了海洋经济核算体系框架。海洋经济核算体系框架由海洋经济主体核算、基本核算和扩展核算构成，形成了与国民经济统计核算相对应的海洋经济生产总值核算、投入产出核算、固定资本核算等核算内容，同时构建了海洋生产总值核算的方法和模型，并要求在全国范围内开展海洋生产总值核算工作。然而海洋经济核算方案中也存在海洋及相关产业分类不清等问题，需要对产业分类与代码标准进行进一步的划分。海洋经济统计核算体系的建立是海洋经济统计工作的关键转折点和重要里程碑。

随着一些沿海的陆域生产活动与海洋发展的关系逐渐密切，关于涉海性质的产业是否纳入海洋经济统计核算中也存在争议。原先的海洋经济统计仅包含沿海区域，还没有对沿海行政区域进行分类，某些地域的经济核算还存在重复现象。而且，海洋科技进步带来的海洋产业产值的增加和新兴产业也并未完全包含在海洋经济统计核算体系内。2006 年，国家海洋局发布了《海洋及相关产业分类》，一定程度上了解决了空间层面和产业层面海洋经济统计核算的交叉重叠问题。第三次调整颁布的《沿海行政区域分类与代码》，在地域问题上解决了统计范围交叠问题，扩充了海洋经济统计核算的范围，实现海洋经济区域的分层次统计核算，利用《海洋及相关产业分类》，以投入产出为联系纽带，通过拆分、合并增加，将海洋经济活动分为大类、中类、小类三个层次，在各个层级类别之下又分别设计各自小类。

为了能够全面反映海洋经济发展情况，国家统计局 2006 年还颁布了《海洋生产总值核算制度》，并于 2007 年在全国范围内实施海洋生产总值核算工作。海洋生产总值核算是根据共享的政府统计信息，利用自然资源/海洋行政主管部门、同级统计部门和相关行业主管部门发布的统计资料、核算资料提炼出海洋生产总值核算所需的基础数据，为各级政府制定海洋经济发展政策、调控海洋经济发展方向提供科学依据。为了能够与经济发展变化相适应，完善统计制度、分类，准确反映在一定时期内海洋经济活动的最终成果，先后形成了 2008 年、2011 年、2013 年、2016 年和 2019 年多个《海洋生产总值核算制度》的修订版本。2019 年最新修订的《海洋生产总值核算制度》主要用于沿海省市的海洋生产总值和海洋产业结构等数据的核算，核算的行业范围依据《海洋及相关产业分类》进行确定，具体核算结果通过《中国海洋经济统计公报》对外发布。

随着海洋经济核算体系逐渐成形和完善，《中国海洋统计年鉴 2007》也随之相应全面改版，重新规范了海洋产业名称，按照海洋经济核算体系框架调整了年鉴的框架内容，海洋经济统计核算工作自此进入稳步发展期（见图 12－2）。

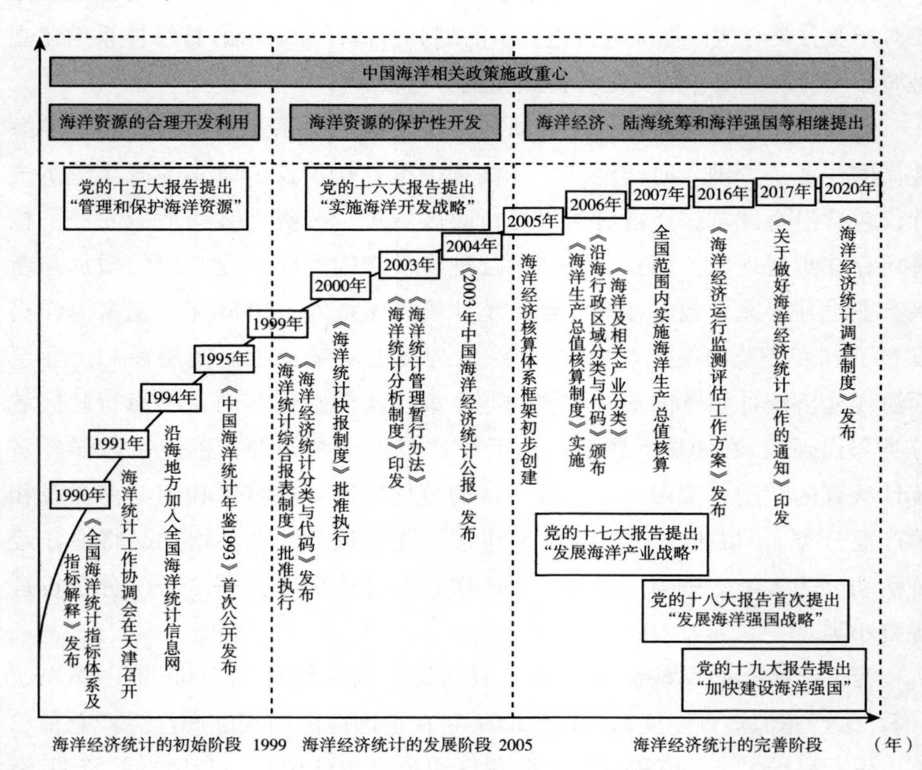

图 12－2 海洋经济统计核算的演变

三、海洋经济的理论内涵

1. 海洋经济的概念。海洋经济指开发、利用和保护海洋的各类产业活动以及与之相关联活动的总和。根据海洋经济活动的性质，将海洋经济划分为海洋产业和海洋相关产业。其中，海洋产业是指开发、利用和保护海洋所进行的生产和服务活动，主要包括五类经济活动：直接从海洋中获取产品的生产和服务活动；直接从海洋中获取的产品的一次加工生产和服务活动；直接应用于海洋和海洋开发活动的产品生产和服务活动；利用海水或海洋空间作为生产过程的基本要素所进行的生产和服务活动；海洋科学研究、教育、管理和服务活动。

而海洋相关产业是指以各种投入产出为联系纽带，与海洋产业构成技术经济联系的产业。

2. 海洋产业的分类。依据国家海洋制定的《海洋及相关产业分类（调查用）》，海洋产业的分类如表 12－1 所示。

表 12－1　　海洋产业分类

海洋产业	第一类	海洋渔业、海洋油气业、海洋矿业、海洋盐业、海洋可再生能源利用业
	第二类	海洋水产品加工业、海洋化工业、海洋药物和生物制品业、海水利用业
	第三类	海洋船舶工业、海洋工程装备制造业
	第四类	海洋交通运输业、海洋旅游业、海洋工程建筑业
	第五类	海洋科学研究、海洋教育、海洋管理、海洋技术服务业、海洋信息服务业、涉海金融服务业、海洋地质勘查业、海洋环境监测预报减灾服务、海洋生态环境保护、海洋社会团体与国际组织
海洋相关产业		海洋农林业、涉海设备制造、海洋仪器制造、涉海产品再加工、涉海原材料制造、海洋新材料制造业、涉海建筑与安装、海洋产品批发、海洋产品零售、涉海服务

3. 海洋经济统计核算。海洋经济统计核算目前是以海洋产业总值/增加值核算为基本内容的核算。

第二节　海洋经济统计核算方法

一、剥离法

以相关分析为基础将海洋产业产值从国民经济活动中剥离出来。

（1）利用部门（行业）产值比重进行剥离。如果某一部门产值占对应的海洋产业产值的比重相对稳定，则可用此比重作为剥离系数，根据部门产值推算出对应的海洋产业产值。

例如，海洋船舶工业总产值由中船工业集团公司、中船重工集团公司和沿海省市的船舶工业产值共同构成。而两个船舶公司占全国海洋船舶工业产值的比例基本稳定，平均为 61%，因此可以此平均值作为剥离系数。

（2）利用企业所属地的比重进行剥离。在调查资料的基础上，根据某一个海洋产业中所有企业的坐落地点，分别统计出位于沿海地带和其他地区的企业个数，然后计算出沿海地带企业所占的比重，依据此比重作为剥离系数，从对应的国民经济行业产值中剥离出对应的海洋产业产值。

例如，某市2020年全市交通运输业的企业个数为285个，其中坐落在沿海地带的企业个数为91个，则沿海地带企业所占的比重为31.9%。以此比重作为剥离系数，结合2020年交通运输业的总产出和增加值率，核算出当年该市海洋交通运输业的增加值。

（3）利用沿海地带面积比重进行剥离。某些海洋行业具有明显的地域性，如海滨砂矿业，在无法获得其他资料的情况下，可以直接采用面积比进行剥离计算。即用沿海地带陆域面积/沿海地区陆域面积作为剥离系数。当沿海地带陆域面积无法获得时，可用海岸线长度×10（km）沿海地区陆域面积作为剥离系数，再根据国民经济行业中的采掘业中的数据，核算出海滨砂矿产值。

（4）利用统计调查方法进行剥离。利用海洋经济普查、抽样调查的方法，计算某海洋产业占对应国民经济行业的比重，以此比重作为剥离系数。

二、扩展法

海洋经济核算扩展法的实质是基于投入产出分析的核算方法，就是以国民经济投入产出模型为方法，通过直接消耗系数，计算完全消耗系数矩阵。投入产出表如表12-2所示。

表12-2　投入产出表　单位：亿元

投入		中间使用							总产出
		海洋某产业	产业A	产业B	产业C	产业D	产业E	合计	
中间投入	海洋某产业	12 321	47 230	1 093	2 601	847	1 159	65 250	89 241
	产业A	20 249	570 549	76 964	11 593	24 232	49 037	752 625	925 463
	产业B	8	1 440	3 735	278	597	2 604	8 661	138 613
	产业C	1 398	30 366	3 390	3 875	2 989	12 490	54 508	95 490

续表

投入		中间使用							总产出
		海洋某产业	产业 A	产业 B	产业 C	产业 D	产业 E	合计	
中间投入	产业 D	1 172	25 266	5 905	3 242	12 797	11 559	59 942	87 052
	产业 E	1 915	43 397	10 720	14 534	10 855	42 422	123 842	265 588
	合计	37 063	718 247	101 808	36 122	52 318	119 270	1 064 827	1 601 627
增加值	劳动者报酬	52 996	79 612	22 462	21 179	14 699	73 186	264 134	
	生成税净额	-2 896	40 612	5 121	17 166	1 248	12 354	73 606	
	固定资产折旧	2 258	29 822	1 646	3 861	8 004	26 091	71 682	
	营业盈余	0	57 170	7 576	17 161	10 783	34 687	127 378	
	合计	52 359	207 217	36 805	59 368	34 734	146 318	536 800	
总投入		89 421	925 463	138 613	95 490	87 052	265 588	1 601 627	

表 12－2 为中国 2012 年部分行业数据。海洋某产业对其他部门产品的直接消耗系数分别为：

$$a_{11}=\frac{12\ 321}{89\ 421}=0.1378,\quad a_{21}=\frac{20\ 249}{89\ 421}=0.2264,\quad a_{31}=\frac{8}{89\ 421}=0.0001$$

$$a_{41}=\frac{1\ 398}{89\ 421}=0.0156,\quad a_{51}=\frac{1\ 172}{89\ 421}=0.0131,\quad a_{61}=\frac{1\ 915}{89\ 421}=0.0214$$

这些消耗系数的经济意义是，海洋某产业每生产单位（1 亿元）总产出，要直接消耗 0.1378 亿元本部门产品、0.2664 亿元产业 A 产品、0.0001 亿元产业 B 产品、0.0156 亿元产业 C 产品、0.0131 亿元产业 D 产品、0.0214 亿元产业 E 产品。

在进行投入产出分析时，经常把直接消耗系数的整体用矩阵的形式表示，这个矩阵称为直接消耗系数矩阵或者投入系数矩阵，用矩阵 A 表示，如表 12－3 所示。

表 12－3　　　　直接消耗系数矩阵 A

	海洋某产业	产业 A	产业 B	产业 C	产业 D	产业 E
海洋某产业	0.1381	0.0510	0.0079	0.0272	0.0097	0.0044
产业 A	0.2269	0.6165	0.5552	0.1214	0.2784	0.1846

续表

	海洋某产业	产业 A	产业 B	产业 C	产业 D	产业 E
产业 B	0.0001	0.0016	0.0269	0.0029	0.0069	0.0098
产业 C	0.0157	0.0328	0.0245	0.0406	0.0343	0.0470
产业 D	0.0131	0.0273	0.0426	0.0340	0.1470	0.0435
产业 E	0.0215	0.0469	0.0773	0.1522	0.1247	0.1597

通过直接消耗系数矩阵，计算得到里昂锡夫逆矩阵 L 为：

$$L = (I - A)^{-1} \tag{12-1}$$

和完全消耗系数矩阵 B 为：

$$B = (I - A)^{-1} - I \tag{12-2}$$

得到完全消耗系数矩阵 B 后，通过涉海产业部门后向/前向连锁效应系数，计算涉海产业的辐射力系数。在涉海产业辐射力系数基础上，结合海洋产业特质系数对涉海产业辐射力系数进行修正，最终核算出海洋生产总值。

（1）涉海产业辐射力系数：

$$Y_j = BL_j + FLS_j \tag{12-3}$$

其中，Y_j为 j 涉海产业的辐射力系数，表示涉海产业部门增加一个单位产出所引起的国民经济其他部门的产出增量；BL_j为 j 涉海产业后向连锁效应系数，采用涉海产业的中间投入除以后一个产业的总产出得到；FLS_j为 j 涉海产业的前向连锁效应系数，采用前一个产业的中间投入除以涉海产业的总产出得到。

（2）涉海产业特质系数。海洋产业特质系数是反映不同地区海洋产业特质性，综合考虑海洋产业对沿海特殊区位的依托关系、海洋产业特性和发展的特有规律、海洋产业活动对其他产业发展的影响程度、沿海地区海洋产业发展的资源和产业基础等因素的加权系数，包括海洋产业影响力特质系数、感应度特质系数等。

海洋产业影响力特质系数表示海洋某产业增加一个单位最终使用时，对其他产业部门产出的影响程度，即：

$$\eta(i,f_j) = \sum_{i=1}^{n} \bar{b}_{ij} \Big/ \frac{1}{n}\left(\sum_{i=1}^{n}\sum_{j=1}^{n} \bar{b}_{ij}\right) \tag{12-4}$$

其中，b_{ij}为完全消耗系数 B 矩阵第 i 行第 j 列的值。

海洋产业感应度特质系数表示其他产业部门增加一个单位最终使用时，某海洋产业部门对这一需求的感应程度，即：

$$\eta(i,f_j) = \sum_{j=1}^{n} \bar{b}_{ij} \Big/ \frac{1}{n}\left(\sum_{j=1}^{n}\sum_{i=1}^{n} \bar{b}_{ij}\right) \tag{12-5}$$

（3）扩展法计算海洋生产总值。海洋生产总值 = 海洋产业增加值 GOP_o + 海洋相关产业增加值 GOP_r。

海洋产业增加值 GOP_o的核算较为容易，即为表 12 - 1 所示的五类海洋产业当年生产增加值。海洋相关产业增加值 GOP_r的核算，则需要度量海洋产业对国民经济各行业的辐射影响。采用式（12 - 6）计算得到：

$$GOP_r = \sum_{n=1}^{i}\sum_{n=1}^{j}(V_{ij}R_{ij}Y_{ij}\eta_{ij}) \tag{12-6}$$

其中，V_{ij}表示 i 地区 j 海洋产业的总产值，R_{ij}表示 i 地区 j 海洋产业同质的国民经济行业增加值率，Y_{ij}表示 i 地区 j 海洋产业的辐射力系数，η_{ij}表示 i 地区 j 海洋产业特质系数。

由于扩展法对数据要求较高，因此在目前的实际核算工作中应用较少。

三、外推法

海洋经济的发展一般具有一定的趋势特征。如果能够拥有多年的海洋生产总值数据，那么就可以利用这些历史数据构建经济预测模型，然后利用模型外推出所需的核算数据。通常采用的经济预测模型有一元线性回归模型、对数曲线模型、幂函数曲线模型、指数曲线模型、多项式曲线模型和灰色系统预测模型等。

由于这些模型在基本原理、适用性和精确性等方面存在着差别，因此在实际应用时要根据模型自身的检验参数和海洋经济发展的特点，选取最优模型进行预测。另外，利用已有的主要海洋产业总产值或增加值数据，建立经济预测模型，将预测结果与国民经济剥离法核算结果进行比较分析，可以对国民经济剥离法进行验证，同时还可以利用预测结果对剥离系数进行修正。

但是目前为止，海洋经济的统计核算方法还非常不成熟。

第三节 海洋经济统计核算存在的问题

一、基础数据共享机制缺失

海洋局、统计局及其他涉海单位等的数据共享机制尚未建立，实际工作中“要数难”问题突出；自然资源部、海洋局、统计局以及其他涉海单位之间沟通机制不顺畅，难以推动海洋经济统计核算理论、方法和应用的突破性进展；海洋经济数据收集、统计、核算自动化和智能化水平低，造成大量简单工作的低效、重复。

二、缺乏规范性的核算方法

国家、省、市、区（县）不同层级的海洋经济统计核算范围、数据来源、口径和方法不统一，核算数据和方法选择主观随意性强。国家、省、市、区（县）的统计核算结果衔接性差，历史数据衔接问题突出，导致海洋经济运行差异分析、趋势分析结果精确性、可靠性低，统计核算数据发布滞后，数据连续性不强，不能适应海洋经济发展的现实需要。

三、与国民经济核算体系割裂

与国民经济统计核算体系的融合研究不够，与国民经济统计核算体系对应的海洋投入产出、固定资产、对外贸易核算指标未能落实；对不同时间国家战略需求的调整、海洋经济发展的特征把握不足、先进性不强、前瞻性较差，无法及时、准确反映海洋经济运行的规模、结构、布局与趋势；与数字经济、智能经济、共享经济等新经济形式的衔接不够，无法适应海洋经济的未来发展趋势。

四、缺乏核算体系的监测机制

缺乏对海洋经济统计核算体系监测、评价的理论依据和参考标准，无法确定统计核算过程、结果以及体系的可信度和合理性。

第四节　海洋经济统计核算的新探索

一、建立海洋数据共享信息平台

借鉴欧盟、美国等海洋强国的经验，搭建属于中国的海洋大数据综合信息服务平台。

1. 欧盟。最初原本仅用作面向公众的交流和教育工具，如今已发展成为海事领域知识经济的一项重要实验，在研究领域和各种从业者之间进行调解，他们希望简化访问高度专业化的信息。总体方法是将有关海岸、海洋的复杂科学数据转换为图形形式，成为非专业人士可以使用（叠加，组合或融合）的产品。

欧盟在海洋信息系统构建的活动主要涉及四方面内容：研究海洋数据价值链战略因素；资助海洋“大数据”和“开放数据”领域的研究和创新活动；实施开放数据政策；促进公共资助科研实验成果和数据的使用及再利用。欧洲海洋信息系统重点是培育一个连贯的欧洲海洋数据生态系统，促进围绕数据的研究和创新工作，采纳数据服务及产品，采取具体行动，改善数据价值提取的框架条件，包括基础能力、基础设备、标准以及有利的政策和法规环境。欧洲海洋数据价值链战略计划遵循的主要原则是：高质量数据的广泛获得性，包括公共资助数据的免费获得；作为数字化单一市场的一部分，欧盟内数据可以自由流动；寻求个人潜在隐私问题与其数据再利用潜力之间的适当平衡，同时赋予公民以其希望的形式使用自己数据的权利。

2. 美国。美国国家海洋与大气局数据浮标办公室（NOAA）每天从卫星、雷达、船舶、天气模型和其他来源生成数十 Tb 的数据。虽然这些数据可供公众使用，但要下载和处理如此大的数据量可能会很困难。因此，NO-AA 的海量数据代表了一个巨大的未开发的商业机遇。NOAA 大数据项目通过公私合作，向公众提供 NOAA 在商业云平台上的公开数据。这些伙伴关系将消除 NOAA 数据的公共使用障碍，避免了访问联邦数据服务伴随的相关成本和风险，并向公众提供云计算和综合信息服务。

大数据计划结合了三个强大资源：NOAA 负责收集广泛高质量的环境数据和专业数据，合作伙伴提供基础设施和可扩展计算能力，以及国内众多的创新型公司利用前面二者来提供应用服务。这样一来，合作机制就比较清晰了。NOAA 大数据项目当前与三家基础设施供应商合作（亚马逊、谷歌、微软），以扩大对 NOAA 数据资源的访问。这些合作的目的不仅是为纳税人免费提供完整和开放的数据访问，而且还通过整合使 NOAA 的数据更便于访问，而且还通过汇集必要的工具来促进创新。根据这些新协议，商业云平台服务商将以指数方式扩展，快速、可靠、无成本地公开获取 NOAA 数据，从而为科学和经济发展创造无限的机会。

美国政府对海洋科学数据的管理主要是通过一系列的法律法规来进行，具体可分为国家立法和政府部门规章两个层面。《信息自由法案》《开放政府法案》和《开放政府数据法案》是美国与海洋科学数据平台管理有关的主要法律。美国政府要求各个部委和有关单位均制定本部门的数据和信息管理政策，以落实国家政策和法令。美国具体的海洋科技数据管理政策主要由美国海洋与大气管理局制定，美国自然科学基金委（NSF）对其所支持的涉海研究项目也制定有相应的数据管理政策。

3. 中国。未来中国可以在欧盟和美国的经验基础上，构建包括基础设施云平台、企业 ERP 数据采集平台、海洋经济运行监测系统、海洋经济统计核算监测系统、海洋经济评估系统、海洋经济 GIS 系统、信息服务发布系统、数据服务交换和共享系统、辅助支持系统的海洋经济统计核算监测评价平台，利用信息资源规划和基础数据库重点收集涉海和用海企业直报数据、涉海部门统计报表数据、海洋行政主管部门数据、资源环境监测数据等数据；利用数据融合技术整合处理原始数据与海洋经济信息数据库，并进行相应的存储及管理，实现海洋经济数据信息的交流与共享。

构建包括涉海企业数据采集、数据交换、数据上报、中心数据处理评估等在内的海洋经济运行监测系统；利用海洋经济 GIS 系统进行技术采集、模拟、处理、探索、分析海洋经济监测数据，结合最近正在推动的数字化转型政策，通过电子地区直观展示，快速发布、共享、应用、展示海洋经济数据。研发海洋经济总量与特征分析、发展趋势预测、循环经济综合效益评估、经济安全评估等数据产品，实现对海洋经济的精细化评估；同步开放 App、微信公众号、微博等信息发布平台，实现政府、科研机构或企业、利益相关者、民众等对海洋经济运行动态信息的全方位掌握，具体如图 12 -3 所示。

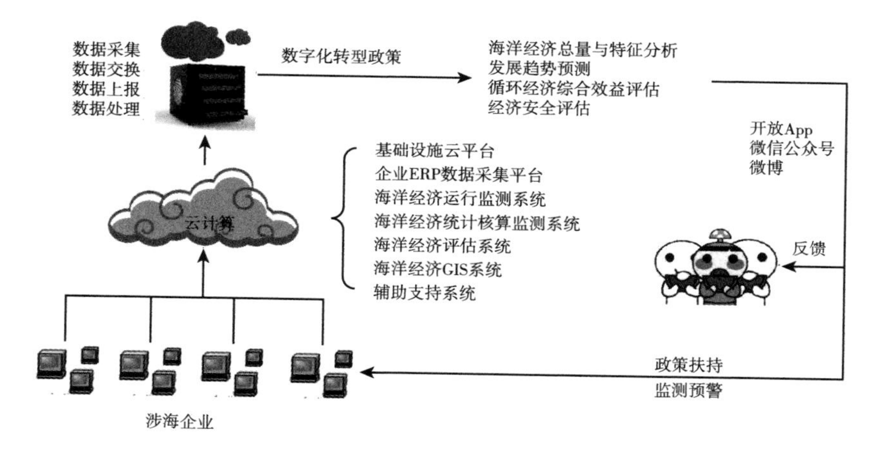

图 12 -3　共享信息平台

二、建立规范性的统计核算方法

当有了数据搜集与共享平台，即可编制海洋产业投入产出表，对海洋企业的生产经济活动进行核算。将涉海企业按照产业经营范围进行分类整理，核算海洋产业的增加值并根据海洋企业增加值分解流向划分了被非涉海企业吸收的涉海企业增加值、被非涉海企业吸收的涉海企业中间品增加值等六个大部分，并且采用了企业产品流向的分解方式，建立以增加值为标准的海洋产业价值链经济核算统计体系。具体计算方法如下：

（1）被非涉海企业吸收的涉海企业增加值：

$$T = V^{s}L^{ss}\sum_{s\neq r}Y^{sr}$$

矩阵 VLY 表示最终产品被吸收中的增加值。VLY 矩阵中的每一个元素都代表来自涉海企业直接或间接用于非涉海企业的最终产品和服务的增加值。V^s是涉海企业 s 的增加值系数；Y^{sr}是 N×1 向量，表示在涉海企业生产并在非涉海企业消费的最终产品。将 T 具体拆分来看，矩阵中的行（s，i）和列（r，j）的元素，$V_i^s l_{ij}^{sr} y_j^r$是指涉海企业 s 部门 i 的总增加值（直接和间接）体现在非涉海企业 r 部门 j 生产的最终产品中。沿着一行看上述矩阵，可以得到涉海企业部分产业创造的、被非涉海企业的最终产品生产所吸收的增加值的分布。沿着一列看上述矩阵，可以得到所有非涉海企业部门的增加值在某一涉海企业生产的最终产品和服务中体现的贡献。

（2）被非涉海企业吸收的涉海企业中间品增加值：

$$T_1 = V^s L^{ss} \sum_{s \neq r} A^{sr} B^{rr} Y^{rr}$$

矩阵体现在被吸收的中间产品和服务中的附加值。由于它被用于涉海企业以外的生产活动，是跨企业类型（由涉海企业到非涉海企业）生产共享活动的一部分。因为此部分被用于涉海企业以外的生产活动，所以是跨企业类型生产共享活动的一部分。根据增加值是一次还是多次跨企业类型，我们进一步将其分为两类：

①简单的跨企业类型生产共享活动（$VLA^F LY^D$，其中 $Y^D = [Y^{11}, Y^{22}, \cdots, Y^{gg}]'$，是一个 N×1 的向量用于涉海企业内部消费的最终产品和服务生产），转移路径为：涉海企业—非涉海企业。涉海企业和非涉海企业的增加值只跨越边界一次。体现在中间产品的增加值，被非涉海企业用于生产涉海企业吸收的产品。不存在通过第三方企业的间接吸收或涉海企业生产要素的重吸收/再利用，如海洋油气业在海洋中勘探、开采、输送、加工天然气到天然气公司所体现的增加值被用于日常取暖。

②复杂的跨企业类型生产共享活动（$VLA^F(BY - LY^D)$），转移路径为：涉海企业—非涉海企业—其他企业（企业类型既包括涉海企业，也包括非涉海企业）。此种路径下，非涉海企业吸收的涉海企业中间品增加值，被用来为其他企业进行产品服务，这种情形下，生产要素内容至少要跨越两次边界。如生物医药公司工程师的工资，这些工资体现在从海洋生物医药业吸收到生物医药公司中，最终被医药公司的消费者购买。

（3）被非涉海企业吸收的涉海企业转加工的中间产品增加值：

$$T_2 = V^s L^{ss} \sum_{s \neq r} \sum_{t \neq r,s} A^{sr} B^{rt} Y^{tt} + V^s L^{rr} \sum_{s \neq r} \sum_{t \neq r,s} A^{sr} B^{rr} Y^{rt}$$

该部分的核算由两大部分组成，这两项中包含涉海企业与非涉海企业的 Leontief 的逆级数即 L^{ss} 与 L^{rr}，这意味着涉海企业与非涉海企业的跨企业类型的生产共享活动。这一生产活动的路径可以表示为：企业（加工）—涉海企业（转加工）—非涉海企业（吸收），本项目只关注转加工—吸收这一生产过程。而此时非涉海企业吸收的涉海企业转加工的中间产品的增加值也被视为涉海企业产值。

（4）涉海企业购买并消费的产品增加值：

$$T_3 = V^s L^{ss} \sum_{s \neq r} A^{sr} B^{rr} Y^{rs} + V^s L^{ss} \sum_{s \neq r} \sum_{t \neq r,s} A^{sr} B^{rt} Y^{ts} + V^s L^{ss} \sum_{s \neq r} A^{sr} B^{rs} Y^{ss}$$

从 T_3 中三部分的核算公式得知，这三部分的核算只涉及海洋企业的 Leontief 的逆级数即 L^{ss}，这意味着这三项所衡量的生产活动都是海洋产业自身的活动。这表明涉海企业在其产品的加工与销售的过程与其他的涉海企业之间的紧密合作而产生的增加值或被此涉海企业自身消费，或被同类型的涉海企业购买及消费，此时的产品是涉海企业内部的一个闭环，即并不涉及其他的非涉海企业。

（5）来自涉海企业账户的重复计算：

$$T_4 = V^s L^{ss} \sum_{s \neq r} \sum_{t \neq r,s} [A^{sr} B^{rs} (Y^{sr} + Y^{st})] + (V^s B^{ss} - V^s L^{ss}) \sum_{s \neq r} A^{sr} X^r$$

T_4 的两部分的核算只涉及海洋企业的 Leontief 的逆级数即 L^{ss}，这意味着涉海企业自身的生产活动，而这一过程存在着重复计算的问题。作为本项目海洋增加值的误差部分，在计算中予以扣除。

（6）来自非涉海企业的重复计算：

$$T_5 = V^r B^{rs} \sum_{s \neq r} Y^{sr} + V^t B^{ts} \sum_{s \neq r} A^{sr} L^{rr} E^r$$

T_5 部分的核算只涉及非涉海企业 Leontief 的逆级数即 L^{rr}，表明此部分涉及非涉海企业的生产活动，作为误差部分，同涉海企业账户类似，在计算中予以扣除。

最终可以界定涉海企业增加值 TM 可以采用 $TM = T + T_1 + T_2 + T_3 - T_4 - T_5$计算得到。

三、重构海洋经济核算体系框架

目前，海洋经济核算仅仅包含海洋生产总值核算，以及海洋产业增加值核算，还远远不能满足海洋经济核算的发展要求，也不能与国民经济统计核算体系融合，所以需要重新构建海洋经济核算体系框架。

海洋经济核算体系，不仅需要包括主体核算，也要包括基本核算和扩展核算，具体思路如图 12 -4 所示。

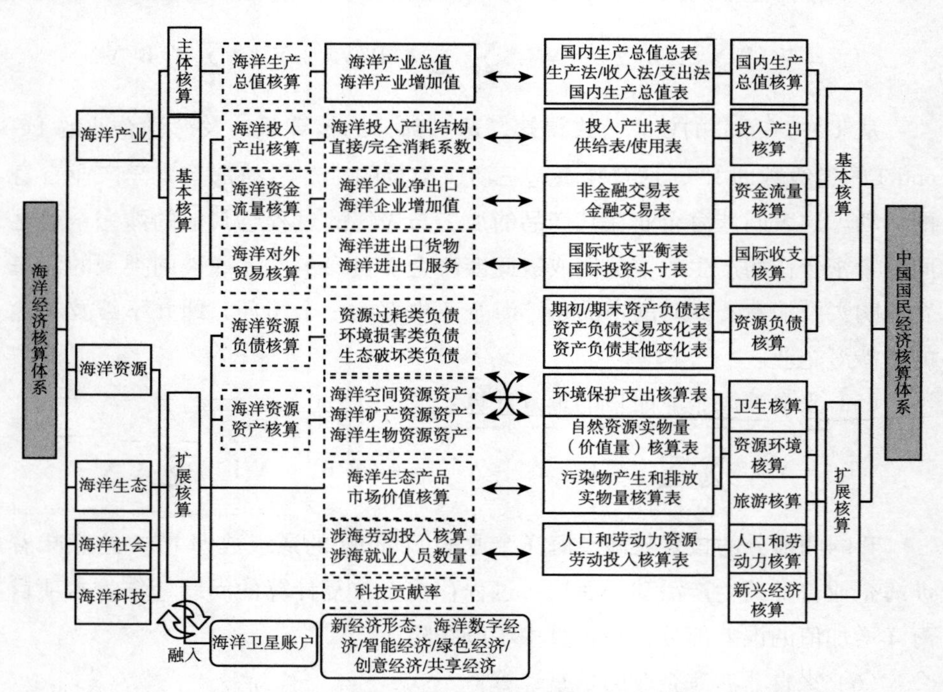

图 12 -4 海洋经济核算体系与国民经济核算体系关系

重构的海洋经济核算体系需要增加海洋资源资产负债核算、资金流量核算、投入产出核算等，也可以纳入海洋卫星账户，将智慧海洋、数字海洋、健康海洋等新经济形态纳入统计核算账户中，从而及时、准确地反映海洋经济运行的规模、结构、布局与未来趋势。

1. 海洋资源资产负债表。海洋资源资产负债表能够拓展经济安全的研究视角，是研究经济安全的重要基础。准确的海洋资源资产核算可以纠正自然资源空心化现象，防止泡沫经济的出现，明确资源储量和价值变化，避免海洋资源总量及价值量的高估，从而确保经济安全与海洋资源的利用和监管。不仅如此，海洋资源资产负债表还可以融合国家资产负债表，为中共中央办公厅已经试点的离任审计制度提供新的素材。海洋资源资产负债表的框架如图 12－5 所示。

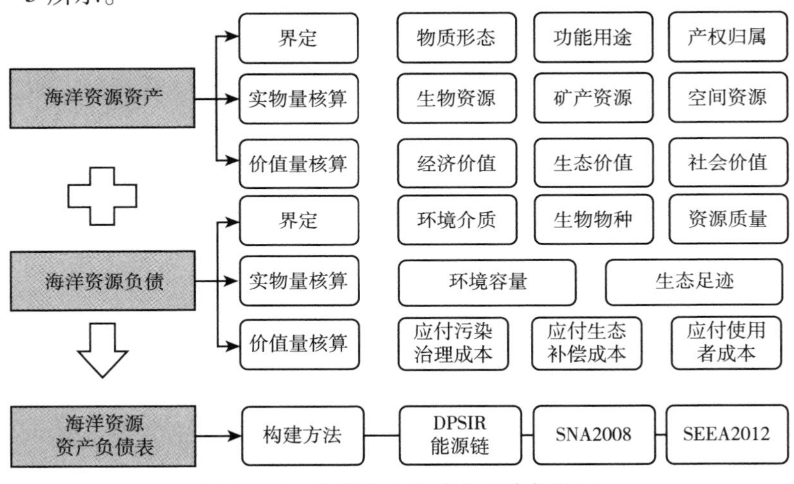

图 12－5 海洋资源资产负债表框架图

2. 海洋资源资产价值量核算。海洋资源的价值量可划分为资产性价值和非资产性价值两方面。其中，资产性价值主要是指海洋资源资产的经济价值，非资产性价值又可细分为生态价值与社会价值。据此可以将海洋资源资产价格表示为关于收益、稀缺性价格和补偿价格的函数，公式如下：

$$V = f(a, s, h)$$

其中，V 为资产价格，a 为资产收益，s 为资产稀缺性价格，h 为环境补偿价格。而在具体价格确定方面，根据海洋资源的功能和特征的差异，采取的价值核算方法应当有所不同。海洋生物资源的资产性价值是指海洋生物资源大多可以直接参与市场交易，用于生产和消费，因此拟采用以市场价值法和净现值法为代表的直接市场法进行核算；海洋生物的非资产性价值体现为生物多样性价值、净化环境污染价值和社会存在价值等，这些价值因为无法进行市场交易，缺少实际数据，拟采用替代市场法和假想市场法进行核算。海洋矿物资源可以依据资源总储量、单位采出量价值和资源的回收率等，采用市场价值法和收益还原法进行价值核算。海洋空间资源的价值主要表现为非资产性价值，可通过条件选择法和支付意愿法等方法进行核算。

3. 海洋资源负债价值量核算。海洋资源负债的价值量核算是实物量核算的目标与延伸，也是核算的难点所在。立足于目前我国的海洋资源与环境受损现状，从应付污染治理成本、应付生态补偿成本和应付使用者成本三个维度出发，科学界定海洋资源负债，从海洋环境退化、海洋资源耗减以及使用者成本三个层面展开。其中，海洋环境退化是指由于海洋环境受污染等因素的影响，所造成海洋资源品质下降；海洋资源耗减是指由于对海洋资源的过度开采和使用，而导致的其自平衡机制受损；使用者成本是指由于对资源的过度开采而导致的对后人的不利影响。

应付污染治理成本：防止海域污染及海洋生态环境破坏所支付的预期费用以及已被破坏的海洋环境污染处理成本。由于污染影响的多功能性，计算应付污染治理成本时，必须考虑多重功能的损失。因此，应付污染治理成本（PC）可以被划分为生活质量意义上的应付污染治理成本（LWPC），可持续发展意义上的应付污染治理成本（SDPC）与生态学意义上的应付污染治理成本（ELPC），可以表示为：

$$PC = LWPC + SDPC + ELPC$$

应付生态补偿成本：海域的环境损失价值，可以采用可用生产率下降法进行核算。人类利用海洋资源进行经济生产活动，引起海洋资源与环境质量下降，使海洋的服务功能下降，即海洋环境资产的生产率下降。因此，可利用产出量减少的市场价值作为环境资产质量损坏的成本。该部分市场价值可以使用产出的市场价格度量，估价模型为：

$$D = \sum_{i=1}^{n} \Delta Q_i \times P_i$$

其中，D 为导致环境资产损坏而产生的应付生态补偿成本，ΔQ_i 为生产率下降引起的第 i 种海洋产品产出减少量，P_i 为第种海洋产品单位价格。

应付使用者成本：为耗竭性资源价值折耗，即为海洋资源开发利用的毛收入与真实成本之差。令 r 为利率（折现率），R 为每年的毛收入（假设为常数），X 为每年的真实收入，则无穷期的真实收入 X 的现值为：

$$V_0 = \sum_{t=1}^{\infty} \frac{X}{(1+r)^t} = \frac{X}{r}$$

而对于给定的某种资源，在其有限的开采年限 T 内，每年的毛收入 R 的现值为：

$$W_0 = \sum_{t=1}^{T} \frac{R}{(1+r)^t} = R\frac{1}{r}\left[1 - \frac{1}{(1+r)^T}\right]$$

把在有限时间内开采不可再生资源所得到的收入用于投资，令 $V_0 = W_0$，即得到真实收入 X 为：

$$X = R - \frac{R}{(1+r)^T}$$

参照《海洋自然资源和生态环境损害司法解释》规定，在进行具体确定价值量核算的范围时我们主要考量预防措施费用、恢复费用、恢复期间损失和调查评估费用；参考海洋生态产品价格评估方法，拟采用海洋生态足迹与生态补偿相结合的方法来核算海洋资源资产的负债。海洋生态足迹是指用于生产人口消费的所有资源和吸纳生产的所有废弃物所需要的生态生产性海洋面积，用来描述人们对海洋的需求状况。本部分计划采用投入产出表对生态足迹进行衡量。在此基础上，还需要将生态足迹转化为对应的生态补偿。

国际上对生态补偿的通用的名称为生态服务付费（payments for ecosystem services，PES），但目前还没有关于生态补偿的统一定义。目前，生态补偿的测算方法主要有生态系统服务价值法、生态建设和维护成本法以及支付意愿和受偿意愿法。这些测算方法的基本原理是基于一定的补偿基准来划分补偿的主客体，进而得到不同层级的生态补偿额度和生态受偿额度。但这种方法只是让污染较多的主体将一部分生态补偿转移给污染较少的客体，补偿额的多少完全取决于主体和客体当年的污染水平。

当然，海洋资源负债的核算既应该包括环境质量改善效益与生态保护效益的核算（加法），也应该含有环境容量减少、环境质量退化、生态系统破坏的核算（减法）。加法与减法相结合，才能形成系统完整的当期海洋资源负债核算。

4. 海洋资源资产负债表的编制。采用 DPSIR 能源链方法，并参照 SNA2008、SEEA2012 和国家资产负债表的编制思路，致力于海洋资源资产负债表的编制和应用。依据“资产 = 净资产 + 负债”这一海洋资源资产负债表恒等式，按照资源当期、跨期平衡等原则，根据具体海域位置蕴含的海洋资源，逐级分类列明海洋资源资产，随后进行综合汇总，以合理编制海洋资源资产负债总表，从而直观、清晰地反映各类海洋资源数量、质量、经济价值和生态价值的变动及补偿情况。

四、建立海洋经济核算监测体系

当前对海洋经济监测评价的研究，多停留在海洋经济本身的运行状况方面，对于海洋经济统计核算体系监测评价的重要性认识不足、监管机制缺位。未来的研究必须在多尺度、多维度、多层次的海洋经济运行监测评价体系的基础上，设计海洋经济统计核算指标、方法、结果的有效性、科学性、合理性、稳健性等监测与评价体系，构建海洋经济监测评价平台，实现对海洋经济运行、统计核算体系过程和结果的全方位监测、评价，及时优化、调整海洋经济统计核算体系。

随着政策变化与技术进步，海洋经济的内涵将会不断调整，很多指标会被赋予新的意义和范畴，如果统计核算指标或方法仍固定不变，则无法反映海洋经济的真实状况。因此，需要建立海洋经济统计核算状况的动态监测与评价模型，对海洋经济的统计核算体系进行监测评价，时刻审视统计核算指标的合理性和适用性，并与海洋经济运行的监测状况进行对比，根据评价结果对海洋经济统计核算体系进行评价与调整。如果说海洋经济的统计核算是“静态”的，那么监测评价就是对海洋经济统计核算体系的“动态”修正和调整，两者相辅相成，实现对海洋经济运行状况的精准测度、动态监测与科学评价，推动海洋经济高质量发展，助力实现海洋强国建设战略目标。

立足海洋经济运行的产业结构、生态保护、资源开发、技术进步及海洋权益等多个维度，构建国家、省、市、区（县）多尺度的海洋经济运行监测与评价指标体系；采用整群抽样、分层抽样、抽样推断等手段，运用海洋遥感 ORS、海洋地理系统 MGIS 和全球定位系统 GPS 等海洋 3S 技术，构建集宏观监测、常规监测、精细监测和应急监测于一体的海洋经济运行监测方法体系，如图 12－6 所示。

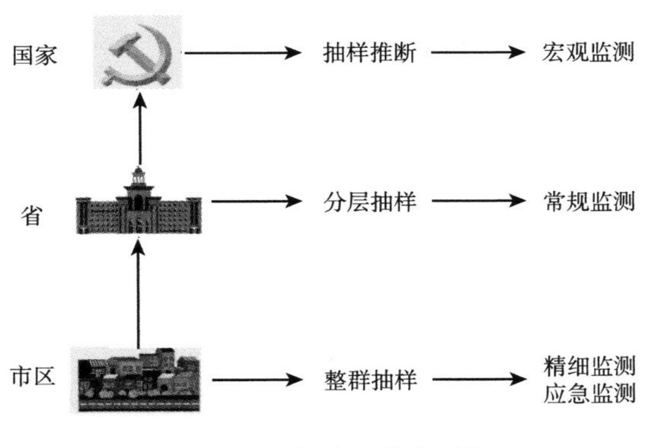

图 12－6　层级分明的监测体系

本章小结

发展海洋经济，必然要了解海洋、认识海洋，必然要对海洋资产家底有足够清晰的认识。本章介绍了海洋经济核算体系发展的历史、核算方法、面临的现状和问题，并根据目前研究的最新进展，探讨了海洋经济统计核算的新方法，分别从“建立海洋数据共享信息平台”“建立规范性的统计核算方法”“重构海洋经济核算体系框架”“建立海洋经济核算监测体系”四方面进行讨论。当然，海洋强国战略的提出又给海洋经济统计核算提出了新的要求。目前，海洋经济统计核算体系还远远不能满足海洋经济的需要，虽然本章提出了相应的解决措施，但是实施起来却困难重重。相信随着技术的发展，未来会将统计核算的问题逐一解决。

参考文献

[1] 卞曰瑭，何建敏，庄亚明．基于Lotka-Volterra模型的生产性服务业发展机理研究［J］．软科学，2011，25（1）：32－36.

[2] 陈瑜，谢富纪．基于Lotka-Voterra模型的光伏产业生态创新系统演化路径的仿生学研究［J］．研究与发展管理，2012，24（3）：74－84.

[3] 邓聚龙．灰预测与灰决策［M］．武汉：华中科技大学出版社，2002.

[4] 邓自立，王欣，高媛．建模与估计［M］．北京：科学出版社，2007.

[5] 段志刚，李善同，王其文．中国投入产出表中投入系数变化的分析［J］．中国软科学，2006（8）：57－64.

[6] 付秀梅，苏丽荣，王晓瑜．海洋生物资源资产负债表编制技术框架研究［J］．太平洋学报，2017，25（8）：94－104.

[7] 葛阳琴，谢建国．需求变化与中国劳动力就业波动——基于全球多区域投入产出模型的实证分析［J］．经济学（季刊），2019，18（4）：1419－1442.

[8] 贺义雄，杨铭，岳晓菲，等．海域资源资产、负债及报告有关问题研究［J］．会计之友，2018（2）：35－39.

[9] 胡庆阳．投入产出分析：理论，应用和操作［M］．北京：清华大学出版社，2019.

[10] 姜旭朝，田颖，刘铁鹰．中国海洋经济统计核算体系演变机理研究［J］．中国海洋大学学报（社会科学版），2016（3）：14－19.

[11] 蒋洪强，王金南，吴文俊．我国生态环境资产负债表编制框架研究［J］．中国环境管理，2014，6（6）：1－9.

[12] 雷宏振，贾悦婷．基于复杂网络的在线社交网络特征与传播动力学分析［J］．统计与决策，2015（2）：114－117.

[13] 李宪翔，高强，丁鼎．我国海洋资源资产负债表构建研究——基于自然资源产权制度改革的视角［J］．山东大学学报（哲学社会科学版），2019（6）：135－142.

[14] 刘起运，陈璋，苏汝劼．投入产出分析［M］．三版．北京：中国人民大学出版社，2020.

[15] 毛捷，韩瑞雪．复杂网络在地方公共债务风险研究中的应用［J］．财政科学，2022（6）：11－23.

[16] 宋马林，王舒鸿，邱兴业．一种考虑整数约束的环境效率评价MOISBESE 模型［J］．管理科学学报，2014，17（11）：69－78.

[17] 王舒鸿，陈汉雪，黄冲，郭宏博．海洋强国战略目标下海洋经济统计核算的综述［J］．北方论丛，2022（2）：115－125.

[18] 王舒鸿，宋马林，吴杰．DEA 模型的扩展及其在经济预测中的应用［J］．中央财经大学学报，2011（6）：56－60.

[19] 王舒鸿，袁征．海洋资源资产负债表的编制问题初探［J］．中国环境管理，2020（6）：61－67.

[20] 王舒鸿，赵志博．基于三阶段 DEA 的环保行业上市公司效率评价［J］．中国海洋大学学报（社会科学版），2016（5）：77－84.

[21] 习近平．决胜全面建成小康社会 夺取新时代中国特色社会主义伟大胜利——在中国共产党第十九次全国代表大会上的报告［N］．人民日报，2017－10－28（01）.

[22] 肖新平，宋中民，等．灰色技术基础及应用［M］．北京：科学出版社，2005.

[23] 杨琦，张雅妮，周雨晴，白礼彪．复杂网络理论及其在公共交通韧性领域的应用综述［J］．中国公路学报，2022，35（4）：215－229.

[24] 殷克东，卫梦星，张天宇．我国海洋强国战略的现实与思考［J］．海洋开发与管理，2009（6）：37－41.

[25] 张智光．基于生态—产业共生关系的林业生态安全测度方法构想[J]．生态学报，2013，33（4）：1326－1336.

[26] 钟琪，戚巍，张乐．Lotka-Volterra 系统下的社会型危机信息扩散模型[J]．系统工程理论与实践，2012，32（1）：104－110.

[27] 周俊哲，陈勇，周皓，曾向阳，徐阳，刘艳中，冯博，王巧稚．矿业城市景观生态安全研究——一种双层复杂网络分析方法[J]．中国环境科学，2021，41（12）：5817－5826.

[28] 周甜甜，王文平．基于 Lotka-Volterra 模型的省域产业生态经济系统协调性研究[J]．中国管理科学，2014，22（S1）：240－246.

[29] 祝合良，王明雁．基于投入产出表的流通业产业关联与波及效应的演化分析[J]．中国流通经济，2018，32（1）：75－84.

[30] Barabási A L, Albert R. Emergence of scaling in random networks [J]. Science, 1999, 286 (5439): 509－512.

[31] Charfeddine, L. The impact of energy consumption and economic development on ecological footprint and CO_2 emissions: Evidence from a Markov switching equilibrium correction model. Energy Economics, 2017, 65: 355－374.

[32] Dai, L Liu, Y Luo, X. Integrating the MCR and DOI models to construct an ecological security network for the urban agglomeration around Poyang Lake, China. Science of The Total Environment, 2021, 754.

[33] Deb, K, Pratap, A, Agarwal, S, & Meyarivan, T. A fast and elitist multiobjective genetic algorithm: NSGA－II. IEEE Transactions on Evolutionary Computation, 2002, 6 (2): 182－197.

[34] Duan Y, Jiang X. Visualizing the change of embodied CO_2 emissions along global production chains. Journal of Cleaner Production, 2018, 194: 499－514.

[35] Forsé M, Degenne A. Introducing social networks. Introducing Social Networks, 1999: 1－256.

[36] Freeman L C. Centrality in social networks conceptual clarification. Social Networks, 1978, 1 (3): 215－239.

[37] Girvan M, Newman M E J. Community structure in social and biologi-

cal networks. Proceedings of the National Academy of Sciences, 2002, 99 (12): 7821 - 7826.

[38] Konak, A, Coit, D W, & Smith, A E. Multi-objective optimization using genetic algorithms: A tutorial. Reliability Engineering & System Safety, 2006, 91 (9): 992 - 1007.

[39] Koopmans T C. Analysis of production as an efficient combination of activities. Activiyu Analysis of Production and Allocation, 1951, 13: 33 - 37.

[40] Krackhardt, David. "Graph theoretical dimensions of informal organizations." Computational organization theory. Psychology Press, 2014: 107 - 130.

[41] Li L, Lei Y L, He C Y, et al. Study on the CO_2 emissions embodied in the trade of China's steel industry: Based on the input-output model. Natural Hazards, 2017, 86 (3): 989 - 1005.

[42] Rafael Gomez, Danielle Lamb. Demographic Origins of the Great Recession: Implications for China. China & World Economy, 2013 (2): 97 - 118.

[43] Rudolph, G. 1999. Evolutionary search under partially ordered sets, Dept. Comput. Sci. /LS11, Univ. Dortmund, Dortmund, Germany, Tech. Rep. CI - 67/99.

[44] Scott J. Social network analysis. Sociology, 1988, 22 (1): 109 - 127.

[45] Song M, Xie, Q, Wang S Zhou L. Intensity of Environmental Regulation and Environmentally Biased Technology in the Employment Market. Omega-International Journal of Management Science, 2021, 102201.

[46] Song M, Wang S. Measuring Environment-Biased Technological Progress Considering Energy Saving and Emission Reduction. Process Safety and Environmental Protection, 2018, 116: 744 - 753.

[47] Song M, Wang S, Lei L, Zhou L. Environmental efficiency and policy change in China: A new meta-frontier non-radial angle efficiency evaluation approach. Process Safety and Environmental Protection, 2019, 121: 281 - 289.

[48] Song M, Wang S, Liu Q. Environmental efficiency evaluation considering the maximization of desirable outputs and its application. Mathematical and Computer Modelling, 2013, 58: 1110 - 1116.

[49] Song M, Wang S, Liu W. A two-stage DEA approach for environmental

efficiency measurement. Environmental Monitoring and Assessment, 2014, 186 (5): 3041 – 3051.

[50] Song M, Zheng W, Wang S. Measuring Green Technology Progress in Large-scale Thermoelectric Enterprises based on Malmquist-Luenberger Life Cycle Assessment. Resources, Conservation & Recycling, 2017, 122: 261 – 269.

[51] Song, M, Zhang, L, An, Q, Wang, Z & Li, Z. Statistical analysis and combination forecasting of environmental efficiency and its influential factors since China entered the WTO: 2002 – 2010 – 2012. Journal of Cleaner Production, 2013, 42: 42 – 51.

[52] Srinivas N & Deb K. Multi-objective Function Optimization Using Non-dominated Sorting Genetie Algorithms. Evolutionary Computation, 1995, 2 (3): 221 – 248.

[53] Wang S, Wang X, Tang Y. Drivers of carbon emission transfer in China—An analysis of international trade from 2004 to 2011. Science of the Total Environment, 2020, 709.

[54] Wang S H, Tang Y, Du Z H, Song M L. Export trade, embodied carbon emissions, and environmental pollution: An empirical analysis of China's high- and new-technology industries, Journal of Environmental Management, 2020, 276, 110371.

[55] Wang S, Sun X. The global system-ranking efficiency model and calculating examples with consideration of the nonhomogeneity of decision-making units. Expert Systems, 2020, 37 (4): e12272.

[56] Wang S, Wang Y, Song M. Construction and analogue simulation of TERE model for measuring marine bearing capacity in Qingdao. Journal of Cleaner Production, 2017, 167: 1303 – 1313.

[57] Wang S, Yu H, Song M. Assessing the efficiency of environmental regulations of large-scale enterprises based on extended fuzzy data envelopment analysis. Industrial Management & Data Systems, 2018, 118 (2): 463 – 479.

[58] Wang S, Zhao D, Chen H. Government corruption, resource misallocation, and ecological efficiency. Energy Economics, 2020, 85, 104573

[59] Wang, S, Lei L, Xing L. Urban circular economy performance evaluation: A novel fully fuzzy data envelopment analysis with large datasets. Journal of Cleaner Production, 2021, 324, 129214.

[60] Wang, S, Li, Z, Song, M. How embodied carbon in trade affects labor income in developing countries. Science of the Total Environment, 2019, 672: 71 - 80.

[61] Watts D J, Strogatz S H. Collective dynamics of 'small-world' networks. Nature, 1998, 393 (6684): 440 - 442.

[62] Wiedmann T. A review of recent multi-region input-output models used for consumption-based emission and resource accounting. Ecological Economics, 2009, 69 (2): 211 - 222.

[63] Yu X, Xu M, Ding Y. Carbon emissions of china's industrial sectors based on input-output analysis. Chinese Journal of Population Resources and Environment, 2017, 15 (2): 146 - 156.

[64] Zitzler E, Deb K, and Thiele L. Comparison of multiobjective evolutionary algorithms: Empirical results, Evol. Comput., 2000, 8 (2): 173 - 195.